理化检测人员培训系列教材

丛书主编　靳京民

金属材料力学性能检测

杜　勤　梁　波　谢　华　姚远程

包凯迪　宋　静　张　倩　　等编著

机械工业出版社

本书较系统地阐明了金属材料力学性能检测各试验方法的原理、试验程序及相关标准的应用，强调宏观规律和微观机理的结合；重点讨论了各种方法在检测领域中的应用；反映了国内外新的试验方法及发展趋势。本书在层次安排上由浅入深，注重基本实践和基本理论，介绍了拉伸、硬度、冲击、扭转、弯曲、压缩、剪切、磨损等金属材料力学性能试验的基本概念、意义、范围、原理、方法和分析等，详细介绍了各工艺试验方法及应用，同时介绍了疲劳、蠕变和断裂力学等相关知识。本书还融入了编写组成员多年从事材料力学性能测试工作积累的经验和在培训教学中的一些体会。

本书可用于兵器及其他行业金属材料力学性能检测人员的培训，也可用于辅助金属材料力学性能检测人员进行专业知识的学习和实际操作。

图书在版编目（CIP）数据

金属材料力学性能检测/杜勤等编著.—北京：机械工业出版社，2021.8
（2024.4 重印）

理化检测人员培训系列教材

ISBN 978-7-111-68666-8

Ⅰ.①金…　Ⅱ.①杜…　Ⅲ.①金属材料—材料力学性质—性能检测—教材　Ⅳ.①TG14

中国版本图书馆 CIP 数据核字（2021）第 132674 号

机械工业出版社（北京市百万庄大街 22 号　邮政编码 100037）
策划编辑：吕德齐　责任编辑：吕德齐　戴　琳
责任校对：潘　蕊　封面设计：鞠　杨
责任印制：郜　敏
北京富资园科技发展有限公司印刷
2024 年 4 月第 1 版第 3 次印刷
184mm×260mm·13.25 印张·326 千字
标准书号：ISBN 978-7-111-68666-8
定价：59.00 元

电话服务　　　　　　　　　　网络服务
客服电话：010-88361066　　　机 工 官 网：www.cmpbook.com
　　　　　010-88379833　　　机 工 官 博：weibo.com/cmp1952
　　　　　010-68326294　　　金 书 网：www.golden-book.com
封底无防伪标均为盗版　　机工教育服务网：www.cmpedu.com

序

当今世界正在经历百年未有之大变局，我国经济发展面临的国内外环境发生了深刻而复杂的变化。当前科技发展水平以及创新能力对一个国家的国际经济竞争力的影响越来越大。理化检测技术的水平是衡量一个国家科学技术水平的重要标志之一，理化检测工作的发展和技术水平的提高对于深入认识自然界的规律，促进科学技术进步和国民经济的发展都起着十分重要的作用。理化检测技术作为技术基础工作的重要组成部分，是保障产品质量的重要手段，也是新材料、新工艺、新技术工程应用研究，开发新产品，产品失效分析，寿命检测，工程设计，环境保护等工作的基础性技术。在工业制造和高新技术武器装备的科研生产过程中，需要采用大量先进的理化检测技术和精密设备来评价产品的设计质量和制造质量，这在很大程度上依赖于检测人员的专业素质、能力、经验和技术水平。只有合格的理化检测技术人员才能保证正确应用理化检测技术，确保理化检测结果的可靠性，从而保证产品质量。

兵器工业理化检测人员技术资格鉴定工作自 2005 年开展以来，受到集团公司有关部门领导及各企事业单位的高度重视，经过 16 年的发展和工作实践，已经形成独特的理化检测技术培训体系。为了进一步加强和规范兵器工业理化检测人员的培训考核工作，提高理化检测人员的技术水平和学习能力，并将兵器行业多年积累下来的宝贵经验和知识财富加以推广和普及，自 2019 年开始，我们组织多位兵器行业内具有丰富工作经验的专家学者，在《兵器工业理化检测人员培训考核大纲》和原内部教材的基础上，总结了多年来在理化检测科研和生产工作中的经验，并结合国内外的科技发展动态和现行有效的标准资料，以及兵器行业、国防科技工业在理化检测人员资格鉴定工作中的实际情况，围绕生产工作中实际应用的知识需求，兼顾各专业的基础理论，编写了这套《理化检测人员培训系列教材》。

这套教材共六册，包括《金属材料化学分析》《金属材料力学性能检测》《金相检验与分析》《非金属材料化学分析》《非金属材料性能检测》和《特种材料理化分析》，基本涵盖了兵器行业理化检测中各个专业必要的理论知识和经典的分析方法。其中《特种材料理化分析》主要是以火药、炸药和火工品为检测对象，结合兵器工业生产特点编写的检测方法；《非金属材料化学分析》是针对有机高分子材料科研生产的特点，系统地介绍了有机高分子材料的化学分析方法。每册教材都各具特色，理论联系实际，具有很好的指导意义和实用价值，可作为有一定专业知识基础、从事理化检测工作的技术人员的培训和自学用书，也可作为高等院校相关专业的教学参考用书。

这套教材的编写和出版，要感谢中国兵器工业集团有限公司、中国兵器工业标准化研究所、辽沈工业集团有限公司、内蒙古北方重工业集团有限公司、山东非金属材料研究所、西安近代化学研究所、北京北方车辆集团有限公司、内蒙古第一机械集团股份有限公司、内蒙金属材料研究所、西安北方惠安化学工业有限公司、山西北方兴安化学工业有限公司、辽宁庆阳特种化工有限公司、泸州北方化学工业有限公司、甘肃银光化学工业集团有限公司等单位的相关领导和专家的支持与帮助！特别要感谢中国兵器工业集团有限公司于同局长、张辉处长、王菲菲副处长、王树尊专务、朱宝祥处长，中国兵器工业标准化研究所郑元所长、孟冲云书记、康继纲副所长、马茂冬副所长、刘播雨所长助理、罗海盛主任、杨帆主任等领导的全力支持！感谢参与编写丛书的各位专家和同事！是他们利用业余时间，加班加点、辛勤付出，才有了今天丰硕的成果！也要特别感谢原内部教材的作者赵祥聪、胡文骏、董霞等专家所做的前期基础工作，以及对兵器工业理化检测人员培训考核工作所做出的贡献。还要感谢机械工业出版社的各专业编辑，他们对工作认真负责的态度，是这套教材得以高质量正式出版的保障！在编写过程中，还得到了广大理化检测人员的关心和支持，他们提出了大量建设性意见和建议，在此一并表示衷心的感谢！

由于理化检测技术的迅速发展，一些标准的更新速度加快，加之我们编写者的水平所限，书中难免存在不足之处，恳请广大读者提出批评和建议。

丛书主编　靳京民

前　言

　　随着科学技术的飞速发展，科技产品正朝着容量大、效能高、重量轻、成本低、寿命长的方向发展。尤其是兵器、航空航天、核工业等行业的发展对材料性能提出了更高要求，促进了各种材料的发展。材料力学性能检测对研制和发展新材料、改进材料质量、最大限度发掘材料潜力、分析材料制作故障、确保材料制件设计合理，以及材料使用维护的安全可靠，都是必不可少的手段，因此必须加强和提升对材料性能的检测能力。

　　材料力学性能测试主要研究材料变形、断裂规律和各力学性能指标的本质、意义及受内外因素影响时的变化规律，为正确选择材料、合理进行工程设计、制订热处理工艺和提高产品质量等提供有关材料性能方面的依据。

　　本书是在借鉴国内外相关资料的基础上，根据目前理化检测从业人员资格鉴定的实际情况和需要编写的。本书与一般金属材料力学性能测试培训教材的区别主要体现在以下几方面：一是在基本理论方面，本书明确地阐述了金属材料力学性能指标的物理意义、技术意义、测试方法原理及其在外界条件下的变化规律；二是在应用方面，本书结合各行业金属材料力学性能测试的要求，选取了一些具有行业应用特点的工件，介绍了它们的材料力学性能测试要点；三是本书从各行业金属材料力学性能测试工作的差异性考虑，介绍了一些不常使用的金属材料力学性能测试技术。

　　本书可满足各行业金属材料力学性能检测的公共培训需求，考虑到各工业部门的不同情况，书中还补充了必要的材料、工艺、行业标准和规范及一些特殊技术的内容，以使培训收到更好的效果。在本书的编写中，除了参考了国内外公开出版的一些专著、教材、手册、期刊外，还特别参考了兵器工业、航空工业的内部培训教材，在此对有关作者表示衷心感谢。

　　限于编者水平，疏漏之处在所难免，热诚欢迎读者提出宝贵意见并予以指正。

作　者

目　录

第一章

基础知识

第一节 金属学基础知识

一、金属的晶体结构

在通常情况下，金属和合金在固态下都是晶体。晶体就是原子（或分子、离子）在三维空间呈有规则的周期性重复排列的物质。晶体的特点是原子呈规则排列，具有固定的熔点和各向异性。一个原子的周围最近邻的原子数越多，原子之间的结合能力就越低，能量最低的状态就是最稳定的状态。因此，金属中的原子总是自发地趋于较为紧密的规则排列。

假定理想状态下，晶体中的原子都是固定不动的刚性球，则晶体就是由这些刚性球堆垛而成，如图 1-1a 所示，这种原子堆积模型立体感很强，很直观，但却很难看清内部排列的规律和特点。为了清楚地表明原子在空间的排列规律，常常把构成晶体的实际质点忽略，而将它们抽象为纯粹的几何点，称为阵点。这种描述晶体中原子（或分子、离子）规律排列的空间格架称为空间点阵或晶格，如图 1-1b 所示。

由于阵点在晶格中的排列具有周期性，为研究方便，常选取晶格中一个能够完全反映晶格特征的最小的几何单元来分析晶体中原子排列的规律性，这个最小的几何单元就称为晶胞，如图 1-1c 所示。

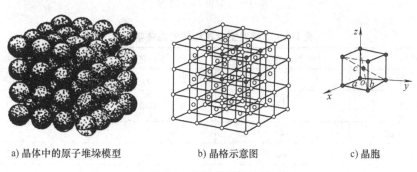

a) 晶体中的原子堆垛模型　　　　b) 晶格示意图　　　　c) 晶胞

图 1-1　金属的晶体结构

晶胞的大小和形状常用晶胞的棱边长度 a、b、c 及棱边间的夹角 α、β、γ 表示，通常取晶胞角上某一结点作为原点，沿该晶胞三条相交于原点的棱边设置坐标轴 x、y、z（也称晶轴），通常以原点前、右、上为正方向，反之为负方向。棱边长度 a、b、c 称为晶格常数或点阵常数。

常见的金属元素中，除少数具有复杂的晶体结构外，绝大多数都具有比较简单的晶体结构，其中最典型、最常见的金属晶体结构有三种：体心立方结构、面心立方结构和密排六方结构。前两种属于立方晶系，后一种属于六方晶系。它们的示意图分别如图 1-2、图 1-3 和图 1-4 所示。其晶体学特点见表 1-1。

  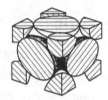

a) 堆垛模型　　　　　b) 质点模型　　　　　c) 晶胞原子数

图 1-2　体心立方结构

a) 堆垛模型　　　　　b) 质点模型　　　　　c) 晶胞原子数

图 1-3　面心立方结构

a) 堆垛模型　　　　　b) 质点模型　　　　　c) 晶胞原子数

图 1-4　密排六方结构

表 1-1　三种典型金属结构的晶体学特点

结构特点	面心立方	体心立方	密排六方
点阵常数	a	a	a，c（$c/a=1.633$）
原子半径 r	$\dfrac{\sqrt{2}}{4}a$	$\dfrac{\sqrt{3}}{4}a$	$\dfrac{a}{2}$ 或 $\dfrac{1}{2}\sqrt{\dfrac{a^2}{3}+\dfrac{c^2}{4}}$
晶胞内原子数	4	2	6
配位数	12	8	12
致密度	0.74	0.68	0.74

注：配位数——晶体结构中任一原子周围最近邻且等距离的原子数。
　　致密度——晶体结构中原子体积占总体积的百分数。

上面论述的是理想的晶体结构，实际应用的金属材料晶体中不可能像理想晶体那样规则和完整，总会存在一些原子偏离规则排列的不完整性区域，这就是晶体缺陷。晶体缺陷对金属的性能、原子扩散和相变等都有重要影响。

根据晶体缺陷的几何形态特征，可以把缺陷分为三种：

1）点缺陷。其特征是在三维方向上的尺寸都很小，仅引起几个原子范围内的点阵结构不完整，如空位、间隙原子和置换原子等。

2）线缺陷。其特征是在二维方向上的尺寸很小，在另一个方向上的尺寸很大，如位错。

3）面缺陷。其特征是在一维方向上的尺寸很小，在另外二维方向上的尺寸很大，如晶界、亚晶界、孪晶界和相界等。

由于纯金属的强度一般很低，通常不能满足产品性能要求，因此，工业上实际广泛应用的不是纯金属，而是合金。合金是指由两种或两种以上的金属或金属与非金属，经熔炼或烧结或用其他方法结合而成的具有金属特性的物质。组成合金最基本的、独立的物质称为组元，简称元。一般来说，组元就是组成合金的元素或是稳定的化合物。根据组元多少，合金有二元合金、三元合金和多元合金。当不同的组元组成合金时，这些组元之间由于物理和化学的相互作用，形成具有一定晶体结构和一定成分的相。

相是指合金中结构相同、成分和性能均一并以界面相互分开的组成部分。由一种固相组成的合金称为单相合金；由几种固相组成的合金称为多相合金。合金相的种类繁多，不同的相具有不同的晶体结构。根据晶体结构特点，相可分为固溶体和金属化合物两大类。

固溶体是指合金的组元之间以不同的比例相混合，混合后形成的固相晶体结构与组成合金的某一组元相同，保留晶格的组元称为溶剂，溶入晶格的组元称为溶质。固溶体有置换固溶体和间隙固溶体两大类。溶质原子溶入后会引起固溶体晶格发生畸变，使合金变形阻力增大，引起合金强度和硬度上升，这就是固溶强化。

合金组元之间发生相互作用而形成的一种具有金属特性的新相称为金属化合物，也称中间相。其晶格类型及性能均不同于任一组元，一般可用分子式大致表示。金属化合物一般均具有较高的熔点、硬度和脆性，使合金的强度、硬度、耐磨性及耐热性提高，但会引起塑性和韧性下降。

二、金属的结晶

金属的结晶是指金属由液态转变为固态且为晶体的过程，它是一种相变。对于每一金属，都存在某一平衡温度，即理论结晶温度，而实际结晶温度总是低于这一温度，即金属结晶时存在过冷现象。理论结晶温度与实际结晶温度之差称为过冷度，过冷度越大，金属的实际结晶温度就越低，过冷度与冷却速度有关。

金属的结晶分为形核和晶核长大两个过程，并且这两个过程是同时进行的。形核分为自发形核和非自发形核。自发形核是以液态金属本身的原子集团为核心形成晶核；非自发形核是液态金属依附于杂质形成晶核。在晶核形成过程中，非自发形核处于优先和主导地位。

当第一批晶核形成后，结晶过程就开始了，结晶过程的进行依赖于新晶核连续不断地产生，以及已有晶核的进一步长大。晶体凝固时的长大形态主要有两种类型，即平面状长大和树枝状长大。金属结晶过程示意如图1-5所示。

金属结晶后晶粒的大小对金属力学性能有很大的影响。一般情况下，细小的等轴晶有利于提高金属的力学性能，增加形核率和抑制晶粒长大是细化晶粒的重要途径。

上面介绍了纯金属的结晶过程，合金的结晶过程也是一个形核和晶核长大的过程。合金

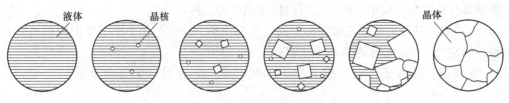

图 1-5 金属结晶过程示意

的结晶过程要复杂得多，它是在某一温度范围内进行的，结晶过程中合金的相成分是变化的，存在异分结晶现象，其结晶过程常用合金相图来表示。

三、铁碳相图

相图是表示合金系中合金的状态与温度、成分间关系的图，是表示合金系在平衡条件下，在不同温度、成分下的各相关系的图解。利用相图可以一目了然地了解到不同成分的合金在不同温度下的平衡状态，它存在哪些相，相的成分及相对含量如何，以及在加热或冷却时可能发生哪些转变等。显然，相图是研究金属材料的一个十分重要的工具。

对于纯晶体材料而言，随着温度和压力的变化，材料的组成相会发生变化。从一种相到另一种相的转变称为相变，不同固相之间的转变称为固态相变，这些相变的规律可借助相图直观简明地表示出来。根据组元的多少，相图分为单元相图、二元相图、三元相图。

碳在铁中的含量超过溶解度后剩余的碳可以以两种形式存在，即以渗碳体 Fe_3C 和石墨碳的形式存在，因此，铁碳合金有两种相图，即 Fe-C 相图和 Fe-Fe$_3$C 相图。通常情况下，铁碳合金是按 Fe-Fe$_3$C 系进行转变的。图 1-6 即为 Fe-Fe$_3$C 相图，它是研究钢铁材料的基础，图中各特性点的温度、碳的质量分数及意义见表 1-2。其特性点的符号是国际通用的，不能随便变换。

相图中的 *ABCD* 为液相线，*AHJECF* 为固相线，相图中有五个单相区，它们是：*ABCD* 以上——液相区（用符号 L 表示），*AHNA*——δ 固溶体区（用符号 δ 表示），*NJESGN*——奥氏体区（用符号 γ 表示），*GPQG*——铁素体区（用 α 或 F 表示），*DFKZ*——渗碳体区（用 Fe$_3$C 或 C$_m$表示）。

相图中有七个两相区，它们是：L+δ，L+γ，L+Fe$_3$C，δ+γ，γ+α，γ+Fe$_3$C 及 α+Fe$_3$C。

Fe-Fe$_3$C 相图中有三条水平线，即 HJB——包晶转变线，ECF——共晶转变线，PSK——共析转变线。

此外，相图中还有两条磁性转

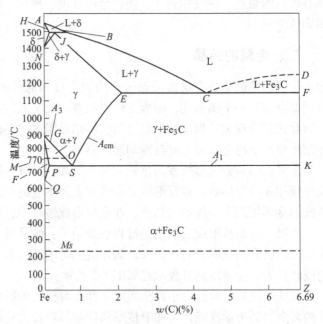

图 1-6 Fe-Fe$_3$C 相图

变线：MO 线（770℃）为铁素体的磁性转变线，230℃虚线 Ms 为渗碳体的磁性转变线。

表 1-2　Fe-Fe₃C 相图中的特性点

符号	温度/℃	$w(C)(\%)$	说　明	符号	温度/℃	$w(C)(\%)$	说　明
A	1538	0	纯铁的熔点	J	1495	0.17	包晶点
B	1495	0.53	包晶转变时液态合金的成分	K	727	6.69	渗碳体的成分
C	1148	4.30	共晶点	M	770	0	纯铁的磁性转变点
D	1227	6.69	渗碳体的熔点	N	1394	0	γ-Fe⇔δ-Fe 的转变温度
E	1148	2.11	碳在 γ-Fe 中的最大溶解度	P	727	0.0218	碳在 α-Fe 中的最大溶解度
G	912	0	α-Fe⇔γ-Fe 转变温度（A_3）	S	727	0.77	共析点（A_1）
H	1495	0.09	碳在 δ-Fe 中的最大溶解度	Q	600	0.0057	600℃时碳在 α-Fe 中的溶解度

（一）包晶转变（水平线 HJB）

在 1495℃恒温下，碳的质量分数为 0.53%的液相与碳的质量分数为 0.09%的 δ 铁素体发生包晶反应，形成碳的质量分数为 0.17%的奥氏体，其反应式为

$$L_B + \delta_H \Leftrightarrow \gamma_J \tag{1-1}$$

进行包晶反应时，奥氏体沿 δ 相与液相的界面成核，并向 δ 相和液相两个方向长大，包晶反应终了时，δ 相和液相同时耗尽变成单一的奥氏体相。

该类转变仅发生在碳的质量分数为 0.09%~0.53%的铁碳合金中。

（二）共晶转变（水平线 ECF）

共晶转变发生在 1148℃的恒温中，由碳的质量分数为 4.3%的液相转变为碳的质量分数为 2.11%的奥氏体和渗碳体（$w(C)=6.69\%$）所组成的混合物，称为莱氏体，用 Ld 表示，其反应式为

$$Ld \Leftrightarrow \gamma_E + Fe_3C \tag{1-2}$$

在莱氏体中，渗碳体是连续分布的相，而奥氏体则呈颗粒状分布在其上。渗碳体很脆，所以莱氏体的塑性是很差的，无实用价值。凡碳的质量分数为 2.11%~6.69%的铁碳合金都发生这个转变。

（三）共析转变（水平线 PSK）

共析转变发生在 727℃恒温下，是由碳的质量分数为 0.77%的奥氏体转变成碳的质量分数为 0.0218%的铁素体和渗碳体所组成的混合物，称为珠光体，用符号 P 表示，其反应式为

$$\gamma_s \Leftrightarrow \alpha_P + Fe_3C \tag{1-3}$$

珠光体组织是片层状的，其中的铁素体体积大约是渗碳体的 8 倍，所以在金相显微镜下，较厚的片是铁素体，较薄的片是渗碳体。所有碳的质量分数超过 0.02%的铁碳合金都发生这个转变。共析转变温度常标为 A_1 温度。

（四）同素异构转变

一些金属在固态下随温度或压力的改变还会发生晶体结构的变化，即由一种晶格转变为另一种晶格，这种转变称为同素异构转变。以不同晶格形式存在的同一种金属元素的晶体称为该金属的同素异构体。

铁是典型的具有同素异构转变的金属。合金溶液先按匀晶转变结晶出 δ 铁素体（体心立方晶格）。δ 铁素体继续冷却，开始发生同素异构转变 δ→γ（面心立方晶格）。奥氏体的晶核通常优先在 α 相界上形成并长大，直至结束，合金全部呈单晶奥氏体。继续冷却又发生同素异构转变 γ→α（体心立方晶格），全部变成铁素体。

纯铁的同素异构转变可以用下式表示：

$$\delta\text{-Fe} \underset{}{\overset{1394℃}{\rightleftharpoons}} \gamma\text{-Fe} \underset{}{\overset{912℃}{\rightleftharpoons}} \alpha\text{-Fe}$$
$$\text{（体心立方晶格）}\quad\text{（面心立方晶格）}\quad\text{（体心立方晶格）}$$

（五）相图中三条重要的固态转变线

GS 线：奥氏体中开始析出铁素体或铁素体全部溶入奥氏体的转变线，常称该温度为 A_3 温度。

ES 线：碳在奥氏体中的溶解度线，该温度常称为 A_{cm} 温度。低于该温度时，奥氏体中将析出 Fe_3C，为区别从液体中经 *CD* 线直接析出的一次渗碳体（Fe_3C_I），把它称为二次渗碳体，记作 Fe_3C_{II}。

PQ 线：碳在铁素体中的溶解度线，在 727℃ 时，碳在铁素体中的最大溶解度仅为 0.0218%。随着温度的降低，铁素体的溶碳量是逐渐减少的，在 300℃ 以下，溶碳量少于 0.001%。因此，铁素体从 727℃ 冷却下来，也会析出渗碳体，称为三次渗碳体，记作 Fe_3C_{III}。

通常按有无共晶转变来区分碳钢和铸铁，即碳的质量分数低于 2.11% 的为碳钢，大于 2.11% 的为铸铁。碳的质量分数小于 0.0218% 的为工业纯铁。

根据组织特征，可将铁碳合金按含碳量划分为七种类型：

1）工业纯铁，碳的质量分数低于 0.0218%。

2）共析钢，碳的质量分数为 0.77%。

3）亚共析钢，碳的质量分数为 0.0218%~0.77%。

4）过共析钢，碳的质量分数为 0.77%~2.11%。

5）共晶白口铸铁，碳的质量分数为 4.30%。

6）亚共晶白口铸铁，碳的质量分数为 2.11%~4.30%。

7）过共晶白口铸铁，碳的质量分数为 4.30%~6.69%。

第二节　金属的热处理

一、热处理工艺

金属的热处理是指将金属零件以一定的速度加热到一定温度，保温一定时间，然后以一定的速度冷却到室温，从而改变其组织结构，得到所需性能的一种工艺。加热和冷却是热处理过程中重要的两个环节。加热通常包括加热速度、加热温度、加热时间、加热设备等。冷却方式通常有缓冷（随炉冷却）、空冷、介质中冷却等。依据加热与冷却方式以及组织、性能的变化，可将热处理分为整体热处理和表面热处理。整体热处理通常指钢的退火、正火、淬火、回火。表面热处理通常指表面化学热处理和表面淬火。

（一）整体热处理

1. 钢的退火

退火是将工件加热到一定温度，保温一定时间后随炉冷却的热处理工艺，常用于铸钢件、锻件、焊件等多种毛坯加工前的预备热处理。退火的目的是细化晶粒，提高塑性和韧性；降低硬度，软化钢材，以利于切削加工；消除内应力，防止工件变形；改善和消除组织缺陷，均匀成分，为工件最终热处理做准备。

钢件的退火工艺很多，按加热温度可分为两大类：一类是临界温度以上的退火，又称相变重结晶退火；另一类是在临界温度以下的退火。前者包括扩散退火、完全退火、不完全退火和球化退火；后者包括再结晶退火和去应力退火等。

（1）扩散退火　扩散退火又称均匀化退火，其加热温度比其他退火都高，一般为 Ac_3 或 Ac_{cm} 以上 150℃~300℃，其目的是消除偏析，使成分均匀化，多用于大件中、高合金钢和高合金钢铸锭。

由于扩散退火温度高、时间长，工件退火后晶粒较粗大，因此，必须再进行一次完全退火或正火，以细化晶粒，消除过热缺陷。

（2）完全退火　完全退火是将钢加热到 Ac_3 或 Ac_{cm} 以上 20℃~30℃，保温一定时间，使之完全奥氏体化后缓慢冷却，获得接近平衡组织的热处理工艺。

完全退火的目的是细化晶粒，均匀组织，降低硬度，改善切削加工性能，消除内应力，并为后续的淬火做好组织准备，多用于碳钢、锻钢、热轧钢及中小型铸钢件。

（3）不完全退火　不完全退火是将钢加热到 Ac_1 和 Ac_3（或 Ac_{cm}）之间，保温达到不完全奥氏体化后缓慢冷却，以获得接近平衡态组织的一种热处理。

不完全退火的目的是细化组织，降低硬度，改善切削加工性能，消除内应力。它采用的温度较低，时间也较短，因此是比较便宜的一种工艺，生产中常用它来代替完全退火。

（4）球化退火　球化退火是将钢加热到 Ac_1~Ac_{cm}，保温足够的时间后等温冷却或直接缓慢冷却，使钢中的碳化物球化，获得粒状珠光体的一种热处理工艺，多用于共析钢和过共析钢（刀具、刃具等）。

球化退火的目的是把片状珠光体变为粒状珠光体，以降低硬度，改善切削加工性能，改善组织，消除网状渗碳体，为后续淬火做好组织准备。

常用的球化退火工艺有一次球化退火、反复球化退火和等温球化退火。

（5）再结晶退火　再结晶退火是将经冷变形后的金属加热到再结晶温度以上，保持适当时间，使形变晶粒重新转变为均匀等轴晶粒的一种热处理工艺。其目的是消除加工硬化和残余应力，提高塑性。

（6）去应力退火（也称低温退火）　去应力退火是将钢加热到 Ac_1 以下某一温度，保温一定时间后随炉缓冷至 200℃~300℃，然后出炉空冷的一种热处理工艺。其目的是消除内应力，提高工件尺寸稳定性，防止变形和开裂。

2. 钢的正火

正火是将钢加热到 Ac_3（亚共析钢）或 Ac_{cm}（过共析钢）以上某一温度，保温一定时间，然后空冷的一种热处理工艺。

正火主要应用在以下方面：

1）用于普通中碳钢和中碳低合金钢结构件最终热处理。

2）取代部分重要零件的完全退火（低碳钢），改善组织，细化晶粒，改善切削性能，为后续淬火做准备。

3）用于过共析钢。一般在球化退火前进行，可抑制和消除网状二次渗碳体的形成。

与退火比较，正火的加热温度稍高，冷却速度稍快，正火后钢的强度、硬度较高，韧性较好。

3. 钢的淬火

淬火就是将钢加热到 Ac_1 或 Ac_3 以上某一温度，保温一定时间，然后以大于临界冷却速度快速冷却，得到马氏体或贝氏体组织的一种工艺。

淬火是热处理工艺中非常重要的一种工艺。快速冷却的目的是使原奥氏体中的过饱和碳难以向外扩散，形成了碳在 α-Fe 中的过饱和固溶体，即马氏体，由于碳严重过饱和导致晶格畸变，大大增加了变形抗力，从而可以显著提高钢的强度、硬度和耐磨性。将淬火与不同的回火工艺相配合，则可以得到不同的强度、塑性和韧性的配合。淬火加热温度过低，会使硬度和强度降低；加热温度过高，则会引起奥氏体晶粒粗大，易引起变形和开裂，工件韧性也差。

淬火应力是引起工件变形和开裂的根本原因，一般由热应力和组织应力组成。热应力是由于加热或冷却过程中不同截面存在温差造成的，因此，加热或冷却速度越大，热应力也越大，在冷却介质相同的条件下，工件加热温度越高，尺寸越大，钢材导热系数越小，热应力越大。

工件冷却时，由于温差造成不同部位组织转变的时期不同而引起的内应力称为组织应力。组织应力起因为马氏体相变引起的比体积变化，因此又称为相变应力。组织应力大小与钢在马氏体转变温度范围内的冷却速度、工件大小、钢的导热性、钢的碳含量和淬透性等有关。

淬火冷却速度过大，会使工件应力增大，易产生变形或开裂；如果冷却速度过小，又会得到非马氏体组织，达不到淬火目的。因此，淬火时必须选择合适的淬火介质，以达到既获得马氏体组织，又能减少变形和开裂倾向的目的。

常用的淬火介质有水及其溶液、油、水油混合液等。水是最常用的淬火介质，冷却能力较大，水温越高，冷却能力越低；循环水比静止水冷却能力强，在水中添加盐会增大冷却能力；常用的淬火油是矿物质油，如柴油、机油等，它们的冷却能力比水差，但在高温区有较快的冷却速度，故常用作合金钢的淬火介质。

4. 钢的回火

工件淬火后虽然硬度、强度很高，但因脆性及内应力较大，故必须经过回火处理才能使用。

回火就是将淬火后的工件加热到相变点（Ac_1）以下某一温度，保温一定时间后冷却至室温的热处理工艺。回火一般是工件的最后一道热处理工序，回火加热时碳原子扩散能力增强，将以 Fe_3C 形式析出，致使淬火应力减少或消除，可提高韧性和塑性，获得硬度、强度、塑性和韧性的适当配合，稳定组织，稳定工件尺寸。

根据回火温度不同，回火可分为三类。

（1）低温回火　淬火后于100℃～350℃回火，称为低温回火。目的是降低淬火应力和脆性，获得回火马氏体组织。低温回火后，工件既保持了高的原淬火硬度、强度和耐磨性，又提高了一定的韧性。低温回火主要用于工具、量具、滚珠轴承及渗碳淬火的零件。

（2）中温回火　淬火后于350℃～500℃回火，称为中温回火。目的是保持较高的表面硬度，获得高的弹性和屈服强度，又有较好的塑性和韧性。中温回火后得到回火托氏体组织。中温回火主要用于弹簧钢、发条、锻模板等。

（3）高温回火　淬火后于500℃～650℃回火，称为高温回火。淬火+高温回火又称调质处理，获得回火索氏体组织。目的是获得高强度、高塑性和高韧性的搭配良好的综合力学性能。与正火处理相比，钢经调质处理后，在硬度相同的情况下，其屈服强度、韧性和塑性明显提高。高温回火被广泛应用于承受疲劳载荷的中碳钢重要件，如连杆、主轴、齿轮、重力螺钉等。

（二）表面热处理

许多零件在扭转、弯曲等交变载荷下工作，有时表面还要受摩擦、冲击等，因此，要求零件表面要有足够的强度、硬度和耐磨性，同时，心部还要有足够的塑性和韧性，这样就发展了表面热处理技术。

1. 表面淬火

表面淬火是利用快速加热的方法，只使工件表面奥氏体化，然后淬火。它只改变表层的组织和性能，使表层得到强化和硬化，而心部仍保留原有的组织和性能，故多用于中碳调质钢。表面淬火的加热方法很多，有感应加热、火焰加热、激光加热、离子束加热等。这里主要介绍感应加热法。

感应淬火是将工件置于感应器（线圈）内，当感应器中通入一定频率的交变电流时，周围产生交变磁场的电磁感应，使工件内产生封闭的感应电流（即涡流）。感应电流在工件截面上的分布很不均匀，表层电流密度很高，向内逐渐减小，这种现象称为集肤效应。工件表层高密度电流的电能转变为热能，使表层温度升高而实现了表面加热。电流频率越高，工件表层与内部的电流密度差越大，加热层就越薄。在加热层温度超过钢的临界点温度后迅速冷却（淬火冷却介质常用水或高分子聚合物水溶液），即可实现表面淬火。

根据交变电流的频率高低，感应淬火热处理可分为超高频、高频、超声频、中频、工频五类。超高频感应淬火所用的电流频率高达27MHz，淬火层极薄，仅约0.15mm，可用于形状复杂工件的薄层表面淬火。高频感应淬火所用的电流频率通常为200kHz～300kHz，淬硬深度为0.5mm～2mm，可用于齿轮、气缸套、凸轮、轴等零件的表面淬火。超声频感应淬火所用的电流频率一般为20kHz～40kHz，用超声频感应电流对小模数齿轮加热，加热层大致沿齿廓分布，淬火后使用性能较好。中频感应淬火所用的电流频率一般为2.5kHz～10kHz，淬硬深度为2mm～8mm，多用于大模数齿轮、直径较大的轴类和冷轧辊等工件的表面淬火。工频感应淬火所用的电流频率为50Hz～60Hz，淬硬深度可达10mm～15mm，主要用于大直径钢材的穿透加热和要求淬硬层较深的工件。

感应淬火的主要优点是：

① 不必整体加热，工件变形小，电能消耗小。

② 加热速度快，工件表面氧化脱碳较轻。

③ 表面淬硬层可根据需要进行调整，易于控制。

④ 加热设备可以安装在机械加工生产线上，易于实现机械化和自动化，便于管理，且可减少运输，节约人力，提高生产率。

⑤ 淬硬层马氏体组织较细，硬度、强度、韧性都较高。

⑥ 表面淬火后，工件表层有较大压缩内应力，工件抗疲劳能力较强。

感应淬火的缺点是：感应加热设备较复杂，而且适应性较差，对某些形状复杂的工件难以保证质量。

感应淬火广泛用于齿轮、轴、曲轴、凸轮、轧辊等工件的表面淬火，目的是提高这些工件的耐磨性和抗疲劳的能力。汽车后半轴采用感应淬火，设计载荷下的疲劳循环次数比用调质处理约提高 10 倍。感应淬火的工件材料一般为中碳钢。为适应某些工件的特殊需要，已研制出供感应淬火专用的低淬透性钢。高碳钢和铸铁制造的工件也可采用感应淬火。

2. 化学热处理

将钢件放于含有一种或几种渗入元素的化学介质中，通过加热、保温、冷却的方法，使渗入元素自表面向内部扩散的过程称为化学热处理。化学热处理的目的是通过改变钢件表面的化学成分和组织，提高金属表面的硬度、耐磨性、耐热性、耐蚀性和疲劳强度等性能。

金属表面渗入不同元素后，可以获得不同的性能，因此，金属的化学热处理常以渗入元素来命名，如渗碳、渗氮、碳氮共渗、渗硼、渗铝、渗铬等。

（1）渗碳　它是指钢件在渗碳介质中加热，一般为 900℃~950℃，保温，使碳原子渗入其表面，使表层碳含量增加并形成一定的碳浓度梯度的一种热处理工艺，它是机械制造业中应用最广的一种化学热处理方法。根据所用渗碳剂的不同，渗碳方法可分为固体渗碳法、液体渗碳法和气体渗碳法。

渗碳用钢多为碳的质量分数为 0.15%~0.30% 的低碳钢或低碳合金钢。渗碳主要用于那些表面硬度要求很高而心部又要求有足够强度和韧性的零件，如齿轮、活塞销等。为了得到所需性能，工件渗碳后通常都要经过淬火+低温回火处理。

（2）渗氮　它是在一定温度下一定介质中使氮原子渗入工件表层，提高表层氮的浓度的化学热处理工艺，常见的有液体渗氮、气体渗氮、离子渗氮。传统的气体渗氮是将工件放入密闭的容器中，通入流动的氨气并加热，保温较长时间后氨气分解产生氮原子，氮原子不断吸附、扩散、渗入工件表层。渗氮温度很低，通常为 500℃~580℃，而且渗氮后无须淬火，故工件的变形很小，常用于高速工具钢的齿轮、磨床主轴及那些要求尺寸精密、耐蚀抗磨损的零件等。但是该工艺周期较长，某些钢（如含铅铜）渗氮后的表面脆性较大。

（3）碳氮共渗　它是同时向钢的表层渗入碳、氮原子，以提高金属表面层硬度和耐磨性的化学热处理过程。碳氮共渗处理温度范围很宽，550℃~950℃均可进行共渗。日常生产中常把碳氮共渗按温度不同分为三种情况，即高温碳氮共渗（900℃~950℃），中温碳氮共渗（800℃~870℃）和低温碳氮共渗（500℃~600℃）。共渗温度不同，共渗层中的碳氮浓度也不同。高温时以渗碳为主，而氮的渗入量很少；低温时以氮的渗入为主，而碳的渗入量很少，俗称软氮化。只有在中温条件下碳和氮的渗入量均适当，应用也最为广泛。因此，碳氮共渗通常指中温碳氮共渗。与单独渗碳相比，碳氮共渗的速度快，生产周期短，工件变形和开裂倾向小，而且工件可获得更高的硬度和耐磨性、疲劳强度及抗啮合能力。

（三）其他热处理

除上面介绍的热处理工艺外，还有很多热处理工艺方法，下面再介绍几种。

1. 固溶处理

固溶处理是指把金属加热到适当温度，充分保温，使金属中的某些组元溶解到固溶体内形成均匀的固溶体，然后急速冷却，得到过饱和固溶体，可以改善金属的性能。固溶处理是因为溶质原子的作用，使晶格发生畸变，使得金属在变形时的阻力增大了。

2. 时效处理

时效处理是指金属在经过固溶处理后，在常温或加温条件下，其强度和硬度增加，塑性、韧性降低的现象。时效处理分为自然时效强化和人工时效强化。利用室温或自然环境温度达到时效效果时，称为自然时效强化。加热到室温以上（一般为100℃~200℃），保温一段时间，然后取出自然冷却，这种方法称为人工时效强化。时效强化机理是过饱和固溶体在时效过程中发生分解析出，弥散分布在基体中形成沉淀相，从而阻碍晶界和位错的运动，使金属强度提高。

3. 深冷处理

常规热处理工艺下工件中常存在残留奥氏体。奥氏体很不稳定，容易转变为马氏体，从而引起工件的尺寸不稳定，同时工件中也会有残余内应力，使得材料的疲劳强度及其他性能降低，应力释放过程中也易导致工件的变形。为解决上述问题，又发展了深冷处理工艺。

深冷处理是将金属在-100℃下进行处理，使柔软的残留奥氏体几乎全部转变成高强度的马氏体，并减少表面疏松，降低表面粗糙度值的一个热处理后工序。深冷处理可提高工件硬度、耐磨性、韧性和尺寸稳定性，也可使其他性能指标得以改善。它主要适用于合金钢制成的精密刀具、量具和精密零件，如量规、量块、铰刀、样板、高精度的丝杠、齿轮等，还可使磁钢更好地保持磁性。经过深冷处理的模具和刀具翻新数次后仍然具有高的耐磨性和强度，寿命成倍增加。

深冷处理通常是按照降温、保温和升温三个阶段来进行的。通用的深冷处理工艺以每分钟降低0.25℃~0.5℃的速度降低到一定温度，然后保温24h~36h，再缓慢地以每分钟0.25℃~0.5℃的速度升到室温或更高温度。各阶段的意义如下：

1）降温阶段：彻底消除残余应力。

2）保温阶段：使基体内的残留奥氏体尽可能全部转变为马氏体，并尽可能多地产生碳化物颗粒。

3）升温阶段：防止残余应力的产生。

深冷处理最佳时机：一般认为，深冷处理应该在工件淬火回火后两个小时内进行。

4. 气相沉积

气相沉积也属于表面热处理的一种，它是用离子沉积的方法在工件表面获得耐磨、耐热和耐蚀的沉积相，从而大大提高工件的使用寿命。

二、金属常用热处理与性能的关系

通过热处理可以改变金属的组织，获得所需力学性能，从而充分发挥金属的潜力，提高工件的性能和使用寿命。

在机械零件、工具、模具等工件的制造过程中，要经过各种冷、热加工的工序，加工期间通常需要穿插多次的热处理工序，因此，热处理在实际生产中通常被分为预备热处理和最终热处理。预备热处理是为了消除前一道工序造成的缺陷，或者为后期的切削加工和最终热处理做好准备。最终热处理是为了使工件能够满足实际使用的性能要求。

（一）退火或正火处理与钢的性能

一般较重要的工件制造过程大致如下：铸造或锻造—退火或正火—机械粗加工—淬火+回火（表面热处理）—机械精加工。在铸造或锻造之后、机械粗加工之前的退火或正火处理就是预备热处理。铸造或锻造后，工件中存在残余应力、硬度的偏高或不均匀及一些组织缺陷（包括锻件中的枝晶偏析、魏氏组织、晶粒粗大和带状组织等），这些都会使钢的性能降低，淬火时易产生变形和开裂。经过适当的退火或正火处理可使组织细化、成分均匀、消除应力、硬度均匀，从而改善钢的力学性能和切削加工性能。

（二）淬火和回火热处理与钢的性能

淬火的主要目的是获得马氏体组织，是强化钢材的最重要的热处理方法。淬火后钢的强度、硬度很高，但是马氏体脆性较大，塑性、韧性差，内应力也较大，易导致工件变形和开裂，所以，马氏体并不能作为热处理的最终组织存在。另外，各类工具和零件的工作条件不同，所要求的性能自然差别很大，所以，淬火工件必须配不同温度的回火才能得到所需的性能。通常来讲，钢的硬度和强度随回火温度的升高而降低，而塑性和韧性随回火温度的升高而提高。

第三节　金属材料分类及牌号表示方法

一、金属材料的分类

通常把金属材料分为黑色金属和有色金属两大类。以铁、锰、铬或以它们为基体形成的合金，称为黑色金属，也称铁金属。将除铁、锰及铬等金属以外的所有金属均列为有色金属，也称非铁金属，共约八十余种，以任意这些金属为基（>50%），再加入一种或多种其他元素而组成的合金，称为有色合金。有色金属及合金的类型，比之黑色金属及合金要复杂得多，应用范围也十分广泛。

（一）黑色金属的分类

工程上黑色金属可分为铸铁和钢。

1. 铸铁的分类

铸铁是碳含量大于 2.11%，以铁、碳、硅为主要组成元素的铁碳合金。铸铁的力学性能主要取决于基体组织及石墨（渗碳体）的数量、形状、大小和分布。铸铁的硬度和抗压强度与钢相当，抗拉强度、疲劳强度和塑性都不及钢。

铸铁主要是根据碳存在的形式或根据石墨的形状进行分类。

铸铁根据碳存在的形式分为三类：

1）白口铸铁：碳以渗碳体形式存在，断口呈白亮色。

2）灰口铸铁：碳以片状石墨形式存在，断口呈灰色。

3）麻口铸铁：碳以渗碳体和片状石墨两种形式存在，断口上呈黑白相间的麻点，故得名麻口铸铁，它有较大的脆性，所以工业上很少应用。

铸铁根据石墨形状分为四类：

1）灰铸铁：碳全部或大部分以片状石墨形式存在。

2）蠕墨铸铁：碳全部或大部分以蠕虫状石墨形式存在。

3）可锻铸铁：碳全部或大部分以游离团絮状石墨形式存在。

4）球墨铸铁：碳全部或大部分以球状石墨形式存在。

此外，为了获得特殊性能，通过合金化又发展了特殊性能铸铁，如耐磨铸铁、耐热铸铁和耐蚀铸铁等。

2. 钢的分类

钢的种类比较多，从不同角度出发，可以将钢分成若干具有共同特点的类别。

（1）按用途分类

1）工程结构钢。这类钢应用量较大，在建筑、车辆、造船、桥梁、石油、国防等行业都广泛使用这类钢制备工程构件。这类钢有普通碳素结构钢、低合金高强度结构钢等。

2）机器零件用钢。这类钢主要用于制造各种机器零件，包括轴类零件、弹簧、齿轮、轴承等。这类钢包括渗碳钢、调质钢、弹簧钢及滚动轴承钢等。

3）工模具用钢。这类钢又可分为刃具钢、模具钢、量具钢等。

4）特殊性能钢。这类钢具有特殊的物理和化学性能，可分为抗氧化用钢、热强钢、不锈钢、无磁钢等。

（2）按金相组织分类

1）根据平衡态或退火态组织分类，有亚共析钢、共析钢、过共析钢和莱氏体钢。

2）根据正火态组织分类，有珠光体钢、贝氏体钢、马氏体钢和奥氏体钢。

3）根据室温时的组织分类，有铁素体钢、马氏体钢、奥氏体钢和双相钢。

（3）按碳含量分类　钢按碳含量可分为低碳钢（$w(C) < 0.25\%$）、中碳钢（$0.25\% \leqslant w(C) < 0.6\%$）和高碳钢（$w(C) \geqslant 0.6\%$）。

（4）按合金元素含量分类　GB/T 13304.1—2008《钢分类 第 1 部分：按化学成分分类》中规定了按化学成分对钢进行分类的基本准则，并按化学成分将钢分成了非合金钢、低合金钢和合金钢三类。

（5）按冶金质量分类（有害杂质 S、P 元素含量）　钢按冶金质量可分为普通钢（$w(S) \leqslant 0.070\%$，$w(P) \leqslant 0.070\%$）、优质钢（$w(S) \leqslant 0.035\%$，$w(P) \leqslant 0.035\%$）、高级优质钢（$w(S) \leqslant 0.025$，$w(P) \leqslant 0.025$）和特级优质钢（$w(S) \leqslant 0.015$，$w(P) \leqslant 0.025$）。它们的主要区别在于钢中 S、P 元素含量的多少。

（6）按脱氧程度分类　钢按脱氧程度可分为沸腾钢（不完全脱氧）、镇静钢（完全脱氧）、半镇静钢（脱氧较完全）、特殊镇静钢等，分别用"F"、"b"、"Z"、"TZ"表示冶炼时的脱氧方法。合金钢一般都是镇静钢。

（二）有色金属的分类

有色金属一般分为有色纯金属和有色金属合金两类。

1. 有色纯金属

按习惯将有色纯金属分为以下五大类：

1）重有色金属，相对密度>4.5，如铜、镍、钴、铅、锌、锡、锑、汞及镉等。

2）轻有色金属，相对密度<4.5，如铝、镁、钠、钙及钾等。

3）贵有色金属，如金、银、铂、钯、铑、铱、锇、钌等。

4）半金属，如硅、硒、碲、砷及硼等。

5）稀有金属，如钛、锂、钨、钼等。

2. 有色金属合金

有色金属合金可按合金系统和用途进行分类。

（1）按合金系统分类

1）重有色合金，如铜合金、镍合金、锌合金、铅合金及锡合金等。

2）轻有色合金，如铝合金、镁合金等。

3）贵金属合金，如银合金、铂族合金等。

4）稀有金属合金，如钛合金、钨合金、钼合金、钽合金、铌合金等。

（2）按用途分类

1）变形合金，适宜于压力加工成形的各种有色合金。

2）铸造合金，适宜于铸造成形的各种有色合金。

3）轴承合金，用于制造轴瓦的各种耐磨的有色合金。

4）焊料，用于制造焊接金属工件或焊补金属铸件的各种焊条、焊料、焊粉及熔剂等的有色合金。

5）印刷合金，用于印刷工作条件（低熔点、高流动性、凝固收缩小等）的合金。

6）硬质合金，用于制作高硬度、高耐磨、耐高温高压的工具。

二、金属材料牌号表示方法

（一）钢铁的编号方法

1. 基本原则

钢牌号的命名采用汉语拼音字母、化学元素符号和阿拉伯数字相结合的方法表示，为了便于国际交流和贸易的需要，也可以采用大写英文字母或国际惯例表示符号。稀土元素用"RE"表示，以避免和"Re"（金属铼）混淆。采用汉语拼音字母表示产品名称、用途、特性和工艺方法时，一般从代表产品名称的汉字的汉语拼音中选取第一个字母，当和另一产品所取字母重复时，改取第二个字母或第三个字母，或同时选取两个（或多个）汉字汉语拼音或英文单词的首位字母时。采用汉语拼音字母或英文字母时，原则上只取一个，一般不超过三个。

2. 生铁

生铁的牌号通常由两部分组成：第一部分表示产品用途、特性及工艺方法的大写汉语拼音字母；第二部分表示主要元素平均含量（以千分之几计）的阿拉伯数字。炼钢用生铁、铸造用生铁、球墨铸铁用生铁、耐磨生铁为硅元素平均含量。脱碳低磷粒铁为碳元素平均含量，含钒生铁为钒元素平均含量。例如：硅的质量分数为 $0.85\% \sim 1.25\%$ 的炼钢用生铁表示为 L10；硅的质量分数为 $1.00\% \sim 1.40\%$ 的球墨铸铁用生铁表示为 Q12。

3. 碳素结构钢和低合金结构钢

碳素结构钢和低合金结构钢的牌号通常由四部分组成：第一部分由前缀符号+强度值组成，其中通用结构钢前缀符号为代表屈服强度的拼音字母"Q"、专用结构钢的前缀符号采用大写的汉字及汉语拼音或英文单词的首字母；第二部分（必要时）是钢的质量等级，用英文字母 A、B、C、D、E、F 等表示；第三部分（必要时）为脱氧方式的表示符号，即沸腾钢、镇静钢、特殊镇静钢分别以 "F"、"Z"、"TZ" 表示（镇静钢、特殊镇静钢表示符号通常可以省略）；第四部分（必要时）为产品用途、特性和工艺方法。

低合金高强度结构钢的牌号由代表屈服强度 "屈" 字的汉语拼音首字母 Q、规定的最小上屈服强度数值、交货状态代号、质量等级符号（B、C、D、E、F）四个部分组成。交货状态为热轧时，其表示代号 AR 或 WAR 可省略；交货状态为正火或正火轧制状态时，交货代号用 N 表示。Q+规定的最小上屈服强度数值+交货状态代号，简称 "钢级"。当需方要求钢板具有厚度方向性能时，则在上述规定的牌号后加上代表厚度方向（Z 向）性能级别的符号，如 Q355NDZ25。

根据需要，低合金高强度结构钢的牌号也可以采用两位阿拉伯数字（表示平均碳含量，以万分之几计）加规定的元素符号及必要时加代表产品用途、特性和工艺方法的表示符号，按顺序表示。

例如：碳的质量分数为 0.15%～0.26%，锰的质量分数为 1.20%～1.60% 的矿用钢牌号为 20MnK。

4. 优质碳素结构钢和优质碳素弹簧钢

优质碳素结构钢和优质碳素弹簧钢的牌号通常由五部分组成。

第一部分：以二位阿拉伯数字表示平均碳含量（以万分之几计）。

第二部分（必要时）：较高含锰量的优质碳素结构钢，加锰元素符号 "Mn"。

第三部分（必要时）：钢材冶金质量，即高级优质钢、特级优质钢分别以 A、E 表示，优质钢不用字母表示。

第四部分（必要时）：脱氧方式表示符号，即沸腾钢、半镇静钢、镇静钢分别以 "F" "b" "Z" 表示，但镇静钢表示符号通常可以省略。

第五部分（必要时）：产品用途、特性或工艺方法表示符号。

例如：碳的质量分数为 0.48%～0.56%，锰的质量分数为 0.70%～1.00% 的特级优质镇静钢为 50MnE；碳的质量分数为 0.42%～0.50%，锰的质量分数为 0.50%～0.85% 的高级优质保证淬透性镇静钢为 45AH。

5. 易切削钢

易切削钢的牌号通常由三部分组成。

第一部分：易切削钢表示符号 "Y"。

第二部分：以两位阿拉伯数字表示平均碳含量（以万分之几计）。

第三部分：易切削元素符号，如含钙、铅、锡等易切削元素的易切削钢分别以 "Ca" "Pb" "Sn" 表示。加硫和加硫磷易切削钢，通常不加易切削元素符号 "S" "P"。含锰量较高的加硫或加硫磷易切削钢，本部分为锰元素符号 "Mn"。为区分牌号，对含硫量较高的易切削钢，在牌号尾部加硫元素符号 "S"。

例如：碳的质量分数为 0.42%～0.50%、钙的质量分数为 0.002%～0.006% 的易切削钢，其牌号表示为 Y45Ca；碳的质量分数为 0.40%～0.48%、锰的质量分数为 1.35%～1.65%、硫的质量分数为 0.16%～0.24% 的易切削钢，其牌号表示为 Y45Mn。

6. 车辆车轴用钢和机车车辆用钢

车辆车轴及机车车辆用钢牌号通常由两部分组成。

第一部分：车辆车轴用钢表示符号"LZ"或机车车辆用钢表示符号"JZ"；

第二部分：以两位阿拉伯数字表示平均碳含量（以万分之几计）。

例如：碳的质量分数为0.40%~0.48%的车辆车轴用钢，其牌号表示为LZ45。

7. 合金结构钢和合金弹簧钢

合金结构钢和合金弹簧钢的牌号通常由四部分组成。

第一部分：以两位阿拉伯数字表示平均碳含量（以万分之几计）。

第二部分：合金元素含量，以化学元素符号及阿拉伯数字表示。具体表示方法：合金元素平均质量分数小于1.50%时，牌号中仅标明元素，一般不标明含量；合金元素平均质量分数为1.50%~2.49%、2.50%~3.49%、3.50%~4.49%、4.50%~5.49%等时，在合金元素后相应写成2、3、4、5等。化学元素符号的排列顺序推荐按含量值递减排列。如果两个或多个元素的含量相等时，相应符号位置按英文字母的顺序排列。

第三部分：钢材冶金质量，即高级优质钢、特级优质钢分别以"A""E"表示，优质钢不用字母表示。

第四部分（必要时）：产品用途、特性或工艺方法表示符号。

合金弹簧钢的表示方法与合金结构钢相同。

例如：碳的质量分数为0.56%~0.64%、硅的质量分数为1.60%~2.00%、锰的质量分数为0.70%~1.00%的优质弹簧钢钢，其牌号表示为60SiMn。

8. 非调质机械结构钢

非调质机械结构钢的牌号通常由四部分组成。

第一部分：非调质机械结构钢表示符号"F"。

第二部分：以两位阿拉伯数字表示平均碳含量（以万分之几计）。

第三部分：合金元素含量，以化学元素符号及阿拉伯数字表示，表示方法同合金结构钢第二部分。

第四部分（必要时）：改善切削性能的非调质机械结构钢加硫元素符号"S"。

例如：碳的质量分数为0.32%~0.39%、钒的质量分数为0.06%~0.13%、硫的质量分数为0.035%~0.075%的非调质机械结构钢，其牌号表示为F35VS。

9. 工具钢

工具钢通常分为碳素工具钢、合金工具钢、高速工具钢三类。

（1）碳素工具钢　碳素工具钢牌号通常由四部分组成。

第一部分：碳素工具钢表示符号"T"。

第二部分：用阿拉伯数字表示平均碳含量（以千分之几计）。

第三部分（必要时）：较高锰含量的碳素工具钢，加锰元素符号"Mn"。

第四部分（必要时）：钢材冶金质量，即高级优质碳素工具钢以A表示，优质钢不用字母表示。

例如：平均碳的质量分数为1.0%的高级优质碳素工具钢的牌号表示为T10A。

（2）合金工具钢　合金工具钢牌号通常由两部分组成。

第一部分：平均碳的质量分数小于1.00%时，采用一位数字表示碳的质量分数（以千分之几计）。平均碳的质量分数不小于1.00%时，不标明碳含量数字。

第二部分：合金元素含量，以化学元素符号及阿拉伯数字表示，表示方法同合金结构钢

第二部分。低铬（平均铬的质量分数小于1%）合金工具钢，在铬含量（以千分之几计）前加数字"0"。

（3）高速工具钢 高速工具钢牌号表示方法与合金结构钢相同，但在牌号头部一般不标明表示碳含量的阿拉伯数字。为了区别牌号，在牌号头部可以加"C"表示高碳高速工具钢。

10. 轴承钢

轴承钢分为高碳铬轴承钢、渗碳轴承钢、高碳铬不锈轴承钢和高温轴承钢四大类。

（1）高碳铬轴承钢 高碳铬轴承钢牌号通常由两部分组成。

第一部分：（滚珠）轴承钢表示符号"G"，但不标明碳含量。

第二部分：合金元素"Cr"符号及其含量（以千分之几计）。其他合金元素含量，以化学元素符号及阿拉伯数字表示，表示方法同合金结构钢第二部分。

例如：平均铬的质量分数为1.50%的轴承钢，其牌号表示为GCr15。

（2）渗碳轴承钢 在牌号头部加符号"G"，采用合金结构钢的牌号表示方法。对于高级优质渗碳轴承钢，在牌号尾部加"A"。

例如：碳的质量分数为0.17%~0.23%、铬的质量分数为0.35%~0.65%、镍的质量分数为0.40%~0.70%、钼的质量分数为0.15%~0.30%的高级优质渗碳轴承钢，其牌号表示为G20CrNiMoA。

（3）高碳铬不锈轴承钢和高温轴承钢 在牌号头部加符号"G"，采用不锈钢和耐热钢的牌号表示方法。

例如：碳的质量分数为0.90%~1.00%、铬的质量分数为17.0%~19.0%的高碳铬不锈轴承钢，其牌号表示为G95Crl8；碳的质量分数为0.75%~0.85%、铬的质量分数为3.75%~4.25%、钼的质量分数为4.00%~4.50%的高温轴承钢，其牌号表示为G80Cr4Mo4V。

11. 钢轨钢和冷镦钢

钢轨钢和冷镦钢的牌号通常由三部分组成。

第一部分：钢轨钢表示符号"U"、冷镦钢（铆螺钢）表示符号"ML"。

第二部分：以阿拉伯数字来表示平均碳含量，采用优质碳素结构钢的表示方法同优质碳素结构钢第一部分；采用合金结构钢的表示方法同合金结构钢第一部分。

第三部分：合金元素含量，以化学元素符号及阿拉伯数字表示，表示方法同合金结构钢第二部分。

12. 不锈钢和耐热钢

不锈钢和耐热钢的牌号采用化学元素符号和表示各元素含量的阿拉伯数字表示。

（1）碳含量 用两位或三位阿拉伯数字表示碳含量最佳控制值（以万分之几或十万分之几计）。

1）只规定碳含量上限者，当碳的质量分数上限不大于0.10%时，以其上限的3/4表示碳含量；当碳的质量分数上限大于0.10%时，以其上限的4/5表示碳含量。

例如：碳的质量分数上限为0.08%，碳含量以06表示；碳的质量分数上限为0.20%，碳含量以16表示；碳的质量分数上限为0.15%，碳含量以12表示。

2）对超低碳不锈钢（即碳的质量分数不大于0.030%），用三位阿拉伯数字表示碳含量最佳控制值（以十万分之几计）。

例如：碳的质量分数上限为 0.030% 时，其牌号中的碳含量以 022 表示；碳的质量分数上限为 0.020% 时，其牌号中的碳含量以 015 表示。

3）规定上、下限者，以平均碳含量×100 表示。

例如：碳的质量分数为 0.16%～0.25% 时，其牌号中的碳含量以 20 表示。

（2）合金元素含量 合金元素含量以化学元素符号及阿拉伯数字表示，表示方法同合金结构钢第二部分。钢中有意加入的铌、钛、锆等合金元素，虽然含量很低，也应在牌号中标出。

1）碳的质量分数不大于 0.08%、铬的质量分数为 18.00%～20.00%、镍的质量分数为 8.00%～11.00% 的不锈钢，牌号为 06Cr19Ni10。

2）碳的质量分数不大于 0.030%、铬的质量分数为 16.00%～19.00%、钛的质量分数为 0.10%～1.00% 的不锈钢，牌号为 022Cr18Ti。

3）碳的质量分数为 0.15%～0.25%、铬的质量分数为 14.00%～16.00%、锰的质量分数为 14.00%～16.00%、镍的质量分数为 1.50%～3.00%、氮的质量分数为 0.15%～0.30% 的不锈钢，牌号为 20Cr15Mn15Ni2N。

4）碳的质量分数为不大于 0.25%、铬的质量分数为 24.00%～26.00%、镍的质量分数为 19.00%～22.00% 的耐热钢，牌号为 20Cr25Ni20。

13. 焊接用钢

焊接用钢包括焊接用碳素钢、焊接用合金钢和焊接用不锈钢等。牌号通常由两部分组成。

第一部分：焊接用钢表示符号 "H"。

第二部分：各类焊接用钢牌号表示方法。

例如：H08、H08Mn2Si、H1Cr19Ni9。

14. 冷轧电工钢

冷轧电工钢分为取向电工钢和无取向电工钢，牌号通常由三部分组成。

第一部分：材料公称厚度（单位为 mm）100 倍的数字。

第二部分：普通级取向电工钢表示符号 "Q"、高磁导率级取向电工钢表示符号 "QG" 或无取向电工钢表示符号 "W"。

第三部分：对于取向电工钢，磁极化强度为 1.7T 和频率为 50Hz，以 W/kg 为单位及相应厚度产品的最大比总损耗值的 100 倍；无取向电工钢，磁极化强度为 1.5T 和频率为 50Hz，以 W/kg 为单位及相应厚度产品的最大比总损耗值的 100 倍。

例如：公称厚度为 0.30mm、比总损耗 P1.7/50 为 1.30W/kg 的普通级取向电工钢，牌号为 30Q130；公称厚度为 0.30mm、比总损耗 P1.7/50 为 1.10W/kg 的高磁导率级取向电工钢，牌号为 30QG110；公称厚度为 0.50mm、比总损耗 P1.5/50 为 4.0W/kg 的无取向电工钢，牌号为 50W400。

15. 电磁纯铁

电磁纯铁牌号通常由三部分组成。

第一部分：电磁纯铁表示符号 "DT"。

第二部分：以阿拉伯数字表示不同牌号的顺序号。

第三部分：根据电磁性能不同，分别采用质量等级表示符号 "A" "C" "E"。

例如：DT4A。

16. 原料纯铁

原料纯铁牌号通常由两部分组成。

第一部分：原料纯铁表示符号"YT"。

第二部分：以阿拉伯数字表示不同牌号的顺序号。

例如：YT3。

17. 高电阻电热合金

高电阻电热合金牌号采用化学元素符号和阿拉伯数字表示。牌号表示方法与不锈钢和耐热钢的牌号表示方法相同（镍铬基合金不标出碳含量）。

例如：铬的质量分数为 18.00%～21.00%、镍的质量分数为 34.00%～37.00%、碳的质量分数不大于 0.08% 的合金（其余为铁），其牌号表示为 06Cr20Ni35。

（二）铸铁牌号的表示方法

常用铸铁牌号表示方法见表 1-3。

表 1-3　常用铸铁牌号表示方法

铸铁名称	牌号	表　示　方　法	示例
灰铸铁	HT×××	"灰铁"两字汉语拼音的第一个大写字母，其后的数字"×××"表示最小抗拉强度	HT250
球墨铸铁	QT	"球铁"两字汉语拼音的第一个大写字母，其后的两组数字分别表示最低抗拉强度和最低伸长率	QT500-7
蠕墨铸铁	RuT	用符号"RuT"表示，符号后面的数字表示最低抗拉强度	RuT400
可锻铸铁	KTH KTZ KTB	"KT"是"可铁"两字汉语拼音的第一个大写字母，符号后面的两组数字表示最低抗拉强度和最低伸长率。"KTH"表示黑心可锻铸铁，"KTZ"表示珠光体可锻铸铁；"KTB"表示白心可锻铸铁	KTZ450-06
耐热铸铁	TR	采用代号加合金元素符号及代表合金元素质量分数的数字（元素质量分数大于或等于1%时，用整数表示，小于1%时，只有对该合金特性有较大影响时，才予标注）表示，常规碳、硅、锰、硫、磷元素一般不标注，其他合金元素按其含量递减次序排列，含量相等时按元素符号的字母顺序排列。当需要以力学性能表示牌号时，抗拉强度值置于元素符号及其含量之后，之间用"-"隔开	TRCr2
耐磨铸铁	TM		TMCu1PTi-150
耐蚀铸铁	TS		TSSi15R

（三）铸造有色金属及其合金牌号表示方法

1. 铸造有色纯金属牌号表示方法

铸造有色纯金属牌号由"Z"和相应纯金属的化学元素符号及表明产品纯度名义含量（质量分数）的数字或用表明产品级别的数字组成。

2. 铸造有色合金牌号表示方法

铸造有色合金牌号由"Z"和基体金属的化学元素符号、主要合金化元素符号以及表明合金化元素名义含量（质量分数）的数字组成。当合金元素多于两个时，合金牌号中应列出足以表明合金主要特性的元素符号及其名义含量的数字，合金元素符号按其名义含量递减的次序排列。当名义含量相等时，则按元素符号字母顺序排列。

当需要表明决定合金类别的合金化元素首先列出时，不论其含量多少，该元素符号均应紧随基体元素符号之后。除基体元素名义含量不标注外，其他合金化元素的名义含量均标注于该元素符号之后，如 ZCuSn3Zn8Pb6Ni1。当合金化元素含量规定为大于或等于 1% 的某个范围时，取其平均含量整数值，必要时也可用带一位小数的数字标注。当合金元素含量小于 1% 时，一般不标注，只有对合金性能有重大影响的合金化元素，才允许用一位小数标注其平均含量。

对具有相同主成分、需要控制超低间隙元素的合金，在牌号结尾加注"（ELI）"。

对具有相同主成分、杂质限量有不同要求的合金，在牌号结尾加注"A""B""C"等表示等级。

（四）变形铝及铝合金牌号表示方法

对于变形铝及铝合金，国际上普遍采用四位字符体系牌号命名方法。四位字符体系牌号的第一、三、四位为阿拉伯数字，第二位为英文大写字母（C、I、L、N、O、P、Q、Z字母除外）。牌号的第一位数字表示铝及铝合金的组别，见表1-4。除改型合金外，铝合金组别按主要合金元素（6×××系按 Mg_2Si）来确定。主要合金元素指极限含量算术平均值为最大的合金元素。当有一个以上的合金元素极限含量算术平均值同为最大时，应按 Cu、Mn、Si、Mg、Mg_2Si、Zn、其他元素的顺序来确定合金组别。牌号的第二位字母表示原始纯铝或铝合金的改型情况，最后两位数字用以标识同一组中不同的铝合金或表示铝的纯度。变形铝及铝合金牌号表示方法见表1-4。

表1-4 变形铝及铝合金牌号系列

组 别	牌号系列	牌号命名法
纯铝（铝的质量分数不小于 99.00%）	1×××	牌号的最后两位数字表示最低铝百分含量（质量分数）。当最低铝百分含量精确到 0.01% 时，牌号的最后两位数字就是最低铝百分含量中小数点后面的两位。牌号第二位的字母表示原始纯铝的改型情况。如果第二位的字母为 A，则表示为原始纯铝；如果是 B~Y 的其他字母（按国际规定用字母表的次序选用），则表示为原始纯铝的改型，与原始纯铝相比，其元素含量略有改变
以铜为主要合金元素的铝合金	2×××	铝合金的牌号用 2×××~8××× 系列表示。牌号的最后两位数字没有特殊意义，仅用来区分同一组中不同的铝合金。牌号第二位的字母表示原始合金的改型情况。如果牌号第二位的字母是 A，则表示为原始合金；如果是 B~Y 的其他字母（按国际规定用字母表的次序选用），则表示为原始合金的改型合金
以锰为主要合金元素的铝合金	3×××	
以硅为主要合金元素的铝合金	4×××	
以镁为主要合金元素的铝合金	5×××	
以镁和硅为主要合金元素的铝合金	6×××	
以锌为主要合金元素的铝合金	7×××	
以其他合金元素为主要合金元素	8×××	
备用合金组	9×××	

（五）钛及钛合金的分类和牌号

钛在地壳中的蕴藏量仅次于铝、镁、铁，居金属元素的第四位。钛由于比强度高、耐热性好及优异的耐蚀性，广泛应用于航空航天、造船、石油和天然气、发电、汽车、化工、医疗等行业。钛在 882.5℃ 有 α 相和 β 相同素异构转变，转变点温度以下为 α 相，转变点温度

以上为 β 相。

根据合金元素的含量及所得组织的不同，钛合金分为 α 型、β 型、α-β 型三类。α-β 型钛合金中含 β 稳定相较高，总量一般为 2%～6%，一般不超过 8%。β 型钛合金有更多的 β 稳定相，其总量一般大于 17%。

钛及钛合金牌号采用字母和数字来表示。牌号的第一位用大写字母"T"表示钛及钛合金；第二位表示合金的类型，分别用"A""B"和"C"表示，"A"表示工业纯钛、α 型和近 α 型合金，"B"表示 β 型和近 β 型合金，"C"表示 α-β 型合金。牌号中的阿拉伯数字按注册的先后自然顺序排序，相同牌号的超低间隙合金在数字后加大写字母"ELI"，数字与"ELI"无间隔。如 TA4、TA7ELI、TB3、TC18 等。

（六）铜及铜合金的分类和牌号

纯铜呈玫红色，表面形成氧化亚铜膜层后呈紫色，铜含量高于 99.70%，具有面心立方晶格。工业纯铜分未加工产品（铜锭、电解铜）和压力加工产品（铜材）两种，未加工产品代号有 Cu-1、Cu-2 两种。压力加工铜及铜合金产品的分类和牌号表示在 GB/T 5231—2012《加工铜及铜合金牌号和化学成分》中有详细的规定。工业用纯铜牌号以铜的汉语拼音字母"T"加数字表示，数字越大，杂质的含量越高。依纯度将工业纯铜分为 T1（$w(Cu+Ag)>99.95\%$）、T2（$w(Cu+Ag)>99.90\%$）、T3（$w(Cu+Ag)>99.70\%$）、T4（$w(Cu+Ag)>99.50\%$）。含氧量不大于 0.01% 的纯铜称为无氧铜，用 TU（铜无）表示，如 TU00、TU0、TU1、TU2 分别表示含氧量不大于 0.00051%、0.001%、0.002%、0.003%。

纯铜的力学性能很差，为满足生产的要求，需加入一些合金元素，对纯铜进行合金化。按铜合金的化学成分分为黄铜、青铜和白铜。

1. 黄铜——铜锌合金

黄铜根据化学成分可分为普通黄铜和特殊黄铜。普通黄铜的牌号以"黄"字汉语拼音的首字母"H"加数字表示，如 H62 表示铜的质量分数为 62%、锌的质量分数为 38% 的普通黄铜。特殊黄铜的牌号以"H"加主要元素的化学符号再加铜含量和主添加元素含量表示，如 HSn62-1，表示铜的质量分数为 62%、锡的质量分数为 1%、余量为锌的锡黄铜。铸造用黄铜则在其相应的牌号前加"铸"字的汉语拼音字首"Z"。

（1）普通黄铜　它是铜中加入一定量的锌，根据加入锌量的多少可分为：单相 α 黄铜，如 H95、H80、H75 等；两相黄铜，如 H62、H59 等；单相 β 黄铜。

（2）特殊黄铜　它是在铜锌合金的基础上，分别加入 Al、Pb、Mn、Sn 等元素，包括锰黄铜（HMn58-2）、锡黄铜（HSn90-1）、铝黄铜（HAl59-3-2）、铅黄铜（HPb59-1）等。

2. 青铜——铜锡合金

青铜原指铜与锡的合金，现泛指除纯铜、黄铜、白铜以外的各类铜合金，包括普通青铜（锡青铜）和特殊青铜。普通青铜是铜锡合金；特殊青铜包括铝青铜、硅青铜、磷青铜、铬青铜、铅青铜等。青铜的牌号以"青"字汉语拼音的首字母"Q"加重要合金元素的名称及含量表示，如 QSn0.5-0.025 代表锡的质量分数为 0.25%～0.6%。铸造用青铜则在其相应的牌号前冠以"Z"，如 ZQSn10 代表锡的质量分数为 10% 的铸造锡青铜。

青铜一般具有较好的耐蚀性、耐磨性、铸造性和优良的力学性能，用于制造精密轴承、高压轴承、船舶上的耐蚀零件等。青铜还有一个反常规的特性——热缩冷胀，可用来铸造塑像，冷却后的膨胀可使眉目更清楚。磷青铜较坚硬，可制造弹簧。

3. 白铜——铜镍合金

白铜中的镍的质量分数低于 50%，可分为简单白铜和特殊白铜。铜镍二元合金称为简单白铜，其牌号以"白"字汉语拼音字首"B"加代表镍的质量分数的数字表示，如 B5、B19 和 B30 等。在简单白铜合金的基础上添加其他合金元素的铜镍基合金称为特殊白铜，其牌号以"B"加特殊合金元素的化学符号及代表镍的质量分数和特殊合金元素的质量分数的数字表示，如 BZn15-20 和 BZn18-18 等。

4. 新型铜合金

新型铜合金主要包括弥散强化型高导电铜合金、高弹性铜合金、复层铜合金、铜基形状记忆合金和球焊铜丝等。

第四节　金属材料力学性能样品制备

材料力学性能检测主要研究材料变形、断裂规律和各力学性能指标的本质、意义及受内外因素影响时的变化规律，为正确选择材料、合理进行工程设计、制订热处理工艺和提高产品质量等提供有关材料性能方面的依据。在不同产品或同一产品不同位置取样，或取样位置相同而取样方向不同，或试样制备不当都会导致测得的力学性能有差异，因此，正确地取样与制样显得尤为重要。

一般要求在外观及尺寸合格的产品上取样，试料应有足够的尺寸以保证机加工出足够的试样进行规定的试验及复验。取样时，应对抽样产品、试料、样坯和试样做出标记，以保证始终能识别取样的位置及方向。取样时，应防止过热、加工硬化而影响力学性能，一般应首选冷锯切和冷剪切法切取样坯。

一、钢及钢产品力学性能试验的取样和制样

（一）一般要求

用烧割法切取样坯时，从样坯切割线至试样边缘必须留有足够的加工余量。一般应不小于钢产品的厚度或直径，最小不得少于 12.5mm。对于厚度或直径大于 60mm 的钢产品，其加工余量可根据供需双方协议适当减少。冷剪样坯所留的加工余量按表 1-5 选取。取样的方向应按产品标准或供需双方协议规定。

弯曲试样的样坯应在钢产品表面切取，在宽度方向的取样位置与拉伸试样相同，试样应至少保留一个原始面。当机加工和试验机能力允许时，应制备全截面或全厚度弯曲试样，当要求取一个以上试样时，可在规定位置相邻处取样。

表 1-5　取样所留加工余量

冷剪法取样所留加工余量		激光切割加工余量的选择	
直径或厚度/mm	加工余量/mm	直径或厚度/mm	加工余量/mm
≤4	4	≤15	1~2
>4~10	厚度或直径	>15~25	2~3
>10~20	10	—	—
>20~35	15	—	—
>35	20	—	—

（二）试样状态

按照产品标准规定，取样的状态分为交货状态和标准状态。标准状态是指试料、样坯或试样经热处理后代表最终产品的状态。

1）在交货状态下取样时，可从以下两种状态中任选一种：

① 成型或热处理（或两者）完成之后取样。

② 若在热处理之前取样，试料应在与交货产品相同的条件下进行热处理。当需要矫直试料时，应在冷状态下进行，除非产品标准另有规定。

2）在标准状态下取样时，应按产品标准或订货单规定的生产阶段取样，若必须对试料进行矫直，可在热处理之前进行热加工或冷加工，热加工的温度应低于最终热处理温度。

（三）试样的制备

制备试样时应避免由于加工使样品产生加工硬化及过热而改变其力学性能。机加工最终工序应使试样的表面质量、形状和尺寸满足相应试验方法标准的要求。当要求标准状态热处理时，应保证试样的热处理制度与样坯相同。

（四）钢产品力学性能试验取样的位置

GB/T 2975—2018《钢及钢产品力学性能试验取样位置及试样制备》中规定了型钢、条钢、钢板及钢管的拉伸、冲击和弯曲试验取样位置。

1. 型钢

按图 1-7 所示在型钢翼缘的外表面切取拉伸、弯曲和冲击样坯，若型钢尺寸不能满足要求，可将取样位置向中部位移。对于翼缘有斜度的型钢，可在腹板 1/4 处取样（见图 1-7b、d），经协商也可从翼缘取样进行机加工。对于翼缘长度不相等的角钢，可从任一翼缘取样。

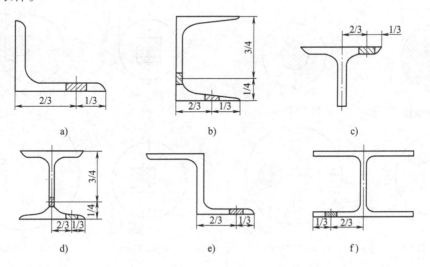

图 1-7 在型钢腹板及翼缘宽度方向切取拉伸和冲击样坯的位置

对于翼缘厚度不大于 50mm 的型钢，当机加工和试验机能力允许时，应按图 1-8a 所示切取拉伸样坯。当切取圆形横截面拉伸样坯时，按图 1-8b 所示规定。对于翼缘厚度大于50mm 的型钢，当切取圆形横截面样坯时，按图 1-8c 所示规定。按图 1-8d 所示在型钢翼缘厚度方向切取冲击样坯。

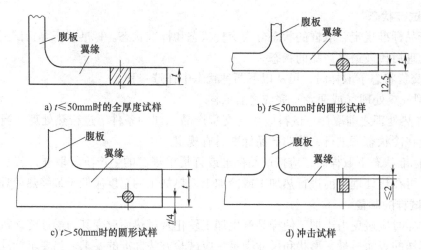

a) t≤50mm时的全厚度试样　　b) t≤50mm时的圆形试样

c) t>50mm时的圆形试样　　d) 冲击试样

图 1-8　在型钢翼缘厚度方向切取拉伸和冲击样坯的位置

2. 条钢

条钢包括圆形棒材和盘条、六角型钢、矩形截面条钢。按图 1-9 所示在圆形棒材和盘条上切取拉伸样坯，当机加工和试验机能力允许时，优先采用全截面试样。按图 1-10 所示在圆形棒材和盘条上切取冲击样坯。按图 1-11 所示在六角型钢上切取拉伸样坯，当机加工和试验机能力允许时，优先采用全截面试样。按图 1-12 所示在六角型钢上切取冲击样坯。按图 1-13 所示在矩形截面条钢上切取拉伸样坯，当机加工和试验机能力允许时，优先采用全截面试样。按图 1-14 所示在矩形截面条钢上切取冲击样坯。

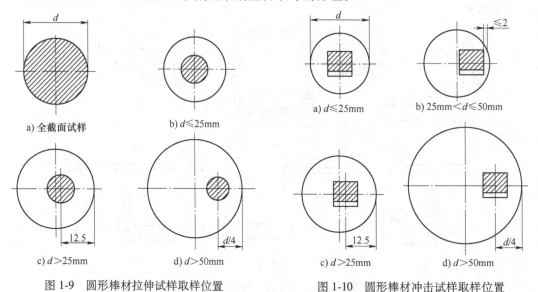

a) 全截面试样　　b) d≤25mm

c) d>25mm　　d) d>50mm

图 1-9　圆形棒材拉伸试样取样位置

a) d≤25mm　　b) 25mm<d≤50mm

c) d>25mm　　d) d>50mm

图 1-10　圆形棒材冲击试样取样位置

3. 钢板

钢板的取样方向和取样位置应在产品标准或合同中规定。若无规定，应在钢板宽度 $l/4$ 处切取横向样坯。当规定取横向拉伸试样时，钢板宽度不足以在 $W/4$ 处取样，试样中心可以内移但应尽可能接近 $W/4$ 处。

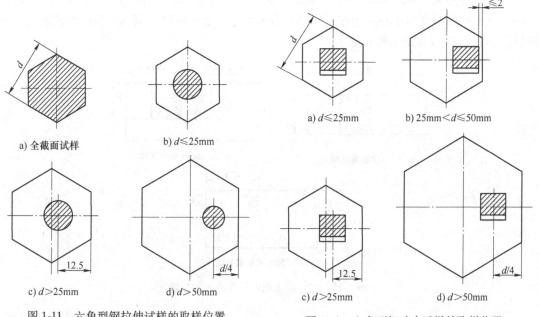

a) 全截面试样   b) d≤25mm

c) d>25mm   d) d>50mm

图 1-11　六角型钢拉伸试样的取样位置

a) d≤25mm   b) 25mm<d≤50mm

c) d>25mm   d) d>50mm

图 1-12　六角型钢冲击试样的取样位置

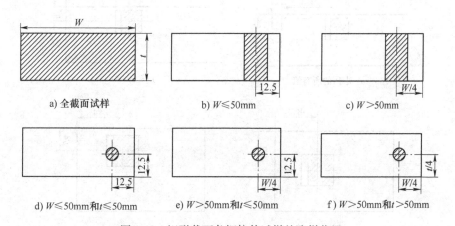

a) 全截面试样   b) W≤50mm   c) W>50mm

d) W≤50mm和t≤50mm   e) W>50mm和t≤50mm   f) W>50mm和t>50mm

图 1-13　矩形截面条钢拉伸试样的取样位置

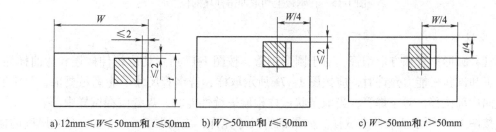

a) 12mm≤W≤50mm和t≤50mm   b) W>50mm和t≤50mm   c) W>50mm和t>50mm

图 1-14　矩形截面条钢冲击试样的取样位置

按图 1-15 所示在钢板厚度方向切取拉伸样坯。当机加工和试验机能力允许时，应按图 1-15a所示取全截面试样。对于调质或热机械轧制钢板，试样厚度应为产品的全厚度或厚度的一半。经协商，厚度 20mm≤t<25mm 的钢板，也可用圆形试样（图 1-15c），此时试样中心宜位于产品厚度的中心。当在钢板厚度方向切取冲击样坯时，根据产品标准或供需双方协议选择图 1-16 规定的取样位置。

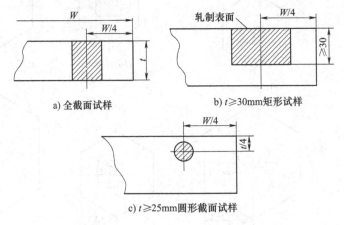

a) 全截面试样   b) t≥30mm矩形试样

c) t≥25mm圆形截面试样

图 1-15　在钢板上切取拉伸样坯的位置

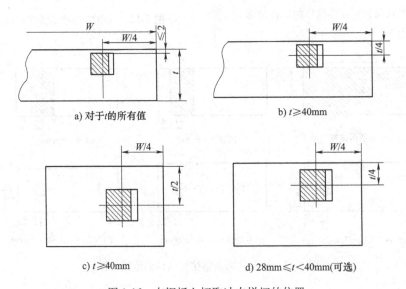

a) 对于t的所有值   b) t≥40mm

c) t≥40mm   d) 28mm≤t<40mm(可选)

图 1-16　在钢板上切取冲击样坯的位置

4. 管材

钢管分圆形钢管和方形钢管。对于圆形钢管，按图 1-17 所示切取拉伸样坯和弯曲样坯。当机加工和试验机能力允许时，应按图 1-17a 所示取样，若钢管尺寸不能满足要求，可将取样位置向中部位移。对于焊管，当取条状试样检验焊缝性能时，焊缝应在试样中部。

应按图 1-18 所示切取冲击试样。如果钢管尺寸允许，应切取 5mm～10mm 最大厚度的横向试样。切取横向试样的钢管最小外径 D_{min} 按下式计算：

$$D_{min} = (t - 5) + \frac{756.25}{t - 5}$$

如果钢管不能取横向冲击试样，则应切取 5mm～10mm 最大厚度的纵向试样。

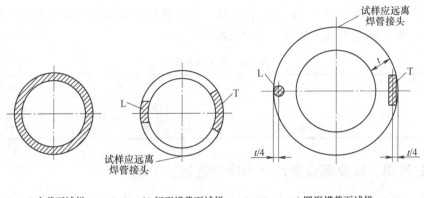

a) 全截面试样　　　b) 矩形横截面试样　　　c) 圆形横截面试样

图 1-17　在圆形钢管上切取拉伸和弯曲样坯的位置

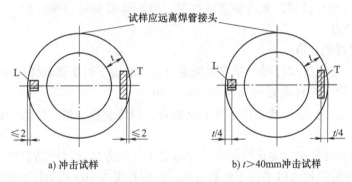

a) 冲击试样　　　　　　　b) t>40mm冲击试样

图 1-18　在圆形钢筒上切取冲击样坯的位置

全截面圆形钢管可作为如下试验的试样：压扁试验、扩口试验、卷边试验、环扩试验、管环拉伸试验、弯曲试验。

对于方形钢管，应按图 1-19 所示在方形钢管上切取拉伸或弯曲样坯。当机械加工和试验机能力允许时，应按图 1-19a 所示取样；当机械加工和试验机能力不能满足试验要求时，可按图 1-19b 所示取样；按图 1-19c 所示在方形钢管上切取冲击试样。

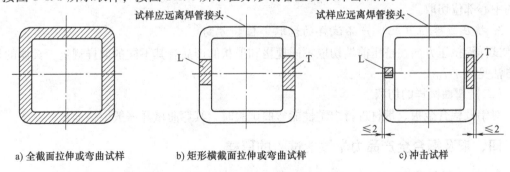

a) 全截面拉伸或弯曲试样　　b) 矩形横截面拉伸或弯曲试样　　c) 冲击试样

图 1-19　在方形钢管上切取拉伸和弯曲试样及冲击试样的位置

二、钛及钛合金产品力学性能试验取样位置

取样方向应符合产品标准或供需双方协商规定。同一批次产品的同一测试项目一般取两

个试样，且两个试样取自两个不同的工件。取样位置和加工要求基本与钢及钢产品的相同，只是加工余量要求略有不同。其加工余量按表 1-6 选取。

表 1-6 加工余量要求 （单位：mm）

试样直径或厚度	加工余量	试样直径或厚度	加工余量
≤4	≥4	>10~35	≥10
>4~10	≥直径或厚度	>35	≥15

三、变形铝、镁及其合金产品力学性能试验的取样

变形铝、镁及其合金产品力学性能试样应从表面质量检验合格的板、带、型材上切取矩形样坯和管材上切取弧形样坯，一般应保留其原始表面，且原始表面不应有损伤。由盘卷上切取的线和薄板（带）试样，允许矫直或矫平，但不得影响其力学性能。对不测定断后伸长率的试样不必矫直。

（一）拉伸试样的切取

当产品标准、订货（或合同）单中无规定时，一般按下列条款取样。

1. 轧制板、带、箔材试样的切取部位和方向

1）对于镁合金、纯铝及热处理不可强化铝合金的轧制板、带、箔材，试样的纵轴应平行于轧制方向。

2）热处理可强化的铝合金试样的纵轴应垂直于轧制方向。当产品宽度太窄不能加工成标准试样时，试样的纵轴可以平行于轧制方向，但应在报告中注明取样方向。

3）厚度不大于 40mm 时，试样应在厚度的中心部位切取；厚度大于 40mm 时，试样应在厚度中心到表面的 1/2 处切取。

2. 锻件试样的切取部位和方向

1）模锻件和自由锻件的试样分为纵向、横向和高向，其纵向试样的轴线应平行于晶粒流向。试样应分别从纵向、横向或高向的最厚部位中心切取。

2）轧制锻环的试样分为切向、径向和轴向（高向），其试样应分别从切向、径向或轴向的中心部位切取。

3. 挤压或冷拉（轧）产品试样的切取部位和方向

试样沿挤压方向在挤压前端切取不同规格和形状的产品有其不同的取样规定，具体的切取方法见表 1-7。

（二）弯曲试样的切取

对铝及铝合金板、带材进行力学性能弯曲试验时，其弯曲试样一般取横向试样。

四、铜及铜合金产品力学性能试验的取样

（一）一般要求

铜及铜合金产品力学性能或工艺性能试验应在外观及尺寸合格的产品上取样。样坯应具有足够的尺寸以保证加工出足够数量的合格试样。应避免加工造成的样坯过热、加工硬化、变形等而影响其力学性能。样坯不得有夹渣、皱褶、飞边、开裂等缺陷。应对样坯做出标记，以保证始终能识别取样的位置及方向。除非产品标准、技术协议中另有规定，一般应在

每批产品中任取 2 件，每件任取 1 个试样，重复试验时数量加倍，取样方向和位置按以下规定选取。

表 1-7 挤压或冷拉（轧）产品试样的切取

品种	产品尺寸规格	试样切取部位
矩形棒材或线材	厚度和宽度均不大于 40mm	挤压前端横截面上，宽度平分线与厚度平分线的交点处切取
椭圆形棒材或线材	矩形棒、线材厚度或椭圆形棒、线材的短轴不大于 40mm，矩形棒、线材的宽度或椭圆形棒、线材的长轴大于 40mm	挤压前端横截面上，靠边缘 1/2 宽度平分线与厚度平分线的交点处切取
	矩形棒、线材厚度或椭圆形棒、线材的短轴大于 40mm，矩形棒、线材的宽度或椭圆形棒、线材的长轴大于 40mm	挤压前端横截面上，靠边缘 1/2 宽度平分线与靠边缘 1/2 厚度平分线的交点处切取
圆形棒材或线材	圆形棒材或线材的直径大于 40mm 其他棒材或线材的内切圆直径、两平行边距离大于 40mm	挤压前端横截面上的 1/2 半径处切取
其他棒材或线材	圆形棒材或线材的直径不大于 40mm 其他棒材或线材的内切圆直径、两平行边距离不大于 40mm	挤压前端横截面上的圆心处切取
管材	壁厚不大于 40mm	挤压前端壁厚的中心处切取
	壁厚大于 40mm	挤压前端壁厚的中心至制品表面的 1/2 处切取
型材	厚度不大于 12.5mm	挤压前端壁厚最厚的部位切取，当宽度不满足时，可在壁厚薄的部位切取
	40mm≥厚度>12.5mm	挤压前端壁厚的中心处切取
	厚度大于 40mm	挤压前端厚度中心至制品表面的 1/2 处切取

板材拉伸取样方向为横向，带、箔、管、棒、线材拉伸取样方向为纵向。对于板材、带材及箔材，切取的样坯应保持其原表面不损伤。从盘卷上切取线材和薄板（带）材样坯时，可以进行矫直和矫平，但不应改变其原横截面形状和材料的力学及工艺性能。对于不测伸长率的试样可不经矫直。当需要矫直样坯时，应在冷状态下进行，除非产品标准另有规定。管、棒材样坯的端面应与轴线垂直。

（二）拉伸试样的取样

带、箔材样坯的纵轴线应平行于轧制方向，板材样坯的纵轴线应垂直于轧制方向。板、带、箔材样坯的取样部位应符合表 1-8 的规定。

表 1-8 板、带、箔材样坯的取样部位

产品厚度 t/mm	取样部位
$t \leqslant 25$	样坯轴线应与厚度的中心线一致
$25 < t \leqslant 50$	样坯应取距表面 12.5mm 的部位为中心
$t > 50$	样坯应取距表面 $t/4$ 的部位为中心

拉制、挤制或轧制棒材试样应分别沿拉制、挤制或轧制方向选取样坯，样坯应在加工方向的前端切取。棒材样坯的取样部位应符合表 1-9 的规定。

表 1-9　棒材样坯的取样部位

直径（或公称直径）d/mm	取样部位
$d \leq 25$	样坯纵轴应与棒材中心线重合
$25 < d \leq 50$	样坯应取距外表面 12.5mm 的部位为中心
$d > 50$	样坯应取距表面 $d/4$ 的部位为中心

拉制、挤制或轧制管材试样应分别沿拉制、挤制或轧制方向选取样坯。管材样坯的取样部位应符合表 1-10 的规定。

表 1-10　管材样坯的取样部位

壁厚 t/mm	取样部位
$t \leq 25$	样坯纵轴应位于 $t/2$ 处
$25 < t \leq 50$	样坯应取距外表面 12.5mm 的部位为中心
$t > 50$	样坯应取距外表面 $t/4$ 的部位为中心

沿拉制、挤制或轧制线材试样应分别沿拉制、挤制或轧制方向选取样坯，样坯表面应无肉眼可见的缺陷。

型材试样应沿加工方向选取样坯，取样位置的优先顺序如下：在宽度允许选用标准试样时，选壁厚厚的部分，截取尽可能大的圆形试样样坯；若尺寸不足，则选取平面宽的部分，截取尽可能大的矩形或弧形试样样坯。

锻件样坯的截取方向和部位由供需协商采取下述之一的方式来确定：

1）从锻件本身取样，其纵轴尽可能与金属塑流的主方向相吻合。

2）从与锻件材料、处理工艺均相同的单独锻造试样中取样。

（三）硬度、杯突、弯曲、反复弯曲、扩口、压扁试样的取样

硬度、杯突、弯曲、反复弯曲、扩口、压扁试样的取样应按相关产品标准规定执行。如果相关产品标准和协议中没有特殊要求，带材弯曲试样一般沿垂直于轧制方向取样，而板材弯曲试样一般沿轧制方向取样。

板、带、线材进行反复弯曲试验时，样坯的切取位置和方向应遵照其拉伸试验的要求。

五、焊接接头、焊缝及熔敷金属力学性能试验的取样和制样

（一）通用要求

1）钢材焊接试件的加工要求：当试件厚度超过 8mm 时，不得用剪切方法；当采用热切割或可能影响切割面性能的方法截取试样时，应确保切割面距离试样的表面至少 8mm 以上；平行于焊件或试件原始表面的切割不应采用热切割。

2）其他金属的试样加工不得采用剪切方法和热切割法，只能用机械加工方法。

（二）焊接接头拉伸试样的取样和制样方法

焊接接头拉伸样坯原则上取试件的全厚度，当试件厚度超过

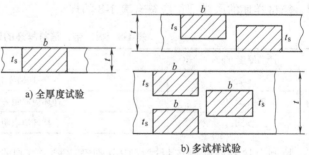

a) 全厚度试验

b) 多试样试验

图 1-20　试样的位置示例

30mm 时，按图 1-20b 所示截取，且样坯应覆盖试件的全厚度。

试样截取方向应垂直于焊接接头焊缝轴线，加工完成后，焊缝的轴线应位于试样平行长度部分的中间。试样表面应没有垂直于试样平行长度方向的划痕或切痕，除非另有要求，不得除去咬边。超出试样表面的焊缝金属应通过机加工除去，对于有熔透焊道的整管试样应保留管内焊缝。对于小直径（通常指外径不大于 18mm）的管试样可采用整管试样。图 1-21 所示为焊接接头拉伸试样。表 1-11 所列为管及管板状试样的尺寸。

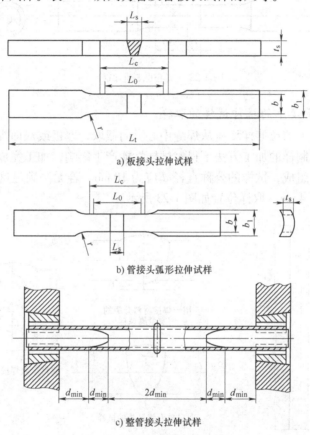

a) 板接头拉伸试样

b) 管接头弧形拉伸试样

c) 整管接头拉伸试样

图 1-21 焊接接头拉伸试样

表 1-11 管及管板状试样的尺寸 （单位：mm）

名　称		符　号	尺　寸
试样总长度		L_t	适合于所使用的试验机
夹持端宽度		b_1	$b+12$
平行长度部分宽度	板	b	12 （$t_s \leq 2$） 25 （$t_s > 2$）
	管子	b	6 （$D \leq 50$） 12 （$50 < D \leq 168$） 25 （$D > 168$）
平行长度		L_c	$\geq L_s + 60$
过渡弧半径		r	≥ 25

实心截面试样的尺寸应根据协议要求确定。当需要机加工成圆柱形试样时，平行长度 L_c 应不小于 $L_s + 60\text{mm}$，试样如图 1-22 所示。

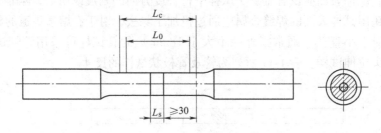

图 1-22　实心圆柱形试样

1. 熔敷及焊缝金属上的拉伸试样的取样

熔敷及焊缝金属上的拉伸样坯应从焊缝中心纵向截取，厚板或双面焊件可在厚度方向截取若干试样。取样和制样的加工方法不得对试样性能产生影响，加工完成后，试样的平行长度应全部由焊缝金属组成，试样的公称直径 d 应为 10mm。若无法满足这一要求，直径应尽可能大，且不得小于 4mm。取样位置如图 1-23 所示。

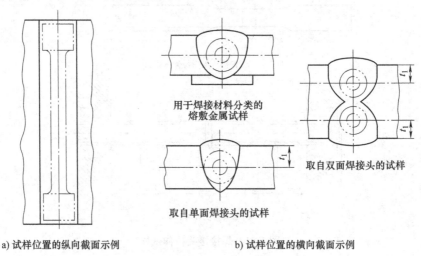

用于焊接材料分类的
熔敷金属试样

取自双面焊接头的试样

取自单面焊接头的试样

a) 试样位置的纵向截面示例　　　　b) 试样位置的横向截面示例

图 1-23　焊缝及熔敷金属拉伸样坯截取方位

2. 金属材料熔化焊和压焊对接接头冲击试样的取样

取样位置见表 1-12 和表 1-13。

表 1-12 和表 1-13 中各字母的含义：RL 为参考线；字母 a 表示缺口中心线距参考线的距离（如果缺口中心线在参考线上，则记录 $a = 0$）；字母 b 表示试样表面距焊缝表面的距离（如果试样表面在焊缝表面上，则记录 $b = 0$）。

3. 对接接头和带堆焊层对接接头弯曲试样的取样和制样

横向弯曲试样应从产品或试件的焊接接头上横向截取，加工完成后焊缝的轴线在试样的中心或适合于试验的位置。纵向弯曲试样应从产品或试件的焊接接头上纵向截取。当分层截取若干个试样以代替全厚度试样时，要标注试样在厚度方向的位置。试样的拉伸面棱角应加工成圆角，其半径 r 不超过 $0.2t_s$（t_s 为试样的厚度），最大为 3mm。

表 1-12　缺口面垂直于试件表面

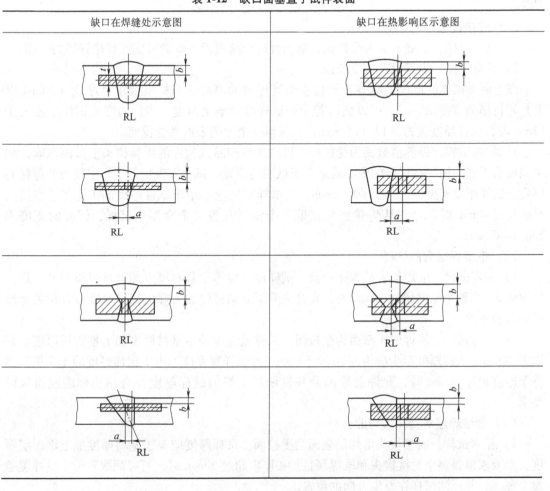

表 1-13　缺口面平行于试件表面

试样表面应没有垂直于试样平行长度方向的划痕或切痕，除非另有要求，不得除去咬边。超出试样表面的焊缝金属应通过机加工除去，对于有熔透焊道的整管试样应保留管内焊缝。

（1）焊接接头弯曲试样

1）正弯试样。焊缝表面为受拉面，双面焊时焊缝表面为焊缝较宽或焊接开始的一面。

2）背弯试样。焊缝根部为受拉面。

以上两类试样的厚度 t_s 应等于焊接接头处母材的厚度。当标准要求全厚度（30mm 以上）进行横向弯曲试验时，可以截取若干个试样覆盖整个厚度。当纵向弯曲试件厚度大于12mm 时，试样厚度应为（12±0.5）mm，且保留一个原始表面做受拉面。

3）侧弯试样。焊缝横截面为受拉面。试样应从产品或试件的焊接接头上横向截取，加工完成后焊缝的轴线在试样的中心或适合于试验的位置。试样宽度应等于焊接接头处母材的厚度，试样厚度至少应为（10±0.5）mm，且试样宽度应不小于试样厚度的 1.5 倍。当接头厚度超过 40mm 时，允许从焊接接头截取几个试样代替一个全厚度试样，试样的宽度为20mm～40mm。

（2）带堆焊层弯曲试样

1）正弯试样。堆焊层表面为受拉面。试样厚度应等于基材厚度加上堆焊层厚度，最大为 30mm。当整个厚度超过 30mm 时，允许去除部分基材使加工好的试样厚度符合相关标准或协议的要求。

2）侧弯试样。堆焊层横截面为受拉面。试样宽度应等于基材厚度加上堆焊层厚度，最大为 30mm。试样厚度至少应为（10±0.5）mm，且试样宽度应不小于试样厚度的 1.5 倍。当整个厚度超过 30mm 时，允许去除部分基材使加工好的试样厚度符合相关标准或协议的要求。

（3）带堆焊层对接接头弯曲试样

1）正弯试样。对接接头堆焊层表面为受拉面。试样厚度应等于基材厚度加上堆焊层厚度，当要求覆盖整个对接接头和堆焊层且接头厚度超过 30mm 时，可以截取若干个试样覆盖整个厚度，并标注试样在厚度方向的位置。

2）侧弯试样。对接接头横截面为受拉面。试样宽度应等于基材厚度加上堆焊层厚度，试样厚度至少应为（10±0.5）mm，且试样宽度应不小于试样厚度的 1.5 倍。当要求覆盖整个对接接头和堆焊层且接头厚度超过 40mm 时，可以分层截取若干个试样覆盖整个厚度。

当试验的目的仅是检验堆焊层且试样的厚度超过 30mm 时，只加工堆焊层的弯曲试样。

4. 试样宽度

试样长度 L_t 应满足相关标准规定的试验要求。试样的宽度应满足以下要求：

1）横向正弯和背弯试样。钢板试样宽度应不小于 $1.5t_s$，最小为 20mm。铝、铜及其合金板的试样宽度应不小于 $2t_s$，最小为 20mm。管径≤50mm 时，管板试样宽度最小应为 t + 0.1D（最小为 8mm）；管径<50mm 时，管板试样宽度最小应为 t+0.05D（最小为 8mm，最大为 40mm）；外径 D>25×管壁厚时，试样的截取按板要求。

2）侧弯试样宽度一般等于焊接接头处母材厚度。

3）纵向弯取试样宽度应为 L_s+2b_1。不同材料的具体要求见表 1-14。图 1-24 为取样示意图。

表 1-14　纵向弯取试样宽度　　　　　　　　　　　（单位：mm）

材料	试样厚度 t_s	试样宽度 b
钢	≤20	$L_s+2×10$
	>20	$L_s+2×12$
铝、铜及其合金	≤20	$L_s+2×15$
	>20	$L_s+2×25$

注：其他金属材料试样宽度按协议要求。

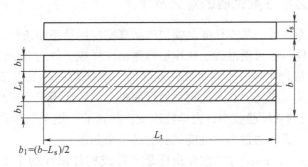

图 1-24　对接接头纵向弯取试样

第五节　金属材料的性能及力学性能试验的意义与作用

一、金属材料的性能

随着科学技术的发展，对材料的选择和应用也越来越科学，要做到经济合理地选用材料，充分发挥材料的潜力，就必须熟悉材料的性能。材料的性能主要包括使用性能和工艺性能。使用性能主要包括力学性能、物理性能、化学性能；工艺性能按工艺方法的不同，可分为铸造性、成形性、焊接性和切削加工性、热处理工艺性等。

（1）力学性能　它是指材料在不同环境因素（温度、介质）下承受外力作用时所反映出来的性能，通常表现为材料的变形和断裂，它是衡量金属材料好坏的极其重要的标志。金属材料的力学性能主要有弹性、塑性、强度、刚度、硬度、冲击韧性、疲劳强度、断裂韧度等。

（2）物理性能　金属材料的主要物理性能有密度、熔点、热膨胀性、导热性、导电性和导磁性等。由于材料的用途不同，对于其物理性能的要求也有所不同。

（3）化学性能　它是金属材料在室温或高温时抵抗各种化学作用的能力，主要是指抵抗活泼介质的化学侵蚀的能力，如耐酸性、耐碱性、抗氧化性等。

（4）加工工艺性能　按金属材料成形加工工艺方法的不同，工艺性能可分为铸造性、可锻性、焊接性和切削加工性等。

1）铸造性常用流动性、收缩性等来综合评定。不同材料的铸造性不同，铸造铝合金、铜合金的铸造性优于铸铁和铸钢，铸铁优于铸钢。铸铁中，灰铸铁的铸造性最好。

2）可锻性常用塑性和变形抗力来综合评定。塑性好，则易成形，加工面质量好，不易产生裂纹；变形抗力小，变形功小，金属易于充满模腔，不易产生缺陷。一般来说，碳钢比合金钢可锻性好，低碳钢的可锻性优于高碳钢。

3）焊接性常用碳当量 CE 来评定。CE 小于 0.4% 的材料不易产生裂纹、气孔等缺陷，且焊接工艺简便，焊缝质量好。低碳钢和低合金高强度结构钢焊接性良好。碳与合金元素含量越高，焊接性越差。

4）切削加工性常用允许的最高切削速度、切削力大小、加工面 Ra 值大小、断屑难易程度和刀具磨损来综合评定。一般来说，材料硬度值为170HBW～230HBW，切削加工性好。

二、金属材料力学性能试验的意义及作用

金属材料力学性能试验的基本任务是模拟产品真实使用状态的条件，正确地选用检测仪器、装备、试样或工件，尽可能准确、快速地检测出试样或工件的力学性能参数。力学性能试验中采集到的数据贴合实际、真实可靠，能够确切表征和反映工作条件下金属工件的性能，具有重大的工程实际意义，在金属材料使用的各个领域运用十分广泛。

1）在金属原材料的入厂验收中，力学性能试验起到了"把关"的作用。进厂的原材料是否能满足使用要求，需要通过力学性能试验的结果来判定。

2）对新开发的金属产品，力学性能指标是零件或构件设计的重要参数；是设计方评价、选择材料和制订工艺规程，确保金属产品设计合理、使用安全可靠的依据。在产品的生产过程中，力学性能试验结果是评价零件加工工艺水平高低和产品内在质量验收的判据，力学性能试验是控制产品质量的重要手段。

3）在工件失效分析中，对废品和失效零件进行原因分析时，要做出正确的判断，也离不开力学性能试验结果的科学支撑。

4）在金属材料研究领域，力学性能参数是合金成分设计、显微组织结构控制所要达到的目标之一，也是反映金属内部组织结构变化的重要表征。力学性能试验对研制和发展新型金属材料、改进材料质量、最大限度发挥材料潜力都具有重要意义。

思 考 题

1. 金属材料的分类有哪些？

2. 金属有哪些晶体结构？晶体缺陷对力学性能有何影响？

3. 金属的热处理对其力学和工艺性能有何影响？

4. 为何要规定金属材料力学性能试验用试样的取样位置和方向？力学性能试验的意义何在？

第二章

金属材料的拉伸试验

拉伸试验是金属力学性能试验中最基本、应用最广泛的试验。拉伸试验中的弹性变形、塑性变形、断裂等各阶段真实地反映了材料抵抗外力的全过程。通过拉伸试验可以得到材料的基本力学性能指标，如弹性模量、泊松比、屈服强度、规定塑性延伸强度、抗拉强度、断后伸长率、断面收缩率、应变硬化指数和塑性应变比等，它们是反映金属材料力学性能的重要参数。另外，通过高温拉伸试验还可以了解材料在高温下的失效情况。而低温拉伸试验不但可以测定材料在低温下的强度和塑性指标，而且还可以用于评定材料在低温下的脆性。

拉伸力学性能指标是金属构件设计时选材和进行强度计算时的主要依据，在新材料的研制、材料的采购和验收、产品的质量控制、设备的安全评估等方面都有很重要的应用价值和参考价值，在有些场合下还可以直接用拉伸试验的结果作为判据。

为保证拉伸试验结果的可重复性及可比性，国家标准规定了金属材料拉伸试验方法的原理、定义、符号和说明、试样及尺寸测量、试验设备、试验要求、性能测定、测定结果数值修约和试验报告。我国首次制定颁布的金属拉伸试验方法国家标准是 GB/T 228—1963《金属拉力试验法》，规定了六种拉伸性能的测定方法及相关技术要求。这六种性能包括：比例极限（σ_p）、屈服点（σ_s）、屈服强度（$\sigma_{0.2}$）、抗拉强度（σ_b）、伸长率（δ）和断面收缩率（ψ）。该标准基本是按照苏联标准 ГОСТ 1497 制定的。GB/T 228—1976《金属拉力试验法》扩大了技术内容的覆盖面，但仍然是属于苏联 ГОСТ 标准体系模式，在国际上并不通用，也不与国际接轨。GB/T 228—1987《金属拉伸试验方法》主要参照采用国际标准 ISO 6892：1984《金属材料 拉伸试验》，技术内容和标准结构都有较大的变动，基本脱离了苏联 ГОСТ 标准体系的模式。但 GB/T 228—1987 标准把本属于拉伸试验方法内容的"拉伸试验试样"部分移出，另行制定了国家标准 GB/T 6397—1986《金属拉伸试验试样》，这使标准体系的结构不合理。

GB/T 228—2002《金属材料 室温拉伸试验方法》等效采用了 ISO 6892：1998《金属材料 室温拉伸试验方法》。它将 GB/T 228—1987《金属拉伸试验方法》、GB/T 6397—1986《金属拉伸试验试样》和 GB/T 3076—1982《金属薄板（带）拉伸试验方法》合并，做到了与国际标准接轨。

我国于 2010 年发布的国家标准 GB/T 228.1—2010《金属材料 拉伸试验 第 1 部分：室温试验方法》修改采用了 ISO 6892-1：2009《金属材料 拉伸试验 第 1 部分：室温试验方法》，做到了与国际标准同步。

此外，与拉伸试验有关的标准还涉及 GB/T 22315—2008《金属材料 弹性模量和泊松比试验方法》，GB/T 5027—2016《金属材料 薄板和薄带 塑性应变比（r 值）的测定》，GB/T

5028—2008《金属材料 薄板和薄带 拉伸应变硬化指数（n 值）的测定》，GB/T 228.2—2015《金属材料 拉伸试验 第 2 部分：高温试验方法》，GB/T 8170—2008《数值修约规则与极限数值的表示和判定》等。

第一节　拉伸过程中的力学现象、断裂特征和相关术语

一、应力及应变

（一）力学分析简述

将试样视为杆状构件（图 2-1），在未受到外力作用时，杆件内部的分子结合力（内力）使其维持一定的状态，即平衡。当杆件受到轴向外拉力 F 作用后，由于力的传递，使得杆件中的内力发生变化，按照平衡方程，杆件任意斜截面 $Z\text{-}Z$ 上的内应力可表示为

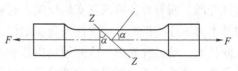

$$\sigma_\alpha = \sigma\cos^2\alpha \qquad (2\text{-}1)$$

$$\tau_\alpha = \frac{\sigma\sin 2\alpha}{2} \qquad (2\text{-}2)$$

图 2-1　斜截面上的应力

式中　α——斜截面法向与杆件轴向的夹角；

　　　σ_α——斜截面上的正应力；

　　　τ_α——斜截面上的切应力。

当研究杆件横截面上的正应力时（即单轴拉伸），可令 $\alpha = 0°$，代入式（2-1）、式（2-2）得到

$$\sigma_\alpha = F/S_0 = \sigma \qquad (2\text{-}3)$$

式中　S_0——试样原始横截面面积。

$$\tau_\alpha = 0 \qquad (2\text{-}4)$$

另外，由式（2-2）还可知：当 $\alpha = 45°$ 时，斜截面上的切应力最大，其数值为

$$\tau_\alpha = \sigma/2 \qquad (2\text{-}5)$$

它与斜截面上的正应力相等。

（二）工程应力与工程应变

工程应力定义：按照试样的原始横截面尺寸计算的应力。在具体应用中，拉伸力 F 与试样原始横截面面积 S_0 的比值为工程应力，即

$$\sigma = F/S_0 \qquad (2\text{-}6)$$

工程应变定义：在轴向加力试验中，试样的瞬间标距与原始标距之差再与原始标距的比值。拉伸过程中，试样长度方向特定标距下的伸长量 ΔL 与原始标距 L_0 的比值为工程应变，即

$$\varepsilon = \Delta L/L_0 \qquad (2\text{-}7)$$

（三）真应力与真应变

真应力定义：按照瞬时横截面积计算的轴向应力。

真应变定义：在颈缩开始之前，瞬时长度与原始长度之比的自然对数。

真应力-应变曲线与工程应力-应变曲线有所不同，如图2-2所示。

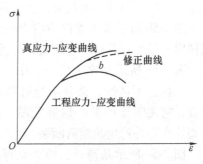

图 2-2　真应力-应变曲线
与工程应力-应变曲线的比较

二、拉伸过程中的力学现象及断裂特征

等截面杆件试样在拉伸试验时，宏观上可以看到试样被逐渐均匀拉长，然后在某一等截面处变细，直到在该处断裂（图2-3）。上述过程一般可以分为弹性变形、屈服变形、均匀塑性变形和局部塑性变形四个阶段。拉伸试验时，以力为纵坐标、伸长量为横坐标记录得到的拉伸过程曲线称为拉伸图（图2-4），即力-伸长（F-ΔL）曲线。

拉伸图仅代表具体试样的拉伸特征。图中的纵坐标和横坐标均与试样几何尺寸有关。若将拉伸图的纵坐标的力 F 除以试样原始横截面积 S_0，则变为应力；将横坐标的伸长量 ΔL 除以试样原始标距 L_0，则变为应变，这样得到的应力-应变（σ-ε）曲线与试样的几何尺寸无关，在工程上可以代表该种材料的拉伸特征。这样的曲线称为工程应力-应变曲线或条件应力-应变曲线。因为 S_0 和 L_0 是确定的常数，拉伸图上纵坐标和横坐标分别除以常数，由此变换得到的 σ-ε 曲线其形状和原 F-ΔL 曲线类似，特征没有变化。

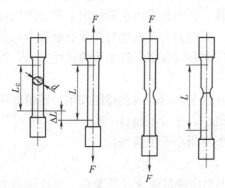

图 2-3　试样在拉伸时的伸长和断裂过程

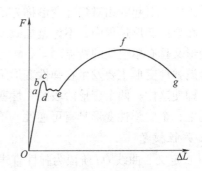

图 2-4　低碳钢材拉伸试验的力-伸长曲线

不同的材料拉伸时所表现出的物理现象和力学性能不尽相同，它们有着不同的应力-应变曲线。下面列举几种常见金属材料的应力-应变曲线（图2-5）。

图 2-5a 所示是低碳钢的应力-应变曲线。它有锯齿状的屈服阶段，分为上、下屈服，试

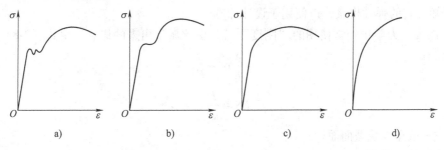

a)　　　　　　　　b)　　　　　　　　c)　　　　　　　　d)

图 2-5　不同材料拉伸的应力-应变曲线

样均匀塑性变形后产生颈缩，然后断裂。

图 2-5b 所示是中碳钢的应力-应变曲线。它有屈服阶段，但波动微小，几乎成一直线，试样均匀塑性变形后产生颈缩，然后断裂。

图 2-5c 所示是淬火后低、中、高温回火钢及冷轧板、不锈钢、钛合金等材料的应力-应变曲线，它无明显可见的屈服阶段，试样产生均匀塑性变形并产生颈缩后断裂。

图 2-5d 所示是铸铁、淬火钢等较脆材料的应力-应变曲线。它不仅无屈服阶段，而且只产生少量均匀塑性变形后就突然断裂。

下面以低碳钢为例来说明应力-应变曲线（图 2-6）上各阶段的特征。

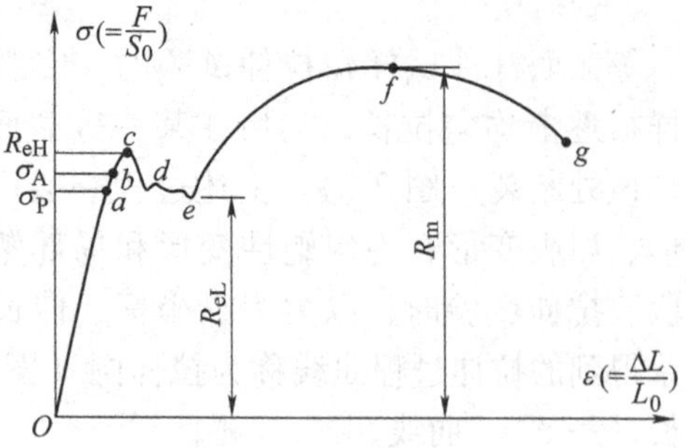

图 2-6　低碳钢材拉伸的应力-应变曲线

（一）弹性变形阶段（Oa）

1. 弹性变形的特点

金属弹性变形是一种可逆性变形。金属在一定外力作用下，先产生弹性变形，当外力去除后，变形随即消失而恢复原状，表现为弹性变形的可逆性。

金属在正应力或切应力，即在拉伸、压缩、扭转、剪切和弯曲载荷作用下都会产生弹性变形。正应力引起的相对弹性变形称为正弹性应变，切应力引起的相对弹性变形称为切弹性应变。在弹性变形过程中，不论是加载或卸载，其应力和应变都保持单值的线性关系，所以弹性变形又具有单值性的特点。

金属弹性变形主要发生在弹性变形阶段，但在塑性变形阶段也会伴随发生一定量的弹性变形。即使这样，两个变形阶段的弹性变形总量也很小，一般不超过 1%。

总之，金属弹性变形具有可逆性、单值性和变形量很小三个特点。

2. 弹性模量

（1）定义　曲线 Oa 阶段为弹性直线阶段，应力与应变呈正比线性关系，其比例常数称为弹性模量 E，应力与应变服从胡克定律。即

$$\sigma = E\varepsilon \tag{2-8}$$

弹性模量 E 可以有另一种定义，即弹性直线段（即 Oa）的斜率。按照此定义，可以采用静力拉伸试验方法测定金属材料的弹性模量。弹性模量是金属材料弹性范围内的一种性能判据。它反映材料抗弹性变形的能力，是材料刚度的量度。很多工程结构和机械部件用的材料都需要知道它的弹性模量，以便用于设计计算。

（2）刚度　力学中经常使用的"刚度"就是由此派生出来的概念，由式（2-8）得到：

$$\varepsilon = \frac{1}{E}\sigma = \frac{F}{ES} \tag{2-9}$$

故

$$ES = \frac{F}{\varepsilon} \tag{2-10}$$

式中　S——试样承载截面面积；

　　　F——外加载荷；

ε——受载后构件的应变。

ES 被称为刚度，它表示构件产生单位弹性变形所需载荷的大小。在设计中外载荷一旦被确定，若要减少构件的弹性变形，可以通过选择高弹性模量的材料或加大构件横截面面积的方法来解决。既然弹性变形并不会引起结构的破坏，那么刚度有什么意义呢? 刚度是衡量构件稳定性的指标之一。刚度小的构件受载后会产生较大的弹性变形，过量的弹性变形有可能使构件呈现不稳定状态，对于薄壁构件、细长杆件，这类情况更可能发生。设计上经常会遇到这样的情况：用一种材料制造某种构件，按照强度校核是绰绰有余了，然而由于材料的弹性模量不够，构件受力会产生过量弹性变形甚至达到失稳的程度，在这样的情况下，宁可选用强度低一些但弹性模量较高的材料来制造。

（3）弹性模量和剪切模量的关系　在弹性阶段，弹性模量和剪切模量有如下的关系：

$$E = 2G(1 + \mu) \tag{2-11}$$

式中　E——弹性模量；

　　　G——剪切模量；

　　　μ——泊松比。

（4）弹性比功　弹性比功是材料吸收弹性变形能力的大小。即

$$W = \sigma\varepsilon/2 \tag{2-12}$$

它是外力对材料所做的功，可以用拉伸应力-应变曲线下的直角三角形面积来表示。

弹性模量 E 表示晶体中原子间结合力的大小，它与晶格类型和原子间距密切相关，通常 $E=k/r^m$。其中，k 为常数，r^m 为晶格常数。弹性模量是一个对显微组织不敏感的力学性能指标，其大小取决于金属本性和晶体结构，而和显微组织关系不大，因此，热处理、合金化和冷变形三大金属强化手段对其影响均很小。但温度对 E 的影响较大，随着温度的上升 E 下降，在 $-50℃\sim50℃$，钢的 E 值变化不大。

3. 包申格效应

金属材料经过预先加载产生少量塑性变形（残余应变为 1%~2%），卸载后再同向加载，规定残余应力（弹性极限或屈服强度）增加，反向加载，规定残余应力降低的现象，称为包申格效应。这一现象在 1886 年由德国人 Bauschinger 首先发现，并以其名命名。

管件出现胀膛后，其胀膛部位的纵向规定塑性延伸强度比未变形区降低了，因其发生胀膛变形时，胀膛部位的纵向受到了压缩应力，并且产生了微量塑性变形，对其再进行拉伸试验时，规定塑性延伸强度就出现下降，即包申格效应所致。

包申格效应在很多金属中都有发现。一般情况，高温回火钢如果预先经 1%~4% 的微量塑性变形，其包申格效应比较明显。包申格效应对于预先经轻度塑性变形，而后又反方向加载的构件十分有害。消除包申格效应的方法一般是采用 300℃~400℃ 回火，消除第二类内应力，而又不降低强度。冷拉弹簧钢丝卷制的定型回火（300℃~400℃），正是为了消除第二类内应力和包申格效应的一道热处理工序。

（二）塑性变形阶段（*ag*）

1. 塑性变形的特点

金属在外力作用下，应力超过弹性极限后就开始塑性变形。与弹性变形相比，塑性变形是一种不可逆变形，即当外力去除后，其变形不能消失，也不能恢复原状。随着外力增加，

其塑性变形量也增加，当达到断裂时，塑性变形量达极限值。塑性是表示材料塑性变形能力的一种性能，一般用断裂时最大相对塑性变形量表示，如拉伸试样的断后伸长率 A 或断面收缩率 Z。根据材料和试验条件的不同，金属塑性可达百分之几至百分之几十，超塑性可达 $100\% \sim 1000\%$。因此，金属的塑性变形远远大于金属的弹性变形。

塑性变形与弹性变形相比其行为更加复杂，具有变形的不可逆性、变形曲线的非线性、变形量较大等特点。金属塑性变形主要是由切应力引起的，塑性变形的主要方式有滑移、孪生、晶界滑动和扩散性蠕变等。

2. 屈服阶段（$abcde$）

所谓屈服，是指达到一定应力应变之后，金属材料开始从弹性状态非均匀地向弹性-塑性状态过渡，它标志着宏观塑性变形的开始。这时候在应力-应变曲线上表现为应力的突然下降（cd），但塑性应变急剧增加，应力却在小范围内波动（de），直至 e 点这种状态结束。c 点的应力是力学性能判据，称为上屈服强度 R_{eH}，在 de 范围内的最低应力也是力学性能判据，称为下屈服强度 R_{eL}。

3. 均匀塑性变形阶段（ef）

在屈服阶段以后，欲继续变形，必须不断增加应力。均匀塑性变形阶段应力-应变曲线是一根平滑上升的抛物线。在应变量增加的同时，变形应力也不断上升，表现为强度显著提高，这种现象称为应变硬化，应变硬化的速度呈逐渐下降趋势。均匀变形阶段的终点 f 是工程应力和试验力达到最大值。

金属材料的应变硬化是在塑性变形过程中，位错大量增殖，发生不同滑移系的交叉滑移，晶体内位错密度迅速增高，反过来妨碍位错的运动，即变得变形困难，必须在更高的应力下才能使位错滑移运动，表现为宏观上的塑性应变硬化效应，即为强度提高。应变硬化在生产中具有以下实际意义：应变硬化可使金属机件具有一定的抗偶然过载能力，保证机件安全；应变硬化可使金属塑性变形均匀进行，保证冷变形工艺的顺利进行；应变硬化可提高金属强度，是强化金属的重要手段。

在均匀塑性变形阶段，根据体积不变原理，可以得到断后伸长率 $\Delta L/L_0$ 与断面收缩率 $\Delta S/S_0$ 的关系：

因为
$$LS = L_0 S_0 \tag{2-13}$$
$$L = L_0 + \Delta L = L_0(1 + \Delta L/L_0) \tag{2-14}$$
$$S = S_0(1 - \Delta S/S_0) \tag{2-15}$$

所以
$$LS = L_0 S_0(1 + \Delta L/L_0)(1 - \Delta S/S_0) \tag{2-16}$$
$$(1 + \Delta L/L_0)(1 - \Delta S/S_0) = 1 \tag{2-17}$$

即 $(1+A)(1-Z)=1$ 故有 $A=Z(1+A)$

因为 A 和 Z 都 ≥ 0，所以 $A>Z$。也就是说，在均匀塑性变形阶段，断后伸长率 A 恒大于断面收缩率 Z。拉断的材料若有上述特性，说明只有均匀塑性变形而无颈缩现象，属于脆性材料。

4. 局部塑性变形阶段（fg）

拉伸试验达到 f 点时，应变硬化与几何软化达到平衡，力不再增加，同时伴随发生拉伸失稳，进入了局部塑性变形阶段，即颈缩变形阶段。力达到最高点时（即 f 点）试样最弱横截面中心附近开始形成微小空洞，它们相连接萌生成小裂纹，一旦形成裂纹，试样受力状态不再是单向受力，而是形成三向受力状态。反过来又促使裂纹迅速扩展，突然形成中心裂纹（即拉伸失稳），与此同时发生颈缩变形。在颈缩阶段中，试验力下降，标称应力下降，但由于横截面因颈缩而减小，实际上在这阶段的真应力高于工程抗拉强度。当试验力达到 g 点，试样发生完全断裂。g 点的应力称为断裂强度 σ_g，也是性能判据。

（三）断裂特征

断裂按其性质可分为延性（韧性）断裂和脆性断裂，按其方式可分为切断和正断。

1. 延性断裂

延性断裂是指伴随明显塑性变形而形成延性断口（断裂面与拉应力垂直或倾斜，剪切唇与拉力轴线几乎成 45° 角，其上具有细小的凹凸，呈纤维状）的断裂。它是在切应力为主作用下的"切断"。延性断裂一般包括纯剪切变形断裂、韧窝断裂和蠕变断裂。

延性断裂的特征是断裂前发生明显宏观塑性变形，它将预先警告人们注意，因此一般不会造成严重事故。

2. 脆性断裂

脆性断裂是指几乎不伴随塑性变形而形成脆性断口（断裂面通常与拉应力垂直，宏观上由具有光泽的亮面组成）的断裂。它是在正应力为主作用下的"正断"。脆性断裂一般包括沿晶脆性断裂、解理断裂、准解理断裂、疲劳断裂、腐蚀疲劳断裂、应力疲劳断裂和氢脆断裂等。

脆性断裂的主要特征是断裂前基本上不发生塑性变形，没有明显征兆，是一种突然发生的断裂，因此危害性很大。脆性断裂一般具有如下特点：

1）断裂时承受的工作应力很低，一般低于材料的屈服强度。

2）断裂的裂纹源总是从应力集中处或内部的缺陷处开始。

3）温度降低，脆性断裂倾向增加。

4）断口平齐而光亮，并且与正应力垂直，断口上常呈现人字纹或放射花纹。

通常脆性断裂前也发生微量塑性变形。一般规定光滑拉伸试样的断面收缩率小于 5% 则为脆性断口，这种材料称为脆性材料；反之，大于 5% 者为延性材料。由此可见，材料的延性和脆性是根据一定条件的塑性变形量来规定的，条件改变，材料的延性和脆性断裂行为也会改变。

3. 应力状态系数

影响材料断裂的因素很多，如试验温度、加载速度和应力状态等。当温度和加载速度一定时，由于应力状态的不同，可以使材料表现出不同的断裂类型。应力状态可以用受力部位的最大切应力 τ_{max} 和最大正应力 σ_{max} 来表示，其比值 $\alpha = \tau_{max}/\sigma_{max}$ 称为应力状态系数（软性系数），它是应力状态的一种标志。$\alpha \geqslant 1$ 应力状态称为"软"态；$\alpha < 1$ 应力状态称为"硬"态。

同一材料采用不同的试验方法，其断裂性质和断裂方式是不一样的，即在不同应力状态下，材料所表现的行为是不一样的。例如，灰铸铁在拉伸时，是脆性断裂，正断；扭转时也是正断，但发生了少量塑性变形；而压缩时，不但产生了较大的塑性变形，而且是切断。这是什么原因？力学状态图给出了较满意的回答。

力学状态图（图 2-7）以最大拉应力 σ_{max} 为横坐标，以最大切应力 τ_{max} 为纵坐标，将各种试验方法的应力状态用通过坐标原点的直线表示，直线的斜率就是软性系数 $\alpha = \tau_{max}/\sigma_{max}$，即认为在应力增加过程中是不变的。直线 1 的 $\alpha=0.5$，表示单向拉伸；直线 2 的 $\alpha=0.8$，表示扭转；直线 3 的 $\alpha=2$，表示单向压缩。

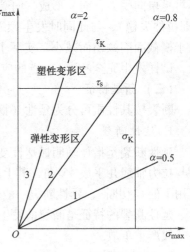

由图 2-7 可见，表示单向拉伸的直线 1 首先与拉断强度 σ_K 线相交，说明负荷在试样内引起 τ_{max} 尚小于屈服强度 τ_s 时，σ_{max} 就已经达到 σ_K，即在拉断前不发生塑形变形，是脆性断裂。表示扭转的直线 2，先与屈服强度 τ_s 线相交，经过一段又与拉断强度 σ_K 线相交，即 τ_{max} 先达到屈服强度 τ_s，发生了塑性变形后，σ_{max} 才达到 σ_K，发生拉断，即拉断前发生塑性变形，是延性断裂。表示单向压缩的直线 3，先与 τ_s 线相交，即 τ_{max} 先达到 τ_s，产生了塑形变形后，又与切断强度 τ_K 线相交，即 τ_{max} 又达到 τ_K，而此时 σ_{max} 仍小于 σ_K，所以是切断，也是延性断裂。

图 2-7   力学状态图

根据力学状态图上的分析可见：

1）材料的破坏不是由某个单一因素控制的，它的力学行为和破坏方式取决于应力状态和材料强度的不同配合。

2）材料的延性或脆性断裂不是固定不变的，即使是同一种材料，既可以呈现延性状态，也可以表现出脆性的行为，这是由应力状态中的软性系数 α 与材料各种强度的相对关系来控制的。

三、术语

（一）与标距有关的概念

1. 平行长度 L_c

平行长度 L_c：试样两头部或两夹持部分（不带头试样）之间平行部分的长度，即试样工作段（名义截面面积相等的部分）。

2. 试样标距

原始标距 L_0：施力前的试样标距，即试验前，测量试样伸长所标记的标距长度。

引伸计标距 L_e：用引伸计测量试样延伸时所使用起始标距的长度。

断后标距 L_u：在室温下将断后的两部分试样紧密地对接在一起，保证两部分的轴线位于同一条直线上，测量试样断裂后的标距。

（二）与强度有关的概念

1. 屈服强度

屈服强度：当金属材料呈现屈服现象时，在试验期间达到有塑性变形发生而力不增加的应力点，应区分上屈服强度和下屈服强度。

上屈服强度 R_{eH}：试样发生屈服而力首次下降前的最大应力。

下屈服强度 R_{eL}：在屈服期间，不记初始瞬时效应时的最小应力。

2. 规定延伸强度

规定塑性延伸强度 R_p：塑性延伸率等于规定的引伸计标距百分率时对应的应力。

规定总延伸强度 R_t：总延伸率等于规定的引伸计标距百分率时对应的应力。

规定残余延伸强度 R_r：卸除应力后残余延伸率等于规定的原始标距或引伸计标距百分率时对应的应力。

3. 抗拉强度 R_m

抗拉强度 R_m：相应最大力对应的应力，即试样受外力（屈服阶段之前不计）拉断过程中所承受的最大工程应力。

（三）与伸长或延伸有关的概念

1. 断后伸长率（只与试样原始标距 L_0 有关）

断后伸长率 A：断后标距的残余伸长与原始标距之比的百分率。

2. 延伸率（用引伸计标距 L_e 表示的延伸百分率）

屈服点延伸率 A_e：呈现明显屈服（不连续屈服）现象的金属材料，屈服开始至均匀加工硬化开始之间，引伸计标距的延长与引伸计标距之比的百分率。

最大力总延伸率 A_{gt}：最大力时原始标距的总延伸（弹性延伸加塑性延伸）与引伸计标距之比的百分率。

最大力塑性延伸率 A_g：最大力时原始标距的塑性延伸与引伸计标距之比的百分率。

断裂总延伸率 A_t：断裂时刻原始标距的总延伸（弹性延伸加塑性延伸）与引伸计标距之比的百分率。

（四）其他概念

断面收缩率 Z：断裂后颈缩处试样横截面面积的最大缩减量与原始横截面面积之比的百分率。

弹性模量 E：在弹性范围内物体的应力和应变呈正比，其比例常数既为弹性模量。它表征金属对弹性变形的抗力，其值的大小反映了金属弹性变形的难易程度。

泊松比 μ：低于材料比例极限的轴向应力产生的横向应变与相应轴向应变的负比值。

应变硬化指数 n：经验的真实应力与真实应变关系 $\sigma = k\varepsilon^n$ 数学方程式中的指数 n，表征金属在均匀变形阶段的应变强化能力。

塑性应变比 r：金属薄板试样轴向拉伸到产生均匀塑性变形时，试样标距内宽度方向的真实应变和厚度方向真实应变之比。

第二节　金属拉伸试样

一、拉伸试样的分类

（一）按产品形状分类

拉伸试样按金属产品形状的不同可以分为板材（薄带）试样、棒材试样、管材试样、线材试样、型材试样及铸件试样等种类。根据其形状及试验目的的不同，试样可以进行机加工，也可以采用不经机加工的原始截面试样。标准中规定的试样主要类型见表 2-1。

（二）按 L_0 与 S_0 的关系分类

根据 Barber 等人大量的研究，通过拉伸试验所测得的表征材料塑性的断后伸长率不仅与材质有关，还与比值 $L_0/\sqrt{S_0}$ 有关。因此，为了使拉伸试验所测定的断后伸长率只与材质

表 2-1　试样的主要类型

产品类型		试样类型
薄板、板材	线材、棒材、型材	
0.1mm≤厚度<3mm	—	薄板（带）试样
—	直径或边长<4mm	小直径线材、棒材及型材试样
厚度≥3mm	直径或边长≥4mm	板材、棒材及型材试样
管材		管材试样

有关，而与试样条件无关，即不同材质的拉伸试样通过试验得到的断后伸长率只依赖于材质，其断后伸长率的试验数据只表征不同材料的塑性，这样所测定的断后伸长率是具有可比性的。显而易见，这时就必须令该比值为常数（k），即令 $k=L_0/\sqrt{S_0}$。也就是说，拉伸试样的原始标距与原始横截面面积平方根的比值为常数。这样的拉伸试样称为比例试样，而且把 $k=5.65$ 的试样称为短比例试样，其断后伸长率记为 A；$k=11.3$ 的试样称为长比例试样，其断后伸长率记为 $A_{11.3}$。由 $L_0=k\sqrt{S_0}$ 计算可知：圆截面短（长）比例试样的标距为 $5d$（$10d$）；矩形截面短（长）比例试样的标距为 $5.65\sqrt{S_0}$（$11.3\sqrt{S_0}$）。试验时，一般优先选用短比例试样，但要保证原始标距不小于15mm，否则，建议采用长比例试样或其他类型试样。

对于截面较小的薄带试样及某些异型截面试样，由于其标距短或者截面不用测量（例如只测量一定标距下的断后伸长率），可以采用 L_0 为 50mm、80mm、100mm、120mm 的定标距试样。它的标距与试样截面不存在比例关系，称为非比例试样。必须注意，用非比例试样进行拉伸试验测得的断后伸长率与比例试样测得的断后伸长率之间无可比性。如果要对比，可按 GB/T 17600.1—1998《钢的伸长率换算　第1部分：碳素钢和低合金钢》和 GB/T 17600.2—1998《钢的伸长率换算　第2部分：奥氏体钢》进行钢材不同试样间断后伸长率的换算。

二、试样的形状及尺寸

（一）圆形横截面试样

圆形横截面比例试样的尺寸及试样编号见表 2-2，在 L_0 大于 15mm 的前提下，应优先采用 $L_0=5d$ 的短比例试样，否则选用 $L_0=10d$ 的长比例试样，若有需要，也可以采用定标距试样。

表 2-2　圆形横截面比例试样的尺寸及试样编号

d/mm	r/mm	$k=5.65$			$k=11.3$		
		L_0/mm	L_c/mm	试样编号	L_0/mm	L_c/mm	试样编号
25				R1			R01
20				R2			R02
15				R3			R03
10	≥0.75d	5d	≥$L_0+d/2$ 仲裁试验：L_0+2d	R4	10d	≥$L_0+d/2$ 仲裁试验：L_0+2d	R04
8				R5			R05
6				R6			R06
5				R7			R07
3				R8			R08

注：1. 如相关产品标准无具体规定，优先采用 R2、R4 或 R7 试样。

　　2. 试样总长度取决于夹持方法，原则上 $L_t>L_c+4d$。

（二）矩形横截面试样

厚度大于 0.1mm 的板（带）材料一般采用矩形横截面试样。其尺寸及试样编号见表 2-3 及表 2-4。应优先选用 $k=5.65$ 的短比例试样，厚板材可通过机加工减薄，其宽厚比 b/a 不大于 8（板厚 $\geq$ 25mm 时也可以加工成圆棒样）。工程上对于厚板材料，b/a 一般取 1~4 较为合适。若短比例试样的 L_0 小于 15mm，则应选用 $k=11.3$ 的长比例试样。薄带试样还可以采用标距为 50mm 或 80mm 的定标距试样，见表 2-3。

表 2-3　薄板（带）矩形横截面比例试样尺寸及试样编号

b/mm	r/mm	$k=5.65$				$k=11.3$			
		L_0/mm	L_c/mm		试样编号	L_0/mm	L_c/mm		试样编号
			带头	不带头			带头	不带头	
10					P1				P01
12.5	≥ 20	≥ 15	$\geq L_0+b/2$ 仲裁试验：L_0+2b	L_0+3b	P2	<15	$\geq L_0+b/2$ 仲裁试验：L_0+2b	L_0+3b	P02
15					P3				P03
20					P4				P04

注：1. 优先采用比例系数 $k=5.65$ 的短比例试样。若标距小于 15mm，建议采用非比例试样。

　　2. 如需要，厚度小于 0.5mm 的试样在其平行长度上可以带小凸耳，以便于装夹引伸计。上、下两凸耳宽度中心线间的距离为原始标距。

表 2-4　板材矩形横截面比例试样尺寸及试样编号

b/mm	r/mm	$k=5.65$			$k=11.3$		
		L_0/mm	L_c/mm	试样编号	L_0/mm	L_c/mm	试样编号
12.5				P7			P07
15			$\geq L_0+1.5$ 仲裁试验：L_0+2	P8		$\geq L_0+1.5$ 仲裁试验：L_0+2	P08
20	≥ 12	5.65		P9	11.3		P09
25				P10			P010
30				P11			P011

注：若相关产品标准无具体规定，优先采用比例系数 $k=5.65$ 的比例试样。

（三）其他类型试样

对于管材，可采用纵向弧形试样，或带塞头的全截面试样，应优先选用 $k=5.65$ 的短比例试样。管状试样配塞头时，塞头距离标距应大于 $D/4$。塞头应加工成子弹头形状，且圆弧过渡不能有台阶。对于不配塞头的试样，也可以将其两端夹持头部分压扁进行试验。

铸件一般采用圆形横截面试样，线材一般采用标距为 100mm 或 200mm 的定标距试样。

三、试样的制备

按照相关产品标准技术条件或 GB/T 2975 的要求切取样坯和制备试样，同时选择与试验机夹持部分相匹配的试样形状及尺寸，并按照下列条件加工试样：

1）试样在机加工过程中应避免产生表面加工硬化或受热影响而改变其力学性能。通常以切削加工为宜，进刀深度要适当，并充分冷却。特别是最后一道切削或磨削的深度不宜过大，以免影响性能。

2）对于圆形、矩形横截面试样，当机加工和试验机能力允许时应使用全截面试样。一般要保留原表面层并防止损伤。试样上的毛刺要清除，试样允许矫直，但应防止矫正力对力学性能产生显著影响。对于不测定断后伸长率的试样，可不经矫正，直接进行试验。

3）不经机加工铸件试样表面上的夹砂、夹渣、毛刺、飞边等应加以清除。

4）机加工试样尺寸公差和形状公差见表 2-5。表面不应有显著的横向刀痕、磨痕或机械损伤，明显的淬火变形和裂纹以及其他可见的冶金缺陷。

表 2-5　机加工试样尺寸公差和形状公差　　　　　（单位：mm）

名　　称	名义横向尺寸	尺寸公差[1]	形状公差[2]
机加工的圆形横截面直径和四面机加工的矩形横截面试样横向尺寸	≥3≤6	±0.02	0.03
	>6≤10	±0.03	0.04
	>10≤18	±0.05	0.04
	>18≤30	±0.10	0.05
相对两面机加工的矩形横截面试样横向尺寸	≥3≤6	±0.02	0.03
	>6≤10	±0.03	0.04
	>10≤18	±0.05	0.06
	>18≤30	±0.10	0.12
	>30≤50	±0.15	0.15

[1]　如果试样的公差满足表 2-5，原始横截面面积可以用名义值，而不必通过实际测量再计算。如果试样的公差不满足表 2-5，就很有必要对每个试样的尺寸进行实际测量。

[2]　沿着试样整个平行长度，规定横向尺寸测量值的最大最小值之差。

第三节　试验设备

试验设备主要由拉伸试验机、引伸计，以及高、低温试验辅助装置组成。随着计算机技术的普及，试验设备告别了昔日靠表盘读数或由 X-Y 记录仪记录模拟信号试验曲线的阶段，发展到可实施同步采样、计算并给出特征结果，然后存储数据的阶段。可能对记录的试验数据再次进行分析、研究并重新确定试验中的特征点。有关试验设备的特征及要求简述如下。

一、拉伸试验机

拉伸试验机是拉伸试验的主要设备。它主要由加载机构、夹样机构、记录或输出机构、测力机构四部分组成，目前，主要分为机械式、液压式、电子万能及电液式几类。无论是哪一种类型，拉伸试验所用的机器都应满足以下要求：达到试验机要求的精度；有加载调速装置；有数据记录或显示装置；由计量部门定期进行检定或校准。

静力单轴各级别拉伸试验机的要求见表 2-6。

表 2-6　拉伸试验机的要求

试验机级别	最大允许值（%）				
	示值相对误差 q	示值重复性相对误差 b	示值进回程相对误差 μ	零点相对误差 f_0	相对分辨率 α
0.5	±0.5	0.5	0.75	±0.05	0.25
1	±1.0	1.0	1.5	±0.1	0.5
2	±2.0	2.0	3.0	±0.2	1.0
3	±3.0	3.0	4.5	±0.3	1.5

二、引伸计

在测定微小塑性变形下的力学性能指标时，要用到精度高、放大倍数大的长度测量仪，称为引伸计。接触式引伸计一般由三部分组成：变形部分（与试样表面接触，感受试样的微量变形）；传递和放大部分（将接收到的变形放大）；指示部分（记录或显示变形量）。它的主要参数为放大倍数和测量范围（量程）。拉伸试验中常用的引伸计有机械式引伸计、电子式引伸计和光学式引伸计等。

现在，非接触式引伸计得到了广泛应用，主要有激光引伸计和视频引伸计。激光引伸计使用高速激光扫描仪测量试样上反射带之间的空间，从而实现小标距高延伸测量。视频引伸计基于一台单独摄像机和实时图像处理系统，适用于测量两标记线之间的纵向及横向应变。

引伸计根据其标定的精度按表 2-7 划分等级。使用时，应根据试验机试样尺寸和检测变形量的要求来选取引伸计。引伸计应定期进行检定或校准。日常试验中，要经常检查引伸计，如果发现异常应重新标定后再使用。

表 2-7　引伸计的等级

引伸计级别	引伸计（最大值）					标定器（最大值）				
	标距相对误差（%）	分辨力		系统误差		分辨力		系统误差		
		读数的百分数（%）	绝对值 /μm	相对误差（%）	绝对误差 /μm	相对值（%）	绝对值 /μm	相对误差（%）	绝对误差 /μm	
0.2	±0.2	0.10	0.2	±0.2	±0.6	0.05	0.10	±0.06	±0.2	
0.5	±0.5	0.25	0.5	±0.5	±1.5	0.12	0.25	±0.15	±0.5	
1	±1.0	0.50	1.0	±1.0	±3.0	0.25	0.50	±0.30	±1.0	
2	±2.0	1.00	2.0	±2.0	±6.0	0.50	1.00	±0.60	±2.0	

三、高、低温试验辅助装置

（一）加热装置

加热装置是把试样加热到规定温度 T，并保持该温度直到试验结束所使用的装置。对于温度在 250℃~1100℃ 的试验，可采用电阻丝加热炉。它应有均匀温度区，其长度一般不小于试样标距的两倍。测量温度 T_i 和规定温度 T 的允许偏差和温度梯度见表 2-8。

表2-8 温度的允许偏差和温度梯度表

规定温度/℃	T_i 与 T 的允许偏差/℃	温度梯度/℃
$T \leqslant 600$	±3	3
$600 < T \leqslant 800$	±4	4
$800 < T \leqslant 1000$	±5	5
$1000 < T \leqslant 1100$	±6	6

（二）冷却装置

冷却装置是把试样冷却到规定的试验温度，并保持该温度直到试验结束所使用的装置。其温度偏差应小于等于±3℃。试样表面的温度梯度不超过3℃。冷却装置也应有均匀温度区，其长度至少为试样工作段的1.5倍。可使用搅拌装置使冷却介质沿试样轴线方向流动循环来达到温度均匀。

（三）环境箱

环境箱是试验温度一般在-70℃~+300℃所使用的装置，它把加热装置和冷却装置合为一体。环境箱必须同时满足加热、冷却装置对温度范围和温度梯度的要求。使用时，它靠风扇把热源或冷源吹到环境箱内，以达到试验要求的温度。

（四）温度测量系统

温度测量系统一般由热电偶及控温仪表等组成，应定期检定或校准。

第四节 强度和塑性指标的测定

一、准备工作

（一）测量原始横截面面积 S_0

测量试样原始截面尺寸时，应按照表2-9选取量具。根据所测得的试样尺寸，计算横截面面积 S_0 并至少保留4位有效数字。在试样平行长度中心区域以足够的点数测量试样的相关尺寸，原始横截面面积是平均横截面面积。

表2-9 量具或测量装置的分辨力 （单位：mm）

试样横截面尺寸	分辨力不大于	试样横截面尺寸	分辨力不大于
0.1~0.5	0.001	>2.0~10.0	0.01
>0.5~2.0	0.005	>10.0	0.05

圆形试样横截面面积 S_0 按式（2-18）计算：

$$S_0 = \pi d^2/4 \qquad (2-18)$$

矩形试样横截面面积 S_0 按式（2-19）计算：

$$S_0 = ab \qquad (2-19)$$

圆管纵向弧形试样在有关标准或协议无规定时，横截面面积 S_0 按式（2-20a）或式（2-20b）计算。

$$S_0 = ab\frac{1+b^2}{6D(D-2a)}, b/D < 0.25 \qquad (2-20a)$$

$$S_0 = ab, b/D < 0.17 \qquad (2\text{-}20\text{b})$$

计算时，管外径 D 取标称值。

圆管试样原始横截面面积 S_0 按式（2-21）计算：

$$S_0 = \pi a(D - a) \qquad (2\text{-}21)$$

未经加工的等截面试样，其横截面面积 S_0 可以根据测得的试样长度、质量和材料密度按式（2-22）计算。长度 L_t、质量 m 的测量精度应达到 $\pm 0.5\%$，密度 ρ 至少取 3 位有效数字。

$$S_0 = \frac{m}{\rho L_t} \qquad (2\text{-}22)$$

（二）标记原始标距 L_0

用两个或一系列小标记、细画线或细墨线标记原始标距，所采用的方法不能使试样过早断裂。当试样工作段远长于试样标距时，可标记相互重叠的几组标距。

比例试样的原始标距值取计算结果最接近 5mm 的倍数，中间值向大的一方取值，原始标距的标记应精确到 $\pm 1\%$。例如：k 取 5.65 时，对于宽 20mm、厚 3mm 的板材，$L_0 = 5.65 \times (20\times3)^{1/2}$ mm = 43.76mm，标距取 45mm；对于直径为 10mm 的圆棒，$L_0 = 5.65 \times (10^2 \times 3.14/4)^{1/2}$ mm = 50mm，标距取 50mm；对于横截面面积为 86.34mm² 的试样，$L_0 = 5.65 \times (86.34)^{1/2}$ mm = 52.5mm，标距取 55mm。

（三）选取试验机和引伸计

根据试样选取合适的试验机夹持装置及试验机的量程。试验机准确度等级应满足 1 级或优于 1 级。

选用的引伸计，测定上屈服强度、下屈服强度、屈服点延伸率及规定延伸强度时应不低于 1 级；测定其他较大延伸率的抗拉强度、最大力总延伸率、断裂总伸长率时应不低于 2 级。引伸计标距的长度一般不小于试样标距的 1/2。

（四）确定试验速率

拉伸试验速率控制方式有以下三种。

1）横梁位移控制的试验速率 v_c（mm/min）：单位时间的横梁位移。

2）应力速率控制的试验速率 $\dot{R}$（MPa/s）：单位时间应力的增加。

3）应变速率控制的试验速率 $\dot{e}_{L_e}$（1/s）：单位时间应变的增加。

横梁位移控制的试验速率 v_c 可以转换成试样平行长度估计的应变速率，表示为

$$\dot{e}_{L_C} = v_c/L_c$$

由于试验机存在一定的柔度，横梁位移控制时，实际的应变速率比设定的应变速率 $\dot{e}_{L_C}$ 要小。

因此，拉伸试验控制速率为控制应变速率和控制应力速率。

1. 应变速率控制的试验速率

应变速率控制可通过两种方式得到：

直接控制应变速率，由引伸计反馈得到的速率 $\dot{e}_{L_e}$，控制横梁位移速率 v_c，根据试样平行长度估计的应变速率 $\dot{e}_{L_C}$。

测 R_{eH}、R_p、R_t、R_r，速率用 $\dot{e}_{L_e}$（或 $\dot{e}_{L_C}$）= 0.00007/s（范围 1），$\dot{e}_{L_e}$（或 $\dot{e}_{L_C}$）= 0.00025/s（范围 2，推荐）。

测 R_{eL}、A_e，速率用 $\dot{e}_{L_C}$ = 0.00025/s（范围 2，推荐），$\dot{e}_{L_C}$ = 0.002/s（范围 3）。

测 R_m、A、A_g、A_{gt}、Z，屈服后应转换成位移控制，速率用 $\dot{e}_{L_C}$ = 0.00025/s（范围 2），$\dot{e}_{L_C}$ = 0.002/s（范围 3），$\dot{e}_{L_C}$ = 0.0067/s（范围 4，推荐）。

对于连续屈服的材料，可以直接控制应变速率，但在屈服阶段结束后必须取下引伸计，转为位移控制，以防在引伸计区域外颈缩，发生失控。对于连续屈服的材料，也可以控制横梁位移速率，特别是大批量生产。

对于不连续屈服的材料，在屈服阶段不能采用引伸计直接控制应变速率。不连续屈服不一定发生在引伸计标距内，且有随机发生晶格滑移现象。引伸计刀刃对晶格滑移很敏感，导致试验速率不稳定，甚至失控。因此，对于不连续屈服的材料，全部试验过程采用控制横梁位移速率。

未知材料应采用横梁位移控制的试验速率。

2. 应力速率控制的试验速率

对于无反馈控制功能的试验机，应控制应力速率。在弹性范围直至上屈服强度，试验机夹头的分离速度应尽可能保持恒定并在表 2-10 规定的应力速率范围内。

表 2-10　试验规定的应力速率

材料弹性模量 E/GPa	应力速率/MPa·s^{-1}	
	最小	最大
<150	2	20
≥150	6	60

注：1MPa = 1N/mm^2，1GPa = 1000MPa。

上述应力速率通常指弹性阶段单位时间应力增加量，在实际操作中，为了保证弹性阶段后应变速率满足要求，必须在弹性阶段快结束时，减小应力增加速率，防止发生屈服阶段的应变速率过快甚至失控。

测 R_{eH}、R_{eL}、R_p、R_t、R_r 时，应保证试样上的应变速率处于 0.00025/s～0.0025/s。

测 R_p、R_t、R_r 时，应保证试样上的应变速率不超过 0.0025/s。

测 R_m、A、A_g、A_{gt}、Z 时，应保证试样上的应变速率不超过 0.008/s。

测定不同的强度指标按照上述要求选用不同的速率即可。例如：在控制位移速率条件下，对于 d = 10mm 的钢棒试样，当 L_c = 60mm 时，根据位移速率、应力速率和应变速率之间的关系，有

位移速率 = 应变速率 × 试样平行部分长度

在上述计算公式中，如果应力或应变的速率是以秒为计量单位，那么将上述结果再乘以60，即可求出每分钟的平台位移。为此，在上述条件下可求得位移速率的上限如下：

第一阶段（试验开始到上屈服）为 1.08mm/min。

第二阶段（屈服阶段）为 9mm/min。

第三阶段（屈服结束到试样被拉断）为 28.8mm/min。

二、强度指标测定

（一）上、下屈服强度

对于有明显屈服现象的材料，应测定其上、下屈服强度。测定方法有图解法和指针法。

1. 图解法

用记录装置绘制力-伸长曲线图，曲线至少要记录到屈服阶段结束，如图2-8所示。曲线上屈服阶段中，力值首次下降前的最大力 F_{eH} 定为上屈服力；不计初始瞬时效应时的最小力 F_{eL} 定为下屈服力，屈服平台不变的力 F_{eL} 也定为下屈服力。用测得的上、下屈服力 F_{eH}、F_{eL} 除以试样的原始横截面积 S_0 就可以得到上、下屈服强度。计算见式（2-23）：

$$R_{eH} = F_{eH}/S_0 \qquad (2\text{-}23a)$$

$$R_{eL} = F_{eL}/S_0 \qquad (2\text{-}23b)$$

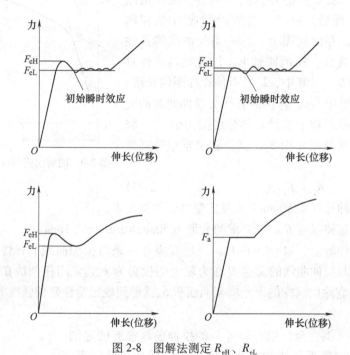

图2-8　图解法测定 R_{eH}、R_{eL}

试验时，对于有数据采集、储存系统的试验设备可以不绘制拉伸曲线图，但设备软件对于上、下屈服特征点的采集、储存和计算必须准确可靠。

2. 指针法

试验过程中，读取力值刻度盘上指针首次回转前的最大力 F_{eH}、不计初始瞬时效应时的最小力 F_{eL} 或试验机指针首次停转的恒定力 F_{eL}，将其分别除以试样原始横截面面积 S_0 即可以得到上、下屈服强度。

上、下屈服强度判定可采用以下基本原则：

1）屈服前的第一个峰值应力（第一个极大值应力）判为上屈服强度，不管其后的峰值应力比它大或比它小。

2）屈服阶段中若呈现两个或两个以上的谷值应力，舍去第一个谷值应力（第一个极小值应力）不计，取其余谷值应力中最小者判为下屈服强度。若只呈现一个谷值应力则判为下屈服强度。

3）屈服阶段中呈现屈服平台，平台应力判为下屈服强度；若呈现多个而且后者高于前者的屈服平台，判第一个平台应力为下屈服强度。

4）正确的判定结果应是下屈服强度一定低于上屈服强度。

仲裁试验时，应采用图解法测定上、下屈服强度。

（二）规定塑性延伸强度

对于不同的材料，规定塑性延伸强度有不同的测定方法。测定方法均与力-延伸曲线有关，具体的方法有图解法、滞后环法和逐步逼近法。

1. 图解法

由载荷传感器、变形传感器检测到的力、延伸量经过测量放大电路处理后，由记录装置绘制成力-延伸曲线，如图 2-9 所示。在曲线图上，作一条与曲线的弹性直线段部分平行的直线，在延伸轴上，该直线与弹性直线段的距离为 $OC=L_e\varepsilon_p$（其中，L_e 为引伸计标距的长度；ε_p 为要测定的塑性延伸率），作出的直线与拉伸曲线的交点所定出的力即为所求规定塑性延伸强度的力值 F_p，将它除以试样的原始横截面面积 S_0，就得到规定塑性延伸强度。

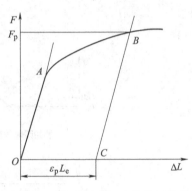

图 2-9　图解法测定规定塑性延伸力

$$R_p = F_p/S_0 \tag{2-24}$$

例如：给定引伸计标距 50mm，求规定塑性延伸强度 $R_{p0.2}$。

解：规定塑性延伸强度 $R_{p0.2}$ 所要求的变形为 50mm×0.2% = 0.1mm。

在放大后的延伸轴上，取 $OC=0.1$mm，过 C 点作一条与拉伸曲线的弹性直线段部分平行的直线。该直线与拉伸曲线的交点 B 在力轴上的投影为 $F_{p0.2}$，用比例法在力坐标轴上求出 $F_{p0.2}$ 的数值，将它除以试样的原始横截面面积 S_0 就得到规定塑性延伸强度 $R_{p0.2}$。

2. 滞后环法

有些金属材料（铜合金、铝合金等）的拉伸曲线没有明显的弹性直线段，无法用作平行线的方法来测定规定塑性延伸强度。在这种情况下，可采用滞后环法。其核心是用滞后环顶点的连线来替代拉伸图中的弹性直线段，如图 2-10 所示。具体方法是：对试样连续施力，超过预期的规定塑性延伸强度相应的力值后，将其卸载至上述所施力的 10% 左右，接着再加力并超过前次达到的力值。正常情况下，这一过程将给出一个滞后环曲线。通过环的两端点作一条直线作为基准线。从拉伸曲线的原点起在延伸轴上取 $OC=L_e\varepsilon_p$（其中，L_e 为引伸计标距的长度；ε_p 为要测定的塑性延伸率），过 C 点作一条直线与基准线平行，该直线与拉伸曲线的交点在力轴上的投影即为规定塑性延伸强度所对应的力值 F_p。

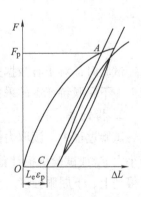

图 2-10　滞后环法测定规定塑性延伸力

3. 逐步逼近法

该方法也适用于无明显弹性直线段金属材料的规定塑性延伸强度的测定。对于拉伸图上弹性直线段高度大于 $0.5F_m$ 的金属材料，也可以采用该方法。该方法的实施步骤（以 F_p 为例）：作拉伸试验曲线图，如图 2-11 所示，并且力值要超过预期估计的 F_p 值，从曲线上任取一点 A_0 作为 F_p^0，用 $0.1F_p^0$ 和 $0.5F_p^0$ 与拉伸曲线的交点 B_1 和 D_1 作直线，以该直线为基准线，从真实原点 O 起，截取 $OC=L_e\varepsilon_p$ 段，过 C 点作基准线的平行线 CA_1 交于 A_1。当 ε_p 为 0 时，A_1 与 A_0 重合，则所取的 A_0 即为 F_p；当 ε_p 不为 0 时，A_1 与 A_0 不重合，则以 A_1 为新的 F_p，再次实施以上的步骤，直至最后一次得到的交点与前一次重合。最后一次所用的基准线也可以作为测定其他规定塑性延伸强度的基准。

日常试验中，采用力-夹头位移曲线测定等于或大于 0.2% 的规定塑性延伸强度时，必须注意，引伸计标距的长度应用该试样工作段来代替（不是测量伸长率用的标距）。否则，得不到正确结果。

测定规定塑性延伸强度时，应特别注意，不论在达到规定塑性延伸强度之前是否有大于它的力值出现，均以规定塑性延伸对应的力作为所求规定塑性延伸强度的力值，如图 2-12 所示。

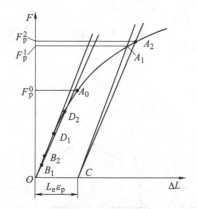

图 2-11　逐步逼近法测定规定塑性延伸力

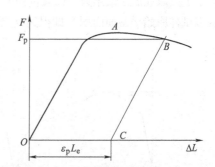

图 2-12　规定塑性延伸对应的力值

（三）规定总延伸强度

试验时，在力-延伸曲线上，作一条平行于力轴，并且与力轴的距离等于规定总延伸率的平行线（竖直线），该直线与拉伸曲线的交点即可给出所测定规定总延伸强度的力值 F_t，如图 2-13 所示。将该力除以试样原始横截面面积 S_0 即可得到所测定的规定总延伸强度。

$$R_t = F_t/S_0 \qquad (2-25)$$

例如：给定引伸计标距 25mm，求规定总延伸强度 $R_{t0.5}$。

解：规定总延伸强度 $R_{t0.5}$ 所要求的变形为 25mm×0.5% = 0.125mm。

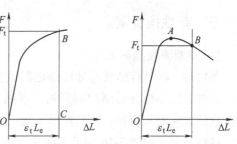

图 2-13　规定总延伸强度

在力-延伸曲线上的延伸坐标轴上，取 $OC = 0.125\mathrm{mm}$，过 C 点作一条与力坐标轴平行的直线，该直线与拉伸曲线的交点 B 在力轴上的投影即为 $F_{t0.5}$，用比例法在力坐标轴上求出 $F_{t0.5}$ 的数值，将它除以试样的原始横截面面积 S_0，就得到规定的总延伸强度 $R_{t0.5}$。

用拉伸自动测量系统测定规定总延伸强度时，可以不作力-延伸图曲线。

（四）规定残余延伸强度

规定残余延伸强度分为验证试验和测定试验。前者是施加规定的力值，卸力后测量残余延伸率是否超过规定的百分率；后者是测定规定残余延伸下的强度。

1. 验证试验

对试样施加相当于规定残余延伸强度的试验力（由要求验证方确定），保持 $10\mathrm{s} \sim 12\mathrm{s}$，卸掉试验力后，测定残余延伸，不超过规定量者判定为合格，如图 2-14 所示。

2. 测定试验

卸力法测定规定残余延伸强度（见 GB/T 228.1）

$$R_r = F_r/S_0 \qquad (2-26)$$

（五）抗拉强度

从拉伸图上找出试验过程中的最大力值 F_m（对于呈现明显屈服的材料，屈服阶段之前不计），如图 2-15 所示，或从测力盘上读取屈服阶段结束后试验过程中的最大力值 F_m，将其除以试样原始横截面面积 S_0 即得到抗拉强度 R_m。

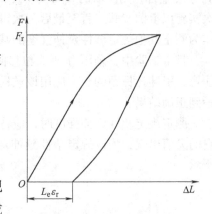

图 2-14　规定残余延伸强度

$$R_m = F_m/S_0 \qquad (2-27)$$

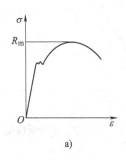 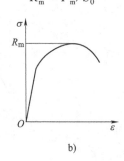 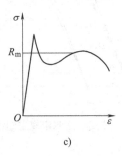

a)　　　　　　　　　b)　　　　　　　　　c)

图 2-15　抗拉强度的力值确定

三、塑性指标测定

（一）断面收缩率 Z

测定时，将试样断裂部分仔细地配接在一起，使其轴线处于同一直线上，如图 2-16 所示，断裂后最小横截面面积的测量应准确到 $\pm 2\%$。对于圆形横截面试样，在颈缩最小处相互垂直的方向测量直径，以其算术平均值为直径计算断后最小横截面面积 S_u。对于矩形横截面试样，可参照图 2-16 测量颈缩处的最大宽度 b_u 和最小厚度 a_u，两者之乘积为断后最小横截面面积 S_u，或者按照相关标准或技术文件执行。原始横截面面积 S_0 与断后最小横截面面积 S_u 之差除以原始横截面面积的百分率即为断面收缩率 Z。

$$Z = \left[(S_0 - S_u)/S_0 \right] \times 100\% \qquad (2\text{-}28)$$

对于薄板和薄带试样、管材全截面试样、圆管纵向弧形试样和其他复杂横截面试样以及直径小于 3mm 的试样，一般不测定断面收缩率。

（二）断后伸长率 A

将拉断的试样紧密地对接在一起，尽量使试样轴线位于一直线上，并采取适当措施（如通过螺钉施加压力），使试样断裂部分紧密接触。测量采用分辨力优于 0.1mm 的量具。断后标距和断后伸长率可选用以下方法之一测量和计算。

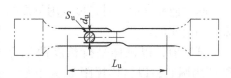

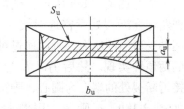

图 2-16　圆形及矩形横截面试样断后最小横截面面积的测定

1. 直接法

将拉断试样紧密地对接在一起，直接测量标距两端点之间的距离 L_u。将测量得到的数值 L_u 减去试样原始标距 L_0 后，再除以试样原始标距 L_0 即得到断后伸长率 A。

$$A = \left[(L_u - L_0)/L_0 \right] \times 100\% \qquad (2\text{-}29)$$

测定的断后伸长率大于或等于规定值，不管试样断裂位置在何处，测量均为有效。但当断裂位置在标距上、标距外或到标距端点的距离均小于 $L_0/3$ 时，应在报告中注明。

2. 移位法

当试样拉断处到标距端点的距离均小于 $L_0/3$ 时，为了避免由于试样断裂位置造成断后伸长率不合格而导致试样报废，可以使用移位法。

1）试验前将原始标距（L_0）细分为 N 等分。

2）试验后，以符号 X 表示断裂后试样短段的标距标记，以符号 Y 表示断裂后试样长段的等分标记，该标记与断裂处的距离最接近于断裂处至标距标记 X 的距离。

若 X 与 Y 之间的分格数为 n，按如下方式测定断后伸长率：

1）若 $N-n$ 为偶数，如图 2-17a 所示，测量 X 与 Y 之间的距离，并测量从 Y 至距离 $(N-n)/2$ 个分格的 Z 标记之间的距离。按照式（2-30）计算断后伸长率：

$$A = \frac{XY + 2YZ - L_0}{L_0} \times 100\%$$

$$(2\text{-}30)$$

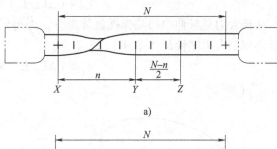

a)

2）若 $N-n$ 为奇数，如图 2-17b 所示，测量 X 与 Y 之间的距离，并测量从 Y 至距离分别为 $(N-n-1)/2$ 和 $(N-n+1)/2$ 个分格的 Z' 和 Z'' 标记之间的距离。按照式（2-31）计算断后伸长率：

$$A = \frac{XY + YZ' + YZ'' - L_0}{L_0} \times 100\%$$

$$(2\text{-}31)$$

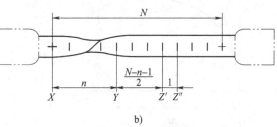

b)

图 2-17　移位法测定断样标距

断后伸长率<5%时，可以用下面的方法来测定 A 值。

试验前，以试样平行长度两端点 O 和 O' 为圆心，以试样标距 L_0 为半径，分别画两个弧，如图 2-18a 所示。试样拉断后，把断样在断裂处紧密地对接在一起，使其两端受适当的压力，可以通过可调节距离的两顶针实现。然后仍以 L_0 为半径，以较接近断裂处的端点为圆心，画第二个弧，如图 2-18b、c 所示。用测量工具（工具显微镜）测出与之前所画弧之间的距离，精确到 $\pm 0.02mm$。该距离即为试样断后的伸长 ΔL，将其除以试样原始标距 L_0 即得到断后伸长率 A。

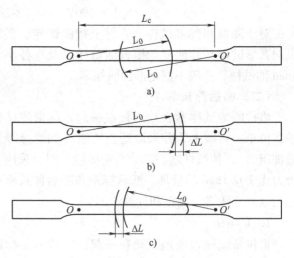

图 2-18 低伸长率的断后伸长率测定

$$A = \Delta L / L_0 \times 100\% \qquad (2-32)$$

（三）断裂总伸长率 A_t

拉伸试验中，在有些特定条件下，可以用引伸计来测定断裂时的延伸（引伸计一直跟踪到试样拉断），此时，引伸计标距 L_e 应与试样的原始标距 L_0 一致。测得的断裂总延伸除以试样的引伸计标距即得到断裂总伸长率，如图 2-19 所示。

$$A_t = (\Delta L_f / L_e) \times 100\% \qquad (2-33)$$

当以引伸计记录断裂时的总延伸作为伸长量测定断后伸长率时，应从总延伸中扣除弹性延伸部分。由于断后试样不易紧密配合，实际测出的断后伸长率大于引伸计记录的断后伸长率。

（四）最大力总延伸率和最大力塑性延伸率

在力-延伸曲线图上测定最大力时的总延伸，如图 2-20 所示，将总延伸除以引伸计标距即得到最大力总延伸率 A_{gt}。

$$A_{gt} = (\Delta L_m / L_e) \times 100\% \qquad (2-34)$$

从最大力总延伸中扣除弹性延伸部分，即得到最大力时的塑性延伸，将其除以引伸计标距就得到最大力塑性延伸率 A_g。

$$A_g = (\Delta L_g / L_e) \times 100\% \qquad (2-35)$$

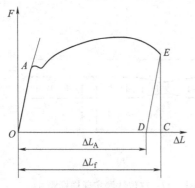

图 2-19 图解法测定 A、A_t

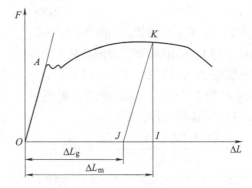

图 2-20 图解法测定 A_g、A_{gt}

试验中，对于最大力为平台的力-延伸曲线，取平台中点为对应的最大力总延伸率计算点，如图 2-21 所示。

测量较长产品的最大力总延伸率时，还可以测量已拉断试样的不包括颈缩断裂部分的塑性延伸（即认为最大载荷后的伸长只与颈缩部分有关），并根据该伸长计算最大力总延伸率。具体做法：试验前，根据产品要求确定 L_0^*，在试样平行长度上标出等分格标记，连续两个等分格标记之间的距离等于 L_0^* 的约数，L_0^* 的标记应准确到 ±0.5mm 以内。断裂后，在试样的最长部分上测量断后标距 L_u'，准确到 ±0.5mm。L_u' 的测量结果应满足以下条件：

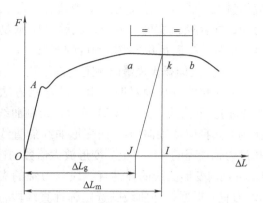

图 2-21　图解法测定最大力为平台时的 A_g 和 A_{gt}

1）测量区域应处于距离断裂处至少 $5d$ 并距离夹头至少 $2.5d$（排除颈缩部分）。

2）测量用的原始标距至少等于产品规定的要求值。

最大力塑性延伸率

$$A_g = \left[(L_u' - L_0^*)/L_0^* \right] \times 100\% \qquad (2-36)$$

最大力总延伸率

$$A_{gt} = (A_g + R_m/E) \times 100\% \qquad (2-37)$$

式中，E 值由相关产品标准给定。

（五）屈服点延伸率 A_e

在力-延伸曲线图上测定屈服点延伸率时，试验记录的曲线应超过均匀强化阶段。在曲线图上，如图 2-22 所示，经过屈服阶段结束点画一条平行于拉伸曲线弹性直线段的平行线，该平行线在延伸轴上的截距即为屈服点延伸，将其除以引伸计标距就可以得到屈服点延伸率 A_e。

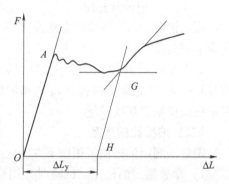

图 2-22　图解法测定屈服点延伸率

$$A_e = (\Delta L_y/L_e) \times 100\% \qquad (2-38)$$

第五节　弹性模量、泊松比、应变硬化指数和塑性应变比的测定

一、弹性模量和泊松比的测定

在拉伸试验过程的弹性阶段，可以测定材料的两项弹性指标，即弹性模量和泊松比（一般金属材料泊松比为 $0.25 \sim 0.35$）。所采用的试验标准为 GB/T 22315—2008《金属材料弹性模量和泊松比试验方法》。对于拉伸试验记录曲线有弹性直线段的材料，测定拉伸杨氏模量；对于没有弹性直线段的材料，可以测定其条件模量（弦线模量和切线模量）。测定弹性模量和泊松比时，一般可选用圆形或矩形截面试样，试样夹持端与平行段的过渡部分半径

应尽量大，试样平行长度应至少超过标距长度加上两倍的试样直径或宽度。另外，试验机应满足 1 级准确度，引伸计应满足 0.5 级准确度的要求。

（一）拉伸杨氏模量的测定（图解法）

测定拉伸杨氏模量时，用自动记录方法绘制轴向力-轴向变形曲线，如图 2-23 所示。绘制曲线时，力轴比例的选择应使轴向力-轴向变形曲线的直线段的高度超过力轴量程的 3/5 以上。变形放大倍数的选择应使轴向力-轴向变形曲线的弹性直线段与力轴的夹角不小于 40°为宜。根据拉伸曲线图选定弹性直线段，在直线段上取相距尽量远的 A、B 两点之间的轴向力增量和相对应的变形增量。然后，按照式（2-39）计算拉伸杨氏模量：

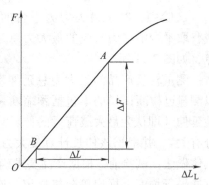

图 2-23　图解法测定拉伸杨氏模量

$$E_t = (\Delta F / S_0) / (\Delta L / L_e) \qquad (2\text{-}39)$$

式中　ΔF——A、B 间的力值增量；

　　　S_0——试样的原始横截面积；

　　　ΔL——A、B 间的引伸计变形增量；

　　　L_e——引伸计标距。

可以借助于直尺将弹性直线段延长，在相距较远的两点之间读取轴向力增量和相应的轴向变形增量。

对于非线性弹性状态的金属材料，应按照 GB/T 22315—2008《金属材料弹性模量和泊松比试验方法》测定弦线模量和切线模量。

（二）泊松比的测定

图解法测定泊松比可用以下方法之一进行。

1）单独测定泊松比。试验时，用双引伸计绘制横向变形-轴向变形曲线，如图 2-24 所示。

2）泊松比与拉伸杨氏模量同时进行测定。试验时，用双引伸计自动绘制两条曲线，一条是横向变形-轴向变形曲线，另一条是轴向力-轴向变形曲线。

3）泊松比与拉伸杨氏模量同时进行测定。试验时，用双引伸计绘制两条曲线，一条是轴向力-横向变形曲线，另一条是轴向力-轴向变形曲线。

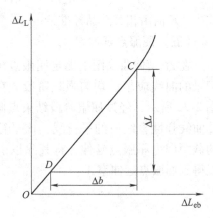

图 2-24　图解法测定泊松比

在记录的曲线上的弹性直线段内，取尽可能相距较远的两点，分别读取横向变形增量（缩短）与对应的轴向变形增量（伸长）数据对，然后按式（2-40）计算泊松比：

$$\mu = \frac{\Delta b / L_{eb}}{\Delta L / L_e} \qquad (2\text{-}40)$$

式中　Δb——横向变形增量；

　　　L_{eb}——横向引伸计标距；

　　　ΔL——轴向变形增量；

L_e——轴向引伸计标距。

测定 E 和 μ 时，拉伸应力速率应符合 GB/T 228.1 的规定，推荐取下限。在弹性范围内每个试样应至少测量 3 次，报告计算的平均值。

（三）数据修约

杨氏模量、弦线模量和切线模量一般保留 3 位有效数字，泊松比一般保留 2 位有效数字，修约的方法按 GB/T 8170 执行。

二、应变硬化指数和塑性应变比的测定

（一）应变硬化指数 n 的测定

拉伸试验时，塑性变形过程中最突出的特点之一是伴随着塑性变形量的增大，变形抗力也提高。这种现象称为形变强化，工程上称之为冷作硬化。形变强化标志着金属抵抗继续塑性变形的能力，是金属材料非常可贵的性质之一，对于薄板更是如此。假如金属材料仅有塑性变形而无形变强化，薄板材料要想得到截面均匀一致的冷变形产品是不可能的。因为金属塑性变形和形变强化二者兼有，相互配合，即哪里变形哪里就有强化，同时强化使变形推移到别处，最后得到截面均一的金属制品。应变硬化指数就是用于描述薄板材料形变强化的指标。

另外，对于一般的金属材料，$0<n<1$。理论分析时，$n=1$ 表示理想刚性状态（也称理想弹性）；$n=0$ 表示理想塑性状态。

1. 真应力与真应变

前面介绍的工程应力与工程应变的关系，没有考虑拉伸过程中试样横截面面积的变化。根据体积不变原理（$SL=S_0L_0$），试验时实际的真应力可导出为

$$\sigma_T = F/S = \frac{FL}{S_0L_0} = \frac{F}{S} \cdot \frac{L}{L_0} = \sigma(\Delta L + L_0)/L_0 = \sigma(1+\varepsilon) \tag{2-41}$$

同样，考虑拉伸时试样不断伸长，也可以得到实际的真应变为

$$\varepsilon_t = \int dl/l = \ln(L/L_0) = \ln(1+\varepsilon) \tag{2-42}$$

2. 测试原理

金属材料 n 值的测定是建立在材料塑性应变硬化阶段的真应力和真应变的关系上，服从式（2-43）：

$$\sigma_T = k\varepsilon_T{}^n \tag{2-43}$$

式中　σ_T——真应力；

　　　ε_T——真应变；

　　　k——强度系数；

　　　n——应变硬化指数。

将式（2-43）两端取对数得

$$\ln\sigma_T = \ln k + n\ln\varepsilon_T \tag{2-44}$$

设　　　$$\ln\sigma_T = y, \ln\varepsilon_T = x, \ln k = b \tag{2-45}$$

则有　　　$$y = b + nx \tag{2-46}$$

显然，它是一个以 n 为斜率，b 为截距的线性方程。在拉伸试验记录得到的力-伸长曲线上，适当选取 σ 和 ε 的数据对，先代入式（2-41）、式（2-42）、式（2-45）求出 x、y，再对 x、y 的值用最小二乘法进行直线拟合，即可以得到：

$$n = \frac{\left[N \sum xy - \sum x \sum y \right]}{\left[N \sum x^2 - \left(\sum x \right)^2 \right]} \tag{2-47}$$

式中　N——数据对个数。

3. 试样、设备及试验要求

用于测定拉伸力学性能的金属薄板和薄带（厚度为 0.1mm~3mm）试样均可以进行 n 值的测定试验。除非有特定的要求，薄板（带）试样的厚度应为材料原厚度，试样两宽面应保留原表面状态。应优先采用带肩试样。试样厚度的测量至少用 1 级千分尺，宽度测量的误差不应超过±0.2%。

试验机的准确度应优于 1 级；引伸计的准确度不低于 1 级；试验时的加载速率应满足拉伸试验的要求，并且不超过 $0.5L_e/\text{min}$。夹持试样时，应保证试样纵轴中心线和上、下夹具的中心线与试验机拉力轴线重合。上述所用检测器均要经过检定或校准。

4. 试验程序

进行拉伸试验时，用自动记录方法绘制力-伸长曲线，直到超过最大拉伸力值点。为了得到合理的读数精度，变形要有足够的放大倍数，力轴比例的选取应保证曲线的高度至少在力轴量程的 1/2 以上。在整个均匀塑性变形范围内测定 n 值时，测量应变的上限应略小于拉伸最大力所对应的应变，下限应略大于屈服应变（对没有明显屈服的材料）或屈服变形终点时的应变（对有明显屈服的材料）。读取应变数据 ε 时，应扣除其弹性部分，但是当弹性应变小于总应变的 10% 时，可以不扣除弹性应变。

手工测量时，在所选定的应变范围内，至少取以几何级数分布的 5 个应变数据点。对于自动测量，应变数据点不应少于 5 个，数据点不足 20 个时，应按几何级数分布；数据点多于 20 个时，可按等间距分布，如图 2-25 所示。将选定的数据点代入式（2-41）、式（2-42），算出真应力、真应变，再用回归式（2-45）、式（2-47）求出 n 值。计算得到的 n 值要修约精确至 0.005。

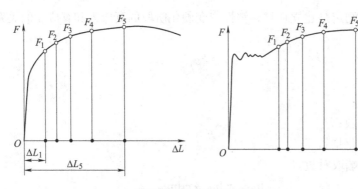

图 2-25　应变数据点的分布

说明：上述的处理是基于材料在整个均匀变形阶段的应变硬化规律 $\ln\sigma_T - \ln\varepsilon_T$ 可以拟合成一条直线。但多数材料在该阶段并非只成一条直线，只是分段符合直线关系，在这种情况

下可能有几个 n 值，故在实际应用时，要了解所需要的 n 值处于哪个变形范围。因此，在不了解材料的应变硬化规律时，最好进行实际验证试验。

（二）塑性应变比 r 值的测定

塑性应变比 r 是衡量薄板材料冲压成形的工艺性参数。在冲压成形过程中，要求板材在厚度方向的抗拉能力强，这样不会在冲压成形时板材由于减薄而破裂。也就是说，希望板材有强度的各向异性，板面上的强度要低于板厚方向的强度。这种各向异性指标可以在拉伸试验中获得，即在拉伸试验中同时测量试样在宽度方向和厚度方向的真实应变，并用其比值来表示。

1. 测试原理

塑性应变比表示金属薄板在拉伸力作用下抵抗变薄的能力，其定义为在单轴拉伸应力作用下，金属薄板宽度方向的真实塑性应变 e_b 与厚度方向的真实塑性应变 e_a 之比，即

$$r = e_b / e_a \tag{2-48}$$

在实际测量中，由于厚度的变化量很小，不易精确测量，因此通过假定体积不变，将试样长度方向的变形换算成厚度方向的变形，从而求得 r 值。

根据名义应变 ε 与真应变 ε_T 之间的关系，宽度方向的真应变 e_b 可以表示为

$$e_b = \ln(b/b_0) \tag{2-49}$$

式中　b_0——原始宽度；

　　　b——试验变形后的宽度。

厚度方向的真应变 e_a 可以表示为

$$e_a = \ln(a/a_0) \tag{2-50}$$

式中　a_0——原始厚度；

　　　a——试验变形后的厚度。

根据体积不变假设，有

$$b_0 a_0 L_0 = baL \tag{2-51}$$

可以得到

$$e_a = \ln \frac{b_0 L_0}{bL} \tag{2-52}$$

从而有

$$r = \frac{e_b}{e_a} = \frac{\ln \dfrac{b_0}{b}}{\ln \dfrac{bL}{b_0 L_0}} \tag{2-53}$$

由于金属薄板的塑性应变比具有各向异性，为了了解薄板平面的平均性能，可以用加权平均塑性应变比来表征其特性，即

$$\bar{r} = (r_0 + 2r_{45} + r_{90})/4 \tag{2-54}$$

式中　　r_0——轧制方向的塑性应变比；

　　r_{45}，r_{90}——与轧制方向成 45°和 90°角方向的塑性应变比。

此外，薄板平面的各向异性还可以用塑性应变比各向异性度 Δr 来表示，即

$$\Delta r = (r_0 + r_{90} - 2r_{45})/2 \tag{2-55}$$

测定 r 值时，将试样拉伸到均匀塑性变形阶段，当达到规定的工程应变水平时，测量试样标距中长度和宽度的变化，然后根据式（2-53）即可求出相应的 r 值。

2. 试样、设备及试验要求

测定 r 值的试样通常取金属薄板和薄带产品的全厚度，采用 12.5mm 或 20mm 宽度的带肩薄板试样（表 2-11）。试样长度方向的标距一般取 50mm 或 80mm，宽度方向的标距取试样本身宽度。在标距范围内，试样的最大宽度与最小宽度之差不超过测量平均值的 0.1%，取样方位一般为 0°、45°、90°，每个方位至少取 3 个试样。用细线刻画的标点应在试样的轴线上，并且对称于试样平行长度部分的中心。

表 2-11 两种非比例拉伸试样的尺寸 （单位：mm）

试样序号	原始宽度 b_0	原始标距 L_0	平行长度 L_c	夹持部分宽度 B	夹持部分长度 h	不带肩试样夹头间的自由长度	标距内最大宽度与最小宽度之差
1	12.5	50	75	20	≥50	≥87.5	0.01
2	20.0	80	120	30	≥50	≥140	0.02

试验机的准确度应优于 1 级，引伸计的准确度不低于 1 级，夹持试样时应保证试样纵轴线和上、下夹具的中心线与试验机的拉力轴线重合。试验时的加载速率应满足拉伸试验的要求，并且不超过 0.008/s。测量用的量具，测长度时误差不超过 ±0.01mm，测宽度时误差应不超过 ±0.005mm。上述所用量具均要经过检定或校准。

3. 试验程序

试验前在标距的两端点及中间三处测量试样的原始宽度，并取其算术平均值作为计算依据。

按拉伸试验的要求进行加载，并使试样拉伸至均匀塑性变形阶段内，但不超过拉伸最大力所对应的应变水平。具体的塑性应变水平按相关产品规定。手工测量时，卸除拉力后测量试样的宽度 b 和标距 L，并按式（2-53）计算 r 值。也可以采用自动测量法测取 r 值。

如果试样出现横向弯曲或纵向弯曲，则认为试验无效。如果塑性变形不均匀，则无法进行手工测定，此时可采用自动测量，取延伸率及对应的宽度变化的连续数据，用统计的方法计算出可再现的 r 值。具体方法见 GB/T 5027—2016《金属材料 薄板和薄带 塑性应变比（r 值）的测定》。

求得的 r 值应精确到 0.05。若有要求，应测定不同方向的 r 值，并按照式（2-54）、式（2-55）给出 $\bar{r}$、Δr 的值。

试验发现：r 值随变形量的增加而增加，一般低碳软钢的变形量在 8%~25% 时，r 值与变形量存在线性关系，但有逐渐升高的趋势。因此，在预先商定的变形条件下测定的 r 值才有可比性。另外，还要注意，r 值还因取样方向而异，测定的 r 值需要用下角标表示轧制方向。

第六节 高、低温拉伸试验

一、高温拉伸试验

材料在高温下的力学性能明显不同于室温，材料的强度将受到温度和时间两个因素影响。如果在高温下长时间受载荷作用，材料将发生蠕变现象，即在应力恒定的情况下，不断发生塑性变形，载荷作用的时间越长，形变抗力以及断裂抗力就越低。如果在高温下短时间受载荷可以不考虑时间的因素。一般所说的高温拉伸试验是指温度在 35℃～1100℃ 条件下的短时拉伸试验。

在高温下，有些力学性能指标会呈现出与室温不同的规律，例如：超过一定的温度，碳钢的屈服强度会变得不明显，从而难以测定；合金元素对强度的影响随着温度的不同而有所改变等。典型的低碳钢和不锈钢与温度相关的拉伸曲线如图 2-26 所示。

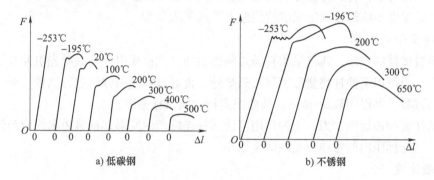

图 2-26　低碳钢和不锈钢与温度相关的拉伸曲线

（一）高温拉伸试验与室温拉伸试验的区别

高温拉伸试验与室温拉伸试验相比，有许多相同点，如术语和定义、试验原理、原始横截面面积的测量、原始标距的标记、引伸计系统、试验条件的表示、拉伸试验性能的测量和试验结果数值的修约等；也有一些不同点，如增加了加热、保温、控温及测温装置等。高温拉伸试验增加了一个温度参数，因此，相应地有了温度控制和温度测量的内容，同时，对试验过程和试样夹持装置也提出了特殊的要求，夹持装置应耐高温，不会在试验温度下发生塑性变形，其试验速率的规定也明显低于室温拉伸试验。

（二）试验方法

这里主要介绍高温拉伸试验与室温拉伸试验方法的不同部分。

1. 加热装置

（1）温度的允许偏差　加热装置应能使试样加热到规定温度 T。温度控制要求见表 2-8。加热装置均热区应不小于试样标距长度的两倍。

（2）温度测量装置　温度测量装置的最低分辨率为 1℃，允许误差应在 ±0.004T 或 ±2℃ 之内，取其大值。

（3）温度测量系统的检验　温度测量系统应在试验温度范围内检验或校准，建议对该系统进行整体校准，周期不超过 12 个月，在检验报告中要记录温度测量系统误差。

2. 试样

高温拉伸试样可选用室温拉伸试验方法规定的试样，也可选用 GB/T 228.2—2015 附录 A 规定的试样。试样一般为带螺纹头的圆棒试样或带有销孔的矩形试样。如果是测定规定塑性延伸强度或规定残余延伸强度验证试验，还可以用环形尖角圆柱状试样，以便卡装引伸计杆，将引伸计杆引出炉外测量试样的伸长量。

3. 温度的测量

当试样标距小于 50mm 时，应在试样平行长度内两端各固定一支热电偶；标距大于或等于 50mm 时，应在平行长度的两端及中间各固定一支热电偶。如果能保证试样温度的变化不超过温度偏差时，可以减少热电偶。热电偶测温端应与试样表面有良好的热接触，并应避免加热体对热电偶的直接热辐射。

4. 试样的加热

在施加试验力前，将试样加热至规定温度，试样至少保温 10min 后再施加载荷。加热过程中，试样的温度不应超过规定温度的偏差上限（见表 2-8）。

5. 试样变形的测量

为了测量试样的变形，建议采用直插式陶瓷引伸计、视频引伸计或激光引伸计等测定试样的延伸量。也可用引伸杆将变形引至加热炉外，再通过室温引伸计进行测量。对于能满足测试要求的试验，可以用载荷-横梁位移曲线进行性能指标测定。

应对试样无冲击地施加力，力的作用应使试样连续产生变形，试验力轴线应与试样轴线一致，以使试样标距内的弯曲或扭转减至最小。

6. 试验速度

高温拉伸试验的试验速度与室温拉伸试验相比较相差较大，其具体要求如下：从试验开始至达到屈服期间，应变速率应在 0.001/min ~ 0.005/min 保持恒定，屈服过后的应变速率应控制在 0.02/min ~ 0.2/min，仲裁试验时取中间值。在位移控制条件下，例如 $d = 10mm$ 的钢棒试样，当 $L_c = 60mm$ 时，根据本章第四节介绍的换算公式，位移速率的上限为

第一阶段（试验开始至达到屈服期间）：0.005×60mm/min = 0.3mm/min

第二阶段（屈服过后）：0.2×60mm/min = 12mm/min

二、低温拉伸试验

材料在低温下会发生屈服强度升高、塑性降低、材料变脆的现象，即冷脆。发生冷脆断裂时，裂纹发展极快，断裂前无任何预兆，经常产生灾难性的后果。所以，材料的低温脆性评定指标对于低温结构设计和选材是非常关键的。低温拉伸试验测得的性能指标是低温脆性的判据之一。

材料的屈服强度随温度下降升高较快，而断裂强度变化较小，材料发生屈服以后，发生很小的塑性变形就断裂。所以，低温脆性是材料屈服强度随温度下降而急剧增加的结果。

低温对体心立方金属、面心立方金属和密排六方金属的力学性能影响是不同的。

体心立方金属特别是钢铁材料在低温下会变脆，随着温度降至材料的韧脆转变温度以下，屈服强度急剧升高，塑性变形能力大大降低，断口呈现出脆性破坏的特征等。具有面心立方结构的奥氏体不锈钢，在非常低的温度下仍有很好的塑性，随着温度降低，屈服强度基本保持不变或升高不多，所以奥氏体不锈钢没有冷脆现象。

（一）低温拉伸试验与室温拉伸试验的区别

与高温拉伸试验类似，低温拉伸试验也是在室温拉伸试验的基础上增加低温环境条件的一种特殊试验。与室温拉伸试验相比，低温拉伸试验由于增加了一个温度要求，相应地有了降温、保温和测温等内容。低温拉伸试验也是通过拉伸曲线来测量各类强度和塑性指标的。

（二）试验方法

这里主要介绍低温拉伸试验与室温拉伸试验方法的不同部分。

1. 冷却装置

（1）温度的允许偏差 冷却装置应能使试样冷却到规定温度 T。规定温度 T 和测量温度 T_i 的允许偏差为 ±3℃。试样表面的温度梯度不超过 3℃。

（2）温度测量装置 冷却介质或试样的温度用热电偶或其他适当的装置测量。温度测量装置的最低分辨率为 1℃，在 10℃ ~ -40℃ 范围内其误差应不超过 ±2℃，在 -40℃ ~ -196℃ 范围内允许误差为 ±3℃。

（3）温度测量系统的检验 温度测量系统应在试验温度范围内检验或校准，建议对该系统进行整体校准，周期不超过 12 个月，在检验报告中要记录温度测量系统误差。

2. 试样

低温拉伸试样可选用室温拉伸试验方法规定的试样。也可选用 GB/T 228.3—2019 附录 A 规定的试样，即带螺纹头部的圆柱状、环形尖角圆柱状试样或带有销孔的矩形试样。

3. 温度的测量

冷却介质为气体，在试样平行长度部分的表面测量其温度时，热电偶测温端应与试样表面有良好的热接触。当试样标距小于 50mm 时，应在试样平行长度内两端各固定一支热电偶；标距等于或大于 50mm 时，应在平行长度的两端及中间各固定一支热电偶。

冷却介质为液体，试样浸泡在均匀的介质中时，可以直接在液体中测定温度。

若试验在液氮中进行，则不需要测量温度。

4. 试样的冷却

低温拉伸试验时，在拉力试验机上可配有放置冷却液的制冷装置以及温度控制测量系统。试验时，可用无水乙醇作为冷却介质，根据试验温度用干冰、液氮等调节温度，也可采用气体介质及环境箱冷却。

在施加试验力前，将试样冷却到规定温度 T，保温时间不少于 10min。应在引伸计输出稳定后施加试验力。

5. 试样变形的测量

为了测量试样的变形量，通常用引伸杆将变形引至冷却装置外，再通过其他辅助测量仪器进行测量。

第七节 试验结果的处理、数值修约及影响因素

一、试验结果的处理

试验结果的处理是判定试验结果的有效性。当试验出现下列情况之一时，试验结果无效，应重做同样数量的试验。

1）试样断在标距以外或机械刻画的标距标记上，并且造成测定的断后伸长率不合格。

2）试验期间设备或仪器发生故障，影响了试验结果。

另外，试验后试样出现两个或两个以上的颈缩，以及显示出肉眼可见的冶金缺陷（分层、气泡、夹渣、缩孔等）时，应在试验记录的报告中注明。

二、试验结果的数值修约及试验条件表示

试验测定的性能结果数值应按照相关产品标准的要求进行修约，如果未规定具体要求，应按照表 2-12 的要求进行修约。

表 2-12　性能结果数值的修约间隔

性　　能	修约间隔	性　　能	修约间隔
R_{eH}，R_{eL}，R_p，R_t，R_r，R_m	1MPa	A，A_t，A_{gt}，A_g	0.5%
A_e	0.1%	Z	1%

在报告试验结果的同时，在报告中应注明试验条件信息，试验条件有如下三种表示形式：

GB/T 228A224-应变速率控制，表示三个阶段试验速率范围分别为 2、2 和 4。

GB/T 228B30-应力速率控制，表示应力速率为 30MPa/s。

GB/T 228B-应力速率控制，表示应力速率符合表 2-10。

三、影响拉伸试验结果的主要因素

拉伸试验结果的影响因素主要分为两类：第一类为试验机、引伸计、尺寸测量设备的精度及数值修约等，在满足试验标准方法规定的要求下，这些影响因素所造成的误差积累可以用测量不确定度表示；第二类为试样形状、尺寸、表面粗糙度、试样夹持、试验速度等，目前，这些影响因素无法定量表示，只能靠满足测试标准要求将其限制在一定的范围内。

1. 试验机、引伸计和尺寸测量设备的影响

按照拉伸标准正常试验的情况下，试验机力值的测量误差取决于试验机的准确度等级。0.5 级试验机的示值最大允许误差是 0.5%，1 级试验机的示值最大允许误差是 1%，所以 0.5 级试验机比 1 级试验机的力值测量误差小。同时，引伸计和试样尺寸测量设备的精度等级也影响材料强度和塑性指标的测量不确定度。因此，为了降低试验机、引伸计和试样尺寸测量设备带来的测量不确定度，在条件允许的情况下，尽可能选用高精度的试验机、引伸计和尺寸测量设备。

2. 试样形状、尺寸及表面粗糙度的影响

对于不同截面形状的试样进行拉伸试验，结果表明：上屈服强度受试样形状的影响较大，而下屈服强度影响较小。试样肩部过渡形状的影响也是如此，随着肩部过渡的缓和，上屈服强度明显升高，而下屈服强度变化不大，如图 2-27 所示。另外，低碳钢板矩形横截面试样测得的断后伸长率 A 与断面收缩率 Z 比横截面面积相同的圆棒试样的值要小，而且它还受到宽厚比（b/a）的影响。试样的形状公差超出规定时，对材料的强度指标影响较大。

一般情况下，试样尺寸对试验结果的影响是随着试样横截面面积的减小，其抗拉强度和断面收缩率有所增加。对于脆性材料而言，这种尺寸效应更为明显。

表面粗糙度对塑性较好的材料影响不明显，但对塑性较差或脆性材料的影响显著增大，随着表面粗糙度值的增加，材料的强度和塑性指标都有所降低。

3. 试样装夹的影响

进行拉伸试验时，一般不容许试样受到偏心力的作用，因为它会使试样产生附加弯曲应

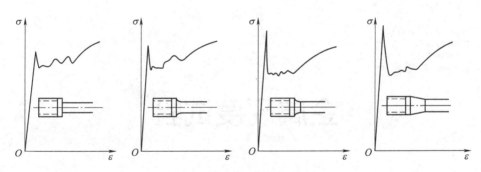

图 2-27　试样肩部过渡形状的影响

力，从而造成材料强度指标和塑性指标的降低。对于脆性材料，偏心力的影响更为显著。

　　试验机对中不好，夹头安装不正确，夹头与试样夹持部分不匹配，试样本身弯曲都会造成偏心力的作用，使拉伸曲线出现异常，影响试验结果。

　　4. 试验速度的影响

　　性能指标受试验速度的影响程度随材料的不同而有所差异。对于金属材料，试验速度超过标准规定值，一般会使屈服强度提高。通常，高温拉伸试验的试验速率对力学性能的影响比室温拉伸试验的影响更大。铝及其合金的强度指标受试验速度的影响较小。软钢、不锈钢的抗拉强度受试验速度的影响较大，试验速度增加，强度性能指标升高，塑性指标降低。

　　5. 试验机软件的影响

　　试验机软件对拉伸试验结果影响很大，为了减少软件的影响，在首次使用前应对试验软件进行验证。在日常检测中，弹性段上下限设置应根据材料的不同进行调整，当软件自动读取的试验数据出现异常时，应进行人工修正。

思　考　题

1. 拉伸试验可以得到材料哪些基本力学性能指标？
2. 工程应力-应变曲线与真应力-应变曲线有哪些不同？
3. 金属弹性变形的特点是什么？什么叫刚度？当刚度不足时，可采取哪些措施来改进？
4. 什么是包申格效应？消除包申格效应的方法是什么？
5. 应变硬化在生产中具有哪些实际意义？
6. 什么是比例试样和定标距试样？比例试样的标距如何确定？
7. 如何测量原始横截面面积及标记原始标距？
8. 拉伸曲线没有明显的弹性直线段，如何确定规定塑性延伸强度？
9. 断后伸长率 A 有几种测量方法，分别在什么情况下采用？
10. 拉伸试验条件的表示形式有哪些？

第三章

金属硬度试验

第一节　金属材料的硬度及试验分类和发展趋势

一、金属材料的硬度

（一）定义

金属材料的硬度（Hardness），是金属材料力学性能试验中最常用的一个性能指标，硬度检测是最迅速、最经济的一种力学性能检测方法。一般来说，金属的硬度是指材料抵抗局部变形，特别是塑性变形、压入或刻划的能力。从一定意义上讲，对于被测材料而言，硬度可以认为是代表在一定的压头和力的作用下所反映出的弹性、塑性、形变强化、强度、韧性以及抗摩擦性能等一系列不同物理量的综合性能指标。

（二）金属材料的硬度及其试验的特点

硬度所表示的不是一个确定的物理量，它所表示的量，不仅取决于被测材料的结晶状态、分子结构、原子间的键结合力、弹性模量、强度极限等，而且还取决于计量条件和计量方法。硬度检测能成为力学性能试验中最常用的一种方法，可以通过硬度试验反映出材料在不同化学成分、组织结构及热处理工艺条件下的性能差别。如淬火钢回火后的硬度取决于回火温度及保温时间，回火温度越高，保温时间越长，硬度越低，因此，可以利用硬度试验研究钢的相变和检验钢铁热处理效果。金属的硬度随冷加工变形程度的增大而提高，又随退火而使材料发生回复再结晶的程度增加而降低。

硬度试验设备较为简单，操作方便，检测效率高。经过硬度检测的工件一般不会被破坏，留在工件上的检测痕迹较小，在大多数情况下对工件的使用无影响，而且对重要的产品可以逐个进行检测。因此，硬度试验得到广泛应用。

二、金属材料硬度试验的分类

通过在工业生产、科学试验中的应用与考验，有些硬度试验方法逐渐被淘汰，有些则应用较少，有些方法因为使用方便、测试准确而得到了广泛应用。常用硬度试验一般有如下分类方法：

（一）按试验力作用方向分类

（1）负荷垂直于试件表面　压入式硬度试验。

（2）负荷平行于试件表面　划痕式硬度试验。

（二）按试验力施加速度分类

（1）静力试验法　施加试验力时是缓慢而无冲击的。硬度的测定主要取决于被测试样表面压痕的状况，即压痕的深度、压痕投影面积或压痕凹印面积的大小。这包括所有的静力压入法，如布氏、洛氏、维氏、努氏硬度试验方法等。

（2）动力试验法　施加试验力的特点是动态和具有冲击性，包括肖氏、里氏、锤击和弹簧加力试验法等。

（三）按试验力的大小分类

（1）宏观硬度试验法　试验力$\geqslant$49.03N（5kgf），如洛氏硬度。

（2）小负荷硬度试验法　试验力=1.961N~49.03N（0.2kgf~5kgf）。

（3）显微硬度试验法　试验力=0.0098N~1.96N（0.001kgf~0.2kgf）。

（4）超显微硬度试验法　试验力<0.0098N（0.001kgf）。

（5）纳米硬度试验法　试验力<50nN。

纳米硬度检测是当下较为先进的硬度检测技术，在此着重加以介绍。

随着现代材料表面工程（气相沉积、溅射、离子注入、高能束表面改性、热喷涂等）、微电子、集成微光机电系统、生物和医学材料的发展，试样本身活性表面改性层厚度越来越小，人们在设计时不仅要了解材料的塑性性质，更需要掌握材料的弹性性质。传统的硬度检测已无法满足需要，纳米硬度检测技术因此应运而生。

纳米硬度有压痕硬度和划痕硬度两种，压痕或划痕深度一般控制在微米甚至纳米尺度。纳米硬度检测技术是检测材料微小体积内力学性能的先进测试技术，是进行电子薄膜、各类涂层、材料表面及其改性的力学性能检测的理想手段。它不需要将表层从基体上剥离，可以直接给出材料表层力学性能的空间分布，如焊点及其附近材料的力学性能等。由于试样准备简单，即使材料可以用其他宏观方法检测，该方法仍然是一种可以选择的方法。

纳米硬度检测的应用领域：半导体技术的保护层、金属层等；数据存储的磁盘保护涂层、圆盘基底上的磁性涂层、CD上的保护涂层等；光学元件中的隐形眼镜、光学抗划涂层、接触棱镜；装饰涂层的蒸发金属涂层；抗磨损TiN、TiC、DLC涂层的刀具、模具、手机外壳等；药理学中药片和药丸、植入器官、生物组织；汽车的油漆和聚合物、清漆和修饰、玻璃窗、刹车片；一般工程技术应用的抗磨性橡胶、触摸屏、润滑剂和润滑油、滑动轴承、自润滑系统；微电子领域等。

（四）按试验温度分类

（1）常温硬度试验法　在室温下进行。

（2）低温硬度试验法　在0℃以下某一特定温度下进行。

（3）高温硬度试验法　在室温以上某一特定温度下进行。

（五）按试验原理分类

按试验原理，硬度试验可分为布氏、洛氏、维氏、肖氏、里氏、努氏、韦氏、巴氏和划痕、锉刀以及其他物理检测方法。

不同的硬度试验方法具有不同的适用范围。表3-1中归纳了不同硬度试验方法的适用范围。

三、金属材料硬度试验的发展趋势

目前的日常生产和实验室硬度试验中，最常用的有布氏、洛氏、维氏、里氏、肖氏和努氏硬度试验，对应的现行国家标准分别是GB/T 231.1—2018《金属材料 布氏硬度试验 第1

部分：试验方法》、GB/T 230.1—2018《金属材料 洛氏硬度试验 第 1 部分：试验方法》、GB/T 4340.1—2009《金属材料 维氏硬度试验 第 1 部分：试验方法》、GB/T 17394.1—2014《金属材料 里氏硬度试验 第 1 部分：试验方法》、GB/T 4341.1—2014《金属材料 肖氏硬度试验 第 1 部分：试验方法》、GB/T 18449.1—2009《金属材料 努氏硬度试验 第 1 部分：试验方法》等。

表 3-1　不同硬度试验方法的适用范围

硬度试验方法	适 用 范 围
布氏硬度试验	采用碳化钨硬质合金球压头。不仅适用于测量退火、正火、调质态钢的铸件和锻件，还适用于铸铁、有色金属及其合金，尤其适用于测量较软金属和晶粒粗大且组织不均匀的零件。对成品件不宜采用。小负荷布氏硬度试验的试验力可低至 9.807N（1kgf）
锤击式布氏硬度试验	适用于正火、退火或调质处理的大件及原材料的现场检测
洛氏硬度试验	适用于批量、成品件及半成品件的检验。对晶粒粗大且组织不均匀的零件不宜采用。A 标尺适用于淬火后硬度较高的较小件和较薄件，以及具有中等厚度硬化层零件的表面硬度。B 标尺适用于测量硬度较低的退火件、正火件、调质件。C 标尺适用于测量经淬火、回火等处理的高硬度零件，以及具有较厚硬化层零件的表面硬度
表面洛氏硬度试验	适用于测量薄件、小件及具有薄或中等厚度硬化层零件的表面硬度
维氏硬度试验	在钢铁件的硬度检测中，试验力一般不超过 294.2N（30kgf）。主要用于测量小件、薄件的硬度，以及具有薄或中等厚度硬化层零件的表面硬度。大负荷维氏硬度试验的试验力可高达 2.45kN（250kgf），适用于高硬度零件
小负荷维氏硬度试验	适用于测量小件、薄件的硬度，以及具有薄或中等厚度硬化层零件的表面硬度，也可测定表面硬化零件的表层硬度梯度或硬化层深度
显微维氏硬度试验	适用于测量微小件、极薄件或显微组织的硬度，以及具有极端或极硬硬化层零件的表面硬度
肖氏硬度试验	主要用于轧辊、机床面、重型构件等大件的现场硬度检验，可检测的硬度范围为 5HS~105HS
钢的锉刀硬度试验	适用于被检面硬度不低于 40HRC 的形状复杂的零件、大件等的现场硬度检验和批量零件的 100% 硬度检验
努氏硬度试验	实际检验中一般试验力不超过 9.807N（1kgf），主要用于测量微小件、极薄件或显微组织的硬度，以及具有极端或极硬硬化层零件的表面硬度
里氏硬度试验	适用于大件、组装件、形状较复杂零件等的现场硬度检测。便携式里氏硬度检测很便于现场检验
超声硬度试验	适用于大件、组装件、形状较复杂零件、薄件、渗氮件等的现场硬度检测
纳米硬度试验	有压痕硬度和划痕硬度两种工作模式，适用于纳米级的电子薄膜、各类涂层、材料表面等的硬度检测

　　随着近代工业生产和科学技术的发展，尤其是新型材料非常迅速的发展，硬度试验越来越成为检验零件性能、衡量产品质量不可缺少的重要手段，也将成为先进制造技术中的一个重要环节。这就促使高精度、高效率、智能化、自动化的先进新型硬度试验技术不断被开发出来。目前，硬度试验的发展有以下几种趋向：

1) 提高试验精度。硬度计作为计量测试仪器，其精度十分重要，因此，国内外都在探讨高精度的显示机构和稳定的加卸载机构，以期提高硬度计的精度和长期稳定性。

2) 智能化与自动化。现代硬度试验技术对智能化、自动化提出了很高的要求。试验过程的智能化、自动化不仅是工业生产发展的需要，也是减少人为误差、提高试验精度的重要途径，是提高产品质量、有效控制生产过程所必须采取的措施。

3) 在线试验技术。不断研制模拟使用条件的硬度计，以满足各种类型的机械零件、组合结构、在线检测等不同环境条件的硬度试验需求。硬度在线试验技术将越来越广泛地得以应用和发展。

4) 无损试验方法，如磁性硬度试验法、超声波硬度试验法、巴氏噪声硬度试验法、纳米硬度试验法等已进入不断完善和发展阶段。

第二节　布氏硬度试验

一、试验特点

布氏硬度试验采用的压头直径、试验力均较大，试验后压痕面积较大，其优点是测得的硬度值反映金属在较大范围内的平均性能，所得数据稳定，重复性强；其缺点是对不同的材料需要更换压头和改变试验力，压痕直径测量较复杂，同时，由于压痕较大，对工件有一定损伤。

二、试验原理

对一定直径 D 的碳化钨合金球施加试验力 F 压入试样表面，经规定的保持时间后，卸除试验力，试样表面将残留压痕（图3-1），测量试样表面压痕的直径 d。布氏硬度与试验力除以压痕表面积的商成正比。通过压痕的平均直径和压头直径计算压痕球形表面积，用试验力除以压痕球形表面积所得的商再乘以 0.102（约等于 1kgf/9.80665N）即为布氏硬度值（HBW），其计算公式见式（3-1）。压痕深度计算公式见式（3-2）。

$$\text{HBW} = 0.102 \frac{F}{S} = 0.102 \frac{F}{\pi Dh} = 0.102 \frac{2F}{\pi D(D\sqrt{D^2 - d^2})} \tag{3-1}$$

$$h = \frac{1}{2}(D - \sqrt{D^2 - d^2}) \tag{3-2}$$

式中　F——试验力（N）；

　　　S——压痕表面积（mm^2）；

　　　D——合金球直径（mm）；

　　　d——压痕直径（mm）；

　　　h——压痕深度（mm）。

例：某一布氏硬度试验的载荷为 3000kgf ≈ 29.420kN，压头直径为 10mm，测量出其压痕直径为 3mm，求其布氏硬度值及压痕深度。

解：　$\text{HBW} = \dfrac{2F}{\pi D(D - \sqrt{D^2 - d^2})} = \dfrac{2 \times 3000}{3.14 \times 10 \times (10 - \sqrt{10^2 - 3^2})} = 415$

或　　$HBW = 0.102 \dfrac{2F}{\pi D(D - \sqrt{D^2 - d^2})} = 0.102 \times \dfrac{2 \times 29.420}{3.14 \times 10 \times (10 - \sqrt{10^2 - 3^2})} = 415$

其压痕深度为

$$h = \frac{1}{2}(D - \sqrt{D^2 - d^2}) = \frac{1}{2} \times (10 - \sqrt{10^2 - 3^2})\,\text{mm} = 0.23\,\text{mm}$$

　　进行布氏硬度试验时，只有在试验力 F 和球体直径 D 恒定的条件下，所测硬度值才具有可比性。由于金属材料有硬有软，工件有大有小、有厚有薄，如果只采用一种标准的试验力和球体直径，就会出现诸如对硬材料适合，而对软材料发生球体陷入金属内的现象；对厚工件适合，对薄工件可能发生压透现象。因此，在布氏硬度试验时，要求根据试样材料和厚度，选用不同大小的试验力和球体直径。在这种情况下，为了使得在相同材料试样上所测结果相同，或在不同试样上测得结果具有可比性，就必须应用压痕相似原理。

　　图 3-2 所示为两个不同直径的球体（直径分别为 D_1 和 D_2），分别在不同的试验力 F_1 和 F_2 作用下压入金属表面的情况。由图可见，只有在压入角 φ（即通过压痕直径两端所引球体半径的夹角）保持不变的条件下，才能使所测定的硬度值相同。

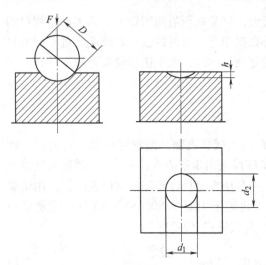

图 3-1　布氏硬度试验原理

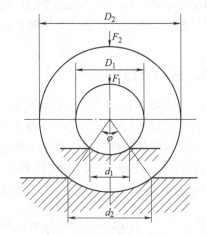

图 3-2　压痕相似原理

　　从图 3-2 可以看出，D 和 d 之间有如下关系：

$$\frac{1}{2}D\sin\frac{\varphi}{2} = \frac{d}{2}$$

即

$$d = D\sin\frac{\varphi}{2}$$

代入式（3-1）得

$$HBW = 0.102\frac{F}{D^2} \cdot \frac{2}{\pi\left(1 - \sqrt{1 - \sin^2\dfrac{\varphi}{2}}\right)} \tag{3-3}$$

　　由式（3-3）可见，要保证对同一材料测得的布氏硬度值相同，必须使压入角为常数，此外还应使 F/D^2 值为常数，即

$$\frac{F_1}{D_1^2} = \frac{F_2}{D_2^2} = \cdots = \frac{F}{D^2} = 常数 \tag{3-4}$$

式（3-4）为根据压痕相似原理而推导出的 F 与 D 的匹配原则。实际试验时，为获得准确的结果，除 F 与 D 应满足这一原则外，还应通过 F 与 D 的选择使压痕直径 d 限定在 $(0.24 \sim 0.60)D$。当压痕直径在上述范围内时，试验力的变化对布氏硬度值不会产生太大的影响，在 $d = 0.375D$ 条件下最理想。

三、试样的要求

1）试验表面应光滑和平坦，不应有氧化皮及外来污物。试样表面应能保证压痕直径的精确测量。当使用较小压头时，有可能需要磨平或抛光试样表面。

2）试样的最小厚度至少应为压痕深度的 8 倍，并应保证试验后试样背面不产生可见变形。在试验前可预先选定直径为 D 的压头，在一定的试验力 F 下压出一压痕，测出压痕的平均直径 d，代入式（3-2）中，计算出压痕深度 h，然后乘以 8，即为试样应有的最小厚度。若试样实际厚度大于该值，便符合要求，若厚度不够，则应选择较小的 D 与 F 进行试验。

试样的最小厚度也可从 GB/T 231.1—2018《金属材料　布氏硬度试验　第 1 部分：试验方法》附录 A 中查得。

3）试样的制取方法很多，无论采用何种方法，都应使试样因过热或冷加工等因素对试样硬度的影响减至最小。

四、试验设备

试验设备必须满足下列条件才能保证试验结果的准确性。

1）布氏硬度测量的各级试验力误差均应在 GB/T 231.1—2018 规定的试验力标称值的 $\pm 1\%$ 以内。碳化钨硬质合金球压头的硬度不低于 1500HV10。球体直径为 10mm 时，允差为 ± 0.005mm；球体直径为 5mm 时，允差为 ± 0.004mm；球体直径为 2.5mm 和 1mm 时，允差为 ± 0.003mm。

2）压痕测量装置的最小分度应能估测至 $0.5\%d$，允许误差不大于 $\pm 0.5\%$。

3）硬度计示值重复性和示值误差应符合表 3-2 的规定。

表 3-2　硬度计示值重复性和示值误差

标准块硬度（HBW）	硬度计示值重复性的最大允许值/mm	硬度计示值误差的最大允许值（%）
≤125	$0.030\bar{d}$	±3
125<HBW≤225	$0.025\bar{d}$	±2.5
>225	$0.020\bar{d}$	±2

4）硬度计及标准硬度块应定期检定或校准，周期间隔不应超过 12 个月。

五、试验操作要点

1）试验一般在 10℃ ~ 35℃ 的室温下进行。对温度要求严格的试验，应控制在 23℃ ±5℃ 之内。试验前应核查硬度计的状态。

2）在进行布氏硬度试验时，应根据被测试金属的种类和试样厚度，选用不同直径 D 的压头、施加载荷 F 和载荷保持时间 s。

试验力的选择应保证压痕直径在（0.24~0.60）D。否则，应在试验报告中注明压痕直径与压头直径的比值 d/D。

试验力-压头球直径平方的比率应根据材料和硬度值选择，见表3-3。当试样尺寸允许时，应优先选用直径大的压头进行试验。

表 3-3　不同材料的试验力-压头球直径平方的比率

材料	布氏硬度（HBW）	试验力-压头球直径平方的比率 $0.102F/D^2$
钢、镍合金、钛合金		30
铸铁①	<140	10
	≥140	30
铜及铜合金	<35	5
	35~200	10
	>200	30
轻金属及合金	<35	2.5
	35~80	5 10 15
	>80	10 15
铅、锡		1

① 对于铸铁的试验，压头球直径一般为 2.5mm、5mm 或 10mm。

3）试样应放置在刚性台上，试样背面与试验台之间应无污物。试样应稳固地放置于试验台面上，试验过程中不能发生位移。垂直于试验面平稳地施加试验力，直至达到规定试验力值，加载过程中不得有冲击、振动和过载。

试验力的加载时间为 2s~8s，通常为 7s。试验力保持时间主要根据所测试样的硬度来选定，对于钢铁可以接受的时间为 10s~15s，通常为 14s，对于要求试验力保持时间较长的材料，试验力保持时间允差为 ±2s。在整个试验期间，硬度计不应受到影响试验结果的冲击和振动。

试验力保持时间是指从试样承受全部试验力瞬间至开始卸除试验力所经历的时间，通常以秒计算。试验力保持时间的长短对布氏硬度值有一定影响，随着试验力保持时间的延长，硬度值逐渐降低，经过一段时间后，硬度值逐渐稳定。为了得到稳定的布氏硬度值，必须将试验力保持时间作为一个参数加以规定，并在硬度符号中注明。

4）压痕间距。任一压痕中心距试样边缘的距离至少为压痕平均直径的 2.5 倍，两相邻压痕中心间距至少为压痕平均直径的 3 倍。

5）压痕直径测量。压痕直径的光学测量可采用手动或自动测量。手动测量时，应在两个相互垂直的方向测量压痕直径，用两压痕直径的算术平均值计算布氏硬度。对于自动测量，允许按照其他经过验证的算法（如多次测量的平均值、测量压痕投影面积）计算压痕平均直径。

六、试验结果表示及处理

布氏硬度用符号 HBW 表示，符号前面为硬度值，符号后面按下列顺序用数值表示试验条件：压头直径/试验力/试验力保持时间（10s~15s 可不标注）。例如：600HBW1/30/20 表示用直径为 1mm 的硬质合金球压头，在 294.2N 试验力作用下，保持 20s 测得的布氏硬度值为 600。布氏硬度值应保留三位有效数字。

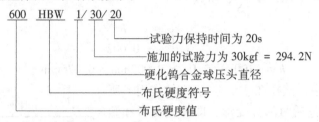

七、硬度计的日常检查方法

使用者应在当天使用硬度计之前，对其使用的硬度标尺和范围进行检查。检查方法是在标准硬度块上至少打一个压痕，如果测量的硬度值与标准值的差值满足允许误差要求，则硬度计被认为是合格的。否则，应检查压头、试验台和硬度计的状态是否良好后再重复试验，如果仍超差，则应对硬度计进行校准。

第三节 洛氏硬度试验

一、试验特点

金属洛氏硬度试验可以采用金刚石圆锥压头和两种不同直径的硬质合金球压头，可以测量从较软到较硬材料的硬度，有预试验力，检测力比较小。它的优点如下：适用范围很广；操作方便、迅速、工作效率高；所产生的压痕比布氏硬度压痕小，因而对工件表面没有明显损伤；试验面可以是平面、曲面，测试可直接在成品、半成品工件上进行，非常适合于批量检验。其缺点如下：压痕较小，结果代表性差；在组织不均匀的材料上检测，结果会很分散，不适于测定组织不均匀的金属；用不同标尺测得的结果彼此无内在联系，不能直接进行比较。

二、试验原理

试验使用测量压痕深度的原理计算硬度值。试验时，将特定尺寸、形状和材料的压头按照规定分两级试验力压入试样表面。施加初试验力 F_0 后，测量初始压痕深度。随后施加主试验力 F_1，经过规定的保荷时间，在卸除主试验力后保持初试验力时测量最终压痕深度，根据最终压痕深度和初始压痕深度的差值 h 及常数 N 和 S，通过式（3-5）计算出洛氏硬度值。

$$HR = N - \frac{h}{S} \qquad\qquad (3-5)$$

式中　N——给定标尺的全量程常数;

　　　h——卸除主试验力后,在初试验力下残余压痕深度(mm);

　　　S——给定标尺常数(mm)。

例:用洛氏 C 标尺对某一硬度试样进行检测,测得硬度值 HRC 为 62.0,计算其压痕深度。

解:因为洛氏硬度 $HR = N - \frac{h}{S}$,所以

$$62.0 = 100 - \frac{h}{0.002}$$

$$h = (100 - 62.0) \times 0.002\,mm = 0.076\,mm$$

洛氏硬度试验中,试样在主试验力 F_1 的作用下所产生的压入深度中包括两部分变形,即弹性变形和塑性变形。当去除 F_1 后,弹性变形得到回复,在保持初试验力 F_0 条件下试样上所产生的压入深度为残余压痕深度,残余压痕深度越大,表明洛氏硬度值越低。洛氏硬度试验原理如图 3-3 所示。

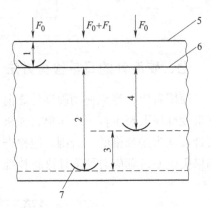

图 3-3　洛氏硬度试验原理图
1—在初试验力 F_0 作用下的压入深度
2—在主试验力 F_1 作用下的压痕深度
3—去除主试验力 F_1 后的弹性回复深度
4—残余压痕深度　5—试样表面
6—测量基准面　7—压头位置

N 是与压头有关的常数,金刚石压头的 N 规定为 100,碳化钨合金球压头或淬火钢球压头的 N 规定为 130。为了把压痕深度 h 计量成洛氏硬度值,按 $HR = N-h/S$ 计算,用金刚石压头时将 0.2mm 作为标尺,划分为 100 等份,每个洛氏硬度单位均为 0.2mm/100 = 0.002mm。为了做到硬度越高所指示的数值越大,规定残余压痕深度为 0.2mm 时洛氏硬度值为零,而残余压痕深度为零时洛氏硬度值为 100。这样对于用金刚石圆锥压头的试验,洛氏硬度 $HR = 100 - h/0.002$。同理,用球压头进行洛氏硬度试验,一般用于较软金属材料的硬度测试,由于压入深度较大,规定将 0.26mm 划分为 130 等份,每个洛氏硬度单位仍为 0.002mm,此时洛氏硬度 $HR = 130 - h/0.002$。

对于表面洛氏硬度试验,施加的试验力比洛氏硬度试验时要小,因此将 0.1mm 作为标尺划分为 100 等份,则表面洛氏硬度的单位为 0.001mm,这样,表面洛氏硬度 = 100 - $h/0.001$。

洛氏硬度与表面洛氏硬度的区别在于:洛氏硬度单位为 0.002mm,而表面洛氏硬度单位为 0.001mm。

洛氏硬度试验压头采用 120° 金刚石圆锥或一定直径(1.5875mm 或 3.175mm)的碳化钨合金球压头,钢球压头只适用于厚度不大于 0.6mm、最高硬度值为 82HR30TSm 或 93HR15TSm 的薄金属片。金刚石圆锥压头一般用于测定硬度较高的金属材料,压头压入深度通常不超过 0.2mm。

洛氏硬度标尺、压头、试验力及适用范围见表3-4。表面洛氏硬度标尺、压头、试验力及适用范围见表3-5。

表3-4　洛氏硬度标尺、压头、试验力及适用范围

洛氏硬度标尺	硬度符号单位	压头类型	初试验力 F_0/N	主试验力 F_1/N	总试验力 F/N	标尺常数 S	全量程常数 N	适用范围
A	HRA	金刚石圆锥	98.07	490.3	588.4	0.002mm	100	20HRA~95HRA
B	HRBW	直径1.5875mm球	98.07	882.6	980.7	0.002mm	130	10HRBW~100HRBW
C	HRC	金刚石圆锥	98.07	1373	1471	0.002mm	100	20HRC~70HRC
D	HRD	金刚石圆锥	98.07	882.6	980.7	0.002mm	100	40HRD~77HRD
E	HREW	直径3.175mm球	98.07	882.6	980.7	0.002mm	130	70HREW~100HREW
F	HRFW	直径1.5875mm球	98.07	490.3	588.4	0.002mm	130	60HRFW~100HRFW
G	HRGW	直径1.5875mm球	98.07	1373	1471	0.002mm	130	30HRGW~94HRGW
H	HRHW	直径3.175mm球	98.07	490.3	588.4	0.002mm	130	80HRHW~100HRHW
K	HRKW	直径3.175mm球	98.07	1373	1471	0.002mm	130	40HRKW~100HRKW

注：当金刚石圆锥压头的表面和顶端球面是经过抛光的，且抛光至沿金刚石圆锥轴向距离尖端至少0.4mm，试验适用范围可延伸至10HRC。

表3-5　表面洛氏硬度标尺、压头、试验力及适用范围

表面洛氏硬度标尺	硬度符号单位	压头类型	初试验力 F_0/N	主试验力 F_1/N	总试验力 F/N	标尺常数 S	全量程常数 N	适用范围
15N	HR15N	金刚石圆锥	29.42	117.7	147.1	0.001mm	100	70HR15N~94HR15N
30N	HR30N	金刚石圆锥	29.42	264.8	294.2	0.001mm	100	42HR30N~86HR30N
45N	HR45N	金刚石圆锥	29.42	411.9	441.3	0.001mm	100	20HR45N~77HR45N
15T	HR15TW	直径1.5875mm球	29.42	117.7	147.1	0.001mm	100	67HR15TW~93HR15TW
30T	HR30TW	直径1.5875mm球	29.42	264.8	294.2	0.001mm	100	29HR30TW~82HR30TW
45T	HR45TW	直径1.5875mm球	29.42	411.9	441.3	0.001mm	100	10HR45TW~72HR45TW

注：碳化钨合金球压头为标准型洛氏硬度压头，钢球压头仅适用于厚度不大于0.6mm、最高硬度值为82HR30TSm或93HR15TSm的薄金属片，S和m表示使用的钢球压头和金刚石试样支承台。产品标准应规定何种情况下采用HR30TSm或HR15TSm进行硬度试验。HR30TSm和HR15TSm的试验条件与HR30TW和HR15TW的相似，但允许在压痕背面出现变形痕迹。

三、试样的要求

1）除非材料标准或合同另有规定，试验表面应光滑和平坦，不应有氧化皮及外来污物，尤其不应有油脂。在做可能会与压头粘结的活性金属（如钛）的硬度试验时，可使用某种合适的油性介质（如煤油）。使用的介质应在报告中注明。

2）试样的制备应使受热或冷加工等因素对硬度的影响减至最小。尤其对于压痕深度浅的试样应特别注意。

3）试验后试样背面不应出现可见变形，否则试验结果无效，应选择较小试验力的标尺，减小试验力，更换相应的压头，重新试验。

对于用金刚石圆锥压头进行的试验，试样或试验层厚度应不小于残余压痕深度的 10 倍；对于采用球压头进行的试验，试样或试验层厚度应不小于残余压痕深度的 15 倍。GB/T 230.1—2018《金属材料 洛氏硬度试验 第 1 部分：试验方法》附录 B 中，给出了洛氏硬度与试样最小厚度关系图。现举例说明如何根据试样硬度来确定试样最小厚度。

例：某调质态合金材料的硬度约为 40HRC，试确定试样最小厚度。

解：由公式 $HRC = 100 - h/0.002$ 可得，残余压痕深度 $h = (100 - HRC) \times 0.002 = 60 \times 0.002mm = 0.12mm$，试样最小厚度为 h 的 10 倍，即 1.2mm。

4）试样的试验面一般应为平面。洛氏硬度压痕较小，因此可以在光洁的曲面试样上测定硬度。对于同一种材料，在曲面上所测的洛氏硬度值与平面上测得的硬度值不同。在凸面上测得的硬度值偏小，修正值应为正值，标准中列出了其修正值。反之，在凹面上测得的硬度值偏大，修正值应为负值，但标准中未给出在凹面上试验的修正值，因此在凹面上测量试样时，应与客户协商。在曲面上测定的硬度值经修正后，才可以与平面下测定的硬度值进行比较。

四、试验设备

洛氏及表面洛氏硬度试验原理相同，因而硬度计的结构也基本相同，一般由机架、试验力产生和变换机构、试验力加卸机构、试样支承机构和压痕深度测量装置、压头等组成。

1）试验力。试验力误差对洛氏硬度示值有很大的影响。试验力超出规定范围，会直接导致压痕深度增大或减小，从而影响试验结果的准确性。为此，GB/T 230.2—2012《金属材料 洛氏硬度试验 第 2 部分：硬度计（A、B、C、D、E、F、G、H、K、N、T 标尺）的检验与校准》对洛氏硬度计试验力允许误差规定为：初试验力 F_0（在主试验力 F_1 施加前和卸除后）的最大允差应为其标称值的 ±2.0%；主试验力 F_1 的最大允差应为其标称值的 ±1.0%；总试验力 F 的每一单个测量值均应在此允差之内。

2）洛氏硬度压头。金刚石圆锥压头（A、C、D 和 N 标尺）的技术要求为：圆锥顶角为 120°±0.35°；邻近结合处的金刚石圆锥母线直线度的偏差，在 0.4mm 的最小长度内不应超过 0.002mm；球面半径为 0.20mm±0.01mm；表面粗糙度 Ra 不大于 0.025μm；金刚石圆锥体轴线与压头柄轴线（垂直于座的安装面）的夹角不应超过 0.5°。球压头（B、E、F、G、H、K、T 标尺，钢球或硬质合金球），直径分别为 1.5875mm 和 3.175mm。在不少于 3 个位置上测量球直径允差见表 3-6。球应抛光且无表面缺陷，表面粗糙度 Ra 不大于 0.025μm；钢球表面硬度不低于 750HV10，碳化钨硬质合金球压头表面硬度不低于 1500HV10。

表 3-6　不同球直径的允差　　　　　　　　　　　　（单位：mm）

洛氏硬度标尺	球直径	允　差
B	1.5875	±0.0035
C	1.5875	±0.0035
G	1.5875	±0.0035
T	1.5875	±0.0035
E	3.175	±0.004
H	3.175	±0.004
K	3.175	±0.004

3）压痕深度测量装置。检验深度测量装置用的仪器应具有 0.0002mm 的不确定度。对于 A~K 标尺，压痕深度测量装置的示值应精确到 ±0.001mm；对于 N 和 T 标尺，均应精确到 ±0.0005mm，即均为 ±0.5 个标尺单位。

4）硬度计及标准硬度块应定期检定或校准，周期间隔不应超过 12 个月。

五、试验操作要点

1）试验一般在 10℃~35℃ 室温下进行，当环境温度不能满足该规定时，应对试验结果的影响进行评估，并在报告中注明试验温度。

2）选择合适的标尺。洛氏硬度各标尺的使用范围如下：

HRA 主要用于测定硬质材料的洛氏硬度，如硬质合金、很薄很硬的钢材以及表面硬化层较薄的试样。

HRB 常用于测定低合金钢、软合金、铜合金、铝合金及可锻铸铁等中、低硬度材料。

HRC 主要用于测定一般钢材、硬度较高的锻件、珠光体可锻铸铁以及淬火+回火的合金钢，是用途最为广泛的洛氏硬度标尺。

HRD 是介于 HRA 和 HRC 之间的一种标尺，主要用于测定较薄的钢材、中等表面硬化的钢以及珠光体可锻铸铁等材料。

HRE 用于测定铸铁、铝合金、镁合金以及轴承合金等材料。

HRF 主要用于测定硬度较低的有色金属，如退火后的铜合金。由于采用的总试验力较低，也可测定软质的薄合金板。

HRG 适用于 HRB 近于 100 的材料，检测结果灵敏度比 HRB 高。

HRH 主要用于测定硬度很低的有色金属、轻金属（如铝、锌、铅）等。因为这些金属很软，所以适用于大直径球压头在较小试验力下试验。

HRK 用于测定轴承合金及较软金属或薄材。

表面洛氏硬度用于测定极薄工件及渗氮层、金属镀层等的硬度。

3）试样应平稳地放在刚性支承物上，并使压头轴线与试样表面垂直。

4）无冲击、振动、摆动和过载地施加初试验力 F_0 和主试验力 F_1。试验力与试样的试验面应垂直。

初试验力加载时间不超过 2s，理想的保持时间为 3s，可以接受的保持时间范围是 1s~4s。

主试验力的加载时间为 1s~8s，但 HRN 和 HRTW 的主试验力加载时间不超过 4s；总试验力理想的保持时间为 5s，可以接受的保持时间范围是 2s~6s。

卸除主试验力 F_1，初试验力 F_0 再保持规定的时间后进行最终的读数，理想的保持时间为 4s，可以接受的保持时间范围是 1s~5s。对于在总试验力加载期间有压痕蠕变的试验材料，压头可能会持续压入，所以应特别注意。若材料要求的总试验力保持时间超过 6s，应在试验结果中注明实际的总试验力保持时间。

5）两相邻压痕中心距离至少为压痕直径的 3 倍，任一压痕中心与试样边缘距离至少应为压痕直径的 2.5 倍。

六、试验结果的表示

洛氏硬度表示方法为：最前面为洛氏硬度值，然后是洛氏硬度符号 HR，接着为标尺符号、压头类型等。如 70HR30TW 表示压头为直径 1.5875mm 的硬质合金球在载荷为 30kgf 的情况下测得的洛氏硬度值为 70。对洛氏硬度值一般应修约至一位小数。

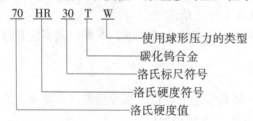

七、硬度计的日常检查方法

每天试验前，以及压头或支承台移动或重新安装后，应对硬度计进行检查。检查至少应压出两个初始压痕以保证试样、压头和支承台处于正常状态，这两个数据不作为试验数据。

在与试验材料硬度值相近的标准硬度块上至少测试两个硬度值，并计算测试结果的偏差和重复性。如果偏差和重复性在 GB/T 230.1—2018《金属材料 洛氏硬度试验 第 1 部分：试验方法》附录 C 中规定的范围内，则硬度计符合要求，否则应进行校准。

第四节　维氏硬度试验

一、试验特点

维氏硬度试验采用正四棱锥金刚石压头，其优点在于试验力从小到大可任意选择，根据试样大小、薄厚及试样的硬度可选择不同的试验力，所测硬度值从低到高标尺连续，测试硬度的范围较宽，不仅能用于测定各种表面处理后的渗层或镀层的硬度以及较小、较薄工件的硬度，还可用于测定合金中组成相的硬度。其缺点在于操作复杂、工效低，不适于大批量生产中的常规检查；因试验力较小，所以压痕较小，代表性差；材料中往往有偏析及组织不均匀等缺陷，因此所测硬度值重复性差、分散度大。

二、试验原理

维氏硬度试验的原理是将两相对面具有 136° 夹角的正四棱锥形金刚石压头在选定的试验力 F（单位为 N）作用下压入试样表面，经规定保持时间后，卸除试验力，测量压痕对角线长度 d（单位为 mm），用压痕对角线平均值计算压痕的表面积。维氏硬度值就是试验力 F 除以压痕表面积所得的商，用符号 HV 表示。其试验原理如图 3-4 所示。

维氏硬度试验的原理与布氏硬度试验的原理相同，也是根据压痕单位面积所承受的试验力来计算硬度值。所不同的是，维氏硬度试验采用的压头是两相对面间夹角为 136° 的金刚石正四棱锥体。

采用正四棱锥体后，当试验力改变时，压痕形状总保持相似。试验力可以任意选择，只要材质均匀，所测硬度值

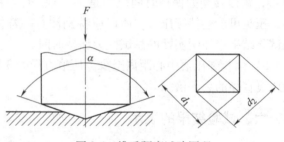

图 3-4　维氏硬度试验原理

就相同。压头两相对面角取 136°是为了使所测定的维氏硬度值与布氏硬度值在一定范围内基本相同。因为在布氏硬度试验时，要求压痕直径 d 一般为 $(0.24 \sim 0.6)D$，而当压痕直径为 $0.375D$ 时，压入角 $\varphi = 44°$，与球表面相切的金刚石四棱锥体相对面夹角正好是 136°，这就使维氏硬度值与布氏硬度值相等或接近。

维氏硬度值的计算公式如下：

$$维氏硬度(HV) = 常数 \times \frac{试验力}{压痕表面积} = 0.102 \frac{2F\sin\frac{136°}{2}}{d^2} \approx 0.1891 \frac{F}{d^2} \qquad (3-6)$$

式中　F——试验力（N）；

　　　d——压痕两对角线长度的算术平均值（mm）。

在此应特别说明的是，常数 0.102 为千克力（kgf）与牛顿（N）之间的换算关系常数，$0.102 \approx 1/9.80665$。

例：要求测某钽钨合金的硬度 HV1（即 HV9.8），测得其压痕对角线长度分别为 99.23μm 和 99.25μm，求此次检测的硬度值。

解：两压痕对角线的平均值为

$$d = \frac{99.23 + 99.25}{2 \times 1000}mm = 0.09924mm$$

$$HV1 = 0.1891 \times \frac{9.8}{0.09924^2} = 188$$

三、试样的要求

1）试验面应平坦、光滑，不应有氧化物及外部杂质，尤其不应有油脂，除非在产品中另有规定。试样的表面粗糙度应能保证压痕对角线的精确测量。

2）对不同的试验材料，应选择适当的加工方法，以使由于发热或冷加工等因素对试样硬度的影响减至最小。对于显微硬度试样，建议用适于材料特性的抛光/电解抛光工艺进行加工。对于小截面或外形不规则的试样，可将试样镶嵌或使用专用试台进行试验。

3）对于曲面（球面、圆柱面）试验的结果应进行修正。

4）根据维氏压头的几何形状，压痕深度 h 与压痕对角线长度 d 的关系为 $h = d/7$。因此，试样或试验层的最小厚度 H 为 $H = 10h = 10d/7 \approx 1.5d$，即试样或试验层的厚度至少应为压痕对角线长度的 1.5 倍。试验后，试样背面不应出现可见变形压痕。为了能方便地根据所测试材料的预期硬度和试验力的大小，预测试样或试验层应具有的最小厚度，在进行维氏硬度试验时，可查阅 GB/T 4340.1—2009 附录 A 中的试样最小厚度-试验力-硬度关系图（HV0.2 ~ HV100）和试样最小厚度图（HV0.01 ~ HV100），如图 3-5 和图 3-6 所示。

图 3-5 的用法是将表示 HV0.2 ~ HV100 的试验力的斜线与预期硬度值的水平线交点作一垂线，垂线在横坐标轴上所指的厚度，即为试样或试验层的最小厚度。

图 3-6 的使用方法较为简单，在左边的标尺中定出试样的预期硬度值，在右边的标尺中定出所选用的试验力，用直尺将这两点连起来，其连线与中间标尺的交点所指的数值即为试样或试验层的最小厚度。

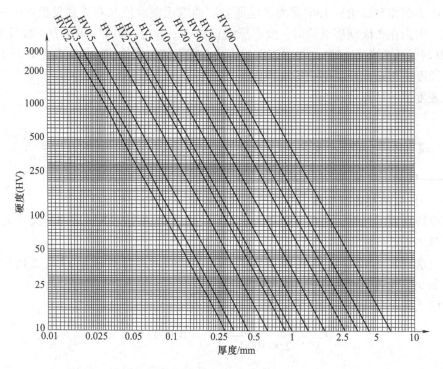

图 3-5　试样最小厚度-试验力-硬度关系图（HV0.2~HV100）

四、试验设备

　　根据试验力的大小，维氏硬度试验设备可分为维氏硬度计、小力值维氏硬度计和显微维氏硬度计，其试验力范围见表 3-7。

　　（1）试验力　维氏硬度计、小力值维氏硬度计试验力允许误差不大于±1%。对显微维氏硬度计，试验力大于 0.09807N 时，示值相对误差不大于±1.5%，示值重复性相对误差不大于 1.5%；小于或等于 0.09807N 时，示值相对误差不大于±1.5%，示值重复性相对误差不大于 2.0%。

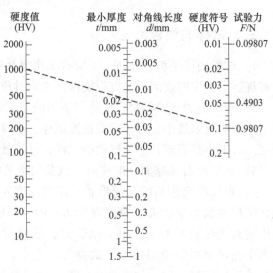

图 3-6　试样最小厚度图（HV0.01~HV100）

表 3-7　维氏硬度试验力范围

试验力范围/N	硬度符号	试验名称
$F \geqslant 49.03$	$\geqslant$HV5	维氏硬度试验
$1.961 \leqslant F < 49.03$	HV0.2~<HV5	小力值维氏硬度试验
$0.09807 \leqslant F < 1.961$	HV0.01~<HV0.2	显微维氏硬度试验

（2）压头　金刚石正四棱锥体锥顶两相对面夹角应为136°±0.5°，金刚石正四棱锥体的四个面应抛光且无表面缺陷。金刚石正四棱锥体轴线与压头柄轴线（垂直于安装面）的夹角应小于0.5°。四个面应相交于一点，锥体相对面间交线的最大允许长度，对于维氏硬度计不大于0.002mm，对于小力值和显微维氏硬度计不大于0.001mm。

（3）测量装置　所要求的测量装置的估测能力视被测量的最小压痕的大小而定。测量装置标尺的分度和对压痕对角线的估测能力应符合表3-8的规定。硬质合金材料维氏硬度试验用的压痕测量装置的估测能力在GB/T 7997中另有规定。

表3-8　测量装置的估测能力

对角线长度 d/mm	测量装置的估测能力	最大允许误差
$d \leqslant 0.040$	0.0002mm	±0.0004mm
$d > 0.040$	0.5%d	±1.0%d

（4）试验力保持时间　硬度计时间控制装置的允许误差为±1s。

（5）检定或校准　硬度计及标准硬度块应定期检定或校准。周期间隔不应超过12个月。

五、试验操作要点

1）试验一般在10℃～35℃室温下进行。对温度要求严格的试验，试验温度应控制在23℃±5℃。

2）试验力的大小按表3-9选择。

表3-9　维氏硬度试验的试验力

维氏硬度试验		小力值维氏硬度试验		显微维氏硬度试验	
硬度符号	试验力/N	硬度符号	试验力/N	硬度符号	试验力/N
HV5	49.03	HV0.2	1.961	HV0.01	0.09807
HV10	98.07	HV0.3	2.942	HV0.015	0.1471
HV20	196.1	HV0.5	4.903	HV0.02	0.1961
HV30	294.2	HV1	9.807	HV0.025	0.2452
HV50	490.3	HV2	19.61	HV0.05	0.4903
HV100	980.7	HV3	29.42	HV0.1	0.9807

注：1. 维氏硬度试验可使用大于980.7N的试验力。
　　2. 显微维氏硬度试验的试验力为推荐值。

在厚度足够大的条件下，当金属的组织较粗大时，尽可能选用较大的试验力。但当金属硬度大于500HV时，最好不选用大于490.3N的试验力，以免损坏压头。

3）试样应放置在刚性支承物上，支撑表面应清洁且无污物。使压头与试样表面接触，垂直于试验面施加试验力，加力过程中不应有冲击和振动，直至将试验力施加至规定值。从加力开始至全部试验力施加完毕的时间应不小于2s且不大于8s。对于小力值维氏硬度试验和显微维氏硬度试验，施加试验力的时间应不超过10s，且压头下降速度应不大于0.2mm/s。对于显微维氏硬度试验，压头下降速度应为15μm/s～70μm/s。

试验力保持时间为 10s～15s。对于特殊材料或另有要求时，试验力保持时间可适当延长，直至试样不再发生塑性变形，但应在结果中注明（误差应在 2s 以内）。在整个试验期间，硬度计应避免受到冲击和振动。

4）任一压痕中心距试样边缘的距离，对于钢、铜及铜合金至少应为压痕对角线长度的 2.5 倍；对于轻金属、铅、锡及其合金至少应为压痕对角线长度的 3 倍。

两相邻压痕中心之间的距离，对于钢、铜及铜合金至少应为压痕对角线长度的 3 倍；对于轻金属、铅、锡及其合金至少应为压痕对角线长度的 6 倍。

如果两相邻压痕大小不同，应以较大压痕确定压痕间距。

5）卸除试验力后在具有一定精度的压痕测量装置上测量压痕两对角线长度（放大系统应能将对角线放大到视场的 25%～75%），用其平均值计算维氏硬度值。在平面上，压痕两对角线长度之差应不大于 5%，如果超过 5%，则应在报告中注明。

六、试验结果表示及处理

维氏硬度用 HV 标明，符号之前为硬度值，符号之后按顺序排列试验力、试验力保持时间，10s～15s 不标注，如 640HV30、640HV30/20。

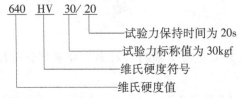

对维氏硬度值应进行修约，当硬度值 ≥100 时，修约至整数；10 ≤ 硬度值 <100 时，修约至一位小数；硬度值 <10 时，修约至两位小数。

试样的试验面一般应为平面。由于维氏硬度压痕较小，使得在光洁的曲面试样上测定硬度成为可能。对于同一种材料，在曲面上所测的维氏硬度值与平面上测得的硬度值不同，标准中列出了修正系数，对在曲面上测定的硬度值必须在乘以修正系数后，才可以与平面上测定的硬度值进行比较。

试验后如果试验背面出现可见变形，则试验结果无效，应减小试验力重新试验。

七、硬度计的日常检查方法

使用者在当天使用硬度计之前，应对硬度计和压痕测量装置进行检查。检查方法是利用标准硬度块进行检验。如果测得的硬度值与标准硬度值以及测得的标准硬度块上的压痕与标准硬度块证书上的标准值相差在 GB/T 4340.2 给出的允许误差之内，则认为硬度计和压痕测量装置是合格的，否则应采取相应措施。

第五节 里氏硬度试验

一、试验特点

里氏硬度试验的优点如下：适用范围很宽，可适用于多种金属材料；仪器体积小、质量轻；硬度值的显示为数字显示；可以手握冲击装置直接对被测材料和工件进行硬度检验，特别适用于不易移动的大型工件和不易拆卸的大型部件及构件的硬度检验；由于操作简便，检测效率高，压痕较小，对产品表面损伤较小，可对不同方向进行测试；可以实现与布氏、洛氏、维氏和肖氏硬度值之间的换算，因此在许多场合更显其优越性。其缺点是影响试验结果准确性的因素较多，对薄管、薄板不适用。

二、试验原理

用规定质量的冲击体在弹力作用下以一定速度垂直冲击试样表面，以冲击体在距试样表面1mm处的回弹速度与冲击速度的比值来表示材料的里氏硬度。计算公式如下：

$$HL = 1000 \frac{v_R}{v_A} \tag{3-7}$$

式中　HL——里氏硬度符号；

v_R——冲击体回弹速度（m/s）；

v_A——冲击体冲击速度（m/s）。

三、试样的要求

在制备试样表面的过程中，应尽量避免由于受热、冷加工等对试样表面硬度的影响。试样的试验面最好是平面，试验面不应有氧化皮及其他污物，试样表面粗糙度、厚度和质量应符合表3-10要求。试样表面需要精心处理，避免因受热或加工硬化而造成硬度变化。

表3-10　里氏硬度试样表面粗糙度、质量、厚度要求

冲击装置类型	试样表面粗糙度 $Ra/\mu m$	最小质量 /kg	最小厚度（未耦合）/mm	最小厚度（耦合）/mm
D、DC、DL、D+15、S、E	≤2.0	5	25	3
G	≤7.0	15	70	10
C	≤0.4	1.5	10	1

对于凹、凸圆柱面及球面试样，其表面曲率半径应符合如下规定：对于G型冲击装置，表面曲率半径≥50mm；对于其他型式的冲击装置，表面曲率半径≥30mm。对于表面为曲面的试样，应使用适当的支撑环，试样不应带有磁性。

四、试验设备

里氏硬度计由冲击装置和显示装置两部分组成，冲击装置主要有D、DC、S、E、DL、D+15、C、G型。表3-11列出了各型冲击装置里氏硬度计的适用范围。

表3-11　各型冲击装置里氏硬度计的适用范围

符号	说明	不同类型冲击装置参数							
		D	DC	S	E	DL	D+15	C	G
HL	里氏硬度	HLD	HLDC	HLS	HLE	HLDL	HLD+15	HLC	HLG
	适用范围	300HLD~890HLD	300HLDC~890HLDC	400HLS~920HLS	300HLE~920HLE	560HLDL~950HLDL	330HLD+15~890HLD+15	350HLC~960HLC	300HLG~750HLG

硬度计及标准硬度块应定期检定、校准，周期不应超过 12 个月。

五、试验操作要点

1）每天首次试验前，应对硬度计进行日常检查。

2）试验一般在 10℃~35℃下进行，不在该温度范围的应在报告中注明。应避免试验位置出现磁场或电磁场。

3）试验时，冲击装置尽可能垂直向下，如果与重力方向偏差超过 5°，将引起试验误差。在这种情况下，需要根据制造商提供的信息进行修正。

4）试验过程中，试件与冲击装置之间不能产生相对运动，必要时可使用固定夹具。

5）压痕中心和试件边缘的距离应允许在试件上安放整个支撑环。对于 G 型冲击装置，在任何情况下，冲头冲击点与试件边缘的距离都不应小于 10mm；对于其他型式的冲击装置，该距离不小于 5mm。

6）两压痕中心之间的距离至少应为压痕直径的 3 倍。表 3-12 列出了不同型式的冲击装置在不同硬度范围下的典型压痕直径。

表 3-12　不同硬度材料的典型压痕直径　　　　　　　　　　（单位：mm）

冲击装置类型	低硬度	直径	中间硬度	直径	高硬度	直径
D	≈570HLD	0.54	≈760HLD	0.45	≈840HLD	0.35
DC	≈570HLDC	0.54	≈760HLDC	0.45	≈840HLDC	0.35
DL	≈760HLDL	0.54	≈880HLDL	0.45	≈925HLDL	0.35
D+15	≈585HLD+15	0.54	≈765HLD+15	0.45	≈845HLD+15	0.35
S	≈610HLS	0.54	≈800HLS	0.45	≈875HLS	0.35
E	≈540HLE	0.54	≈725HLE	0.45	≈805HLE	0.35
G	≈535HLG	1.03	≈710HLG	0.9	—	—
C	≈635HLC	0.38	≈820HLC	0.32	≈900HLC	0.3

7）为测得里氏硬度，试验应至少进行 3 次，并计算其算数平均值。如果硬度值相互之差超过 20HL，应增加试验次数，并计算算数平均值。

六、试验结果表示及处理

在里氏硬度符号 HL 前示出硬度示值，在 HL 后面示出冲击装置类型。例如，700HLD 表示用 D 型冲击装置测定的里氏硬度值为 700。

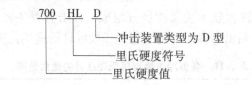

700　HL　D
冲击装置类型为 D 型
里氏硬度符号
里氏硬度值

七、硬度计的日常检查方法

使用者在当天使用硬度计之前，应对硬度计进行检查。检查方法是利用标准硬度块进行检验。至少在标准硬度块上打出 3 个压痕，如果测得的硬度值与标准硬度块值的差在 GB/T 17394.2 给出的允许误差之内，则认为硬度计是合格的，否则应采取相应措施。

第六节 肖氏硬度试验

一、试验特点

肖氏硬度试验方法的优点如下：由于它是在动态试验力作用下评定金属硬度的一种试验方法，特别适用于冶金、重型机械行业中大型工件、原材料的硬度测定；肖氏硬度计是轻便的手提式硬度计，操作方便，测试效率较高，便于各种场合使用；试验力较小，试验后工件上几乎不产生压痕，因此可在成品件上试验。其缺点是试验结果分散性较大、重复性低，试验结果的比较只限于弹性模量相同的材料。

二、试验原理

将规定形状的金刚石冲头从规定高度自由落下冲击试样表面，以冲头第一次回跳高度 h 与冲头落下高度 h_0 的比值计算肖氏硬度值。

$$HS = K \frac{h}{h_0} \tag{3-8}$$

式中　HS——肖氏硬度；

　　　K——肖氏硬度系数（C 型仪器 $K = 10^4/65$，D 型仪器 $K = 140$）；

　　　h——冲头第一次回跳高度（mm）；

　　　h_0——冲头落下高度（mm）。

三、试样的要求

肖氏硬度试样的制备、试样表面质量、试样厚度等对测试结果有较大影响。

1）试样的试验面一般为平面，对于曲面试样，其试验面的曲率半径不应小于 32mm。

2）试样的质量应至少在 0.1kg 以上，试样的试验面积应尽可能大。

3）试样应有足够的厚度，以保证测量的硬度值不受试台硬度的影响。试样的厚度一般应在 10mm 以上。

4）对于肖氏硬度小于 50HS 的试样，表面粗糙度 Ra 应不大于 1.6μm；肖氏硬度大于 50HS 时，表面粗糙度 Ra 应不大于 0.8μm。

5）试样的表面应无氧化皮及外来污物，尤其不应有油脂，试样不应带有磁性。

四、试验设备

肖氏硬度计分为 C 型和 D 型两种。C 型肖氏硬度计带有刻度标尺，又称目测型；D 型肖氏硬度计具有指示刻度的表盘，又称指示型。目前应用较多的是 D 型肖氏硬度计。其基本结构包括：测量指示机构、冲头动作机构、机座、冲头组件及附件五部分。两种肖氏硬度计的主要技术参数见表 3-13。

硬度计及标准硬度块应检定或校准，周期不应超过 12 个月。

表 3-13　肖氏硬度计的主要技术参数

项　　　目	C 型	D 型
冲头的质量/g	2.5	36.2
冲头的落下高度/mm	254	19
冲头顶端球面半径/mm	1	1
冲头的反弹比和肖氏硬度值的关系	$HSC = \dfrac{10^4}{65} \times \dfrac{h}{h_0}$	$HSD = 140 \times \dfrac{h}{h_0}$

五、试验操作要点

1）试验一般在 10℃ ~ 35℃ 室温下进行。

2）硬度计应安置在稳固的基础上，测量筒应保持垂直状态。由于试样的形状、尺寸、质量等关系，需将测量筒从机架上取下，以手持或安放在特殊形状的支架上使用，但要特别注意保持垂直状态。

3）试验前，应使用与试样硬度值接近的肖氏硬度标准块对硬度计进行检验。

4）试验时，试样应稳固地放置在机架的试台上。试验面应与冲头作用方向垂直。试样在试台上受到的压力约为 200N（20kgf）。试样质量在 20kg 以上，手持测量筒或在特殊形状的支架上进行试验时，对测量筒的压力应以测量筒在试样上保持稳定为宜。

5）对于 D 型肖氏硬度计，操作鼓轮的回转时间约为 1s，复位时的操作以手动缓慢进行。对于 C 型肖氏硬度计，读取冲头反弹最高位置时的瞬间读数，要求操作者熟练。

6）试样两相邻压痕中心距离不应小于 1mm，压痕中心距试样边缘的距离不应小于 4mm。

7）严禁硬度计的冲头对试台冲击。

六、试验结果表示及处理

1）肖氏硬度的表示方法：符号 HS 后面注明所用硬度计类型，硬度值写在符号之前。如 25HSC 表示用 C 型硬度计所测肖氏硬度值为 25；51HSD 表示用 D 型硬度计所测肖氏硬度值为 51。

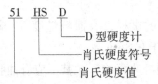

2）肖氏硬度值的读数应精确至 0.5HS；以连续 5 次有效读数的平均值作为一个肖氏硬度测量值，其平均值按 GB/T 8170—2008 修约至整数。

3）对于手持测量筒或安置在特殊形状支架上测定的硬度值，应注明为手持测量或支架测量。

七、硬度计的日常检查方法

使用者应在当天使用硬度计之前，对其使用的硬度计标尺或范围进行检查，在标准硬度块上至少打 3 个压痕。如果测量的硬度值与标准硬度块标准值的差值在 JJG 346 中给出的允许误差之内，则认为硬度计是合格的，否则应进行间接检验。

第七节　努氏硬度试验

一、试验特点

努氏硬度试验的特点主要是在压头设计上的改进，一般不用专用的硬度计，而是与小力值维氏硬度计或显微维氏硬度计配合使用，仅更换压头即可。努氏硬度试验压痕长对角线长度是短对角线长度的 7.11 倍，压痕细长，一般只测定长对角线长度，因此，测量的精度更高。在相同试验力下，努氏硬度试验的压痕与维氏硬度试验的相比较浅，所以更适于测定薄层或脆性物体的硬度。作为显微硬度的一种，努氏硬度试验的优点如下：精度高；与维氏硬度试验相比，压痕较浅，更适合于测定极薄的表面硬化层和镀层的硬度；还可测定细小零件、线材等的硬度。其缺点是不同试验力得出压痕不具有几何相似性，硬度值随试验力的减小而增大，试验力较小时，压痕的窄长形状使得压痕顶端的清晰度不够理想，导致测量值经常偏低。

二、试验原理

努氏硬度试验原理：将顶部两相对面具有规定角度的菱形锥体金刚石压头用试验力压入试样表面，经规定保持时间后卸除试验力，测量试样表面压痕长对角线的长度，如图 3-7 和图 3-8 所示。

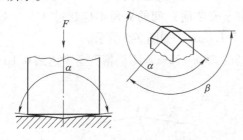
图 3-7　努氏硬度压头

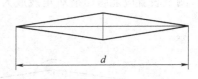
图 3-8　努氏硬度压痕

努氏硬度计算公式为

$$HK = 常数 \times 试验力 / 压痕投影面积$$

$$= 0.102 \frac{F}{d^2 c} = 0.102 \frac{F}{0.07028 d^2} = 1.451 \frac{F}{d^2} \tag{3-9}$$

式中　HK——努氏硬度符号；

F——试验力（N）；

d——压痕长对角线长度（mm）；

c——压头常数，与用长对角线长度平方计算的压痕投影面积相关，$c = \dfrac{\tan \dfrac{\beta}{2}}{2\tan \dfrac{\alpha}{2}}$，$\alpha$

及 β 是相对棱边之间的夹角。

由上可见，努氏硬度试验与维氏硬度试验基本相同，即将金刚石压头压入试样表面，保持规定时间后去除试验力，测量试样表面压痕对角线长度。两种试验方法的区别如下：维氏硬度试验使用正四棱锥体金刚石压头，而努氏硬度试验使用菱形锥体金刚石压头；维氏硬度值是试验力除以压痕表面积所得的商，而努氏硬度值是试验力除以压痕投影面积所得的商。

三、试样的要求

1）试样表面应光滑平坦，应抛光，并应无氧化皮及外来污物，尤其不应有油脂，在各种试验条件下，压痕周边均应清晰地出现在显微镜视场中。

2）由于努氏硬度压痕很浅，制备试样时应采取措施，消除过热或冷加工因素对试样表面硬度的影响。

3）对于小横截面或形状不规则的试样，可使用辅助支承，例如镶嵌在塑料中。

四、试验设备

1）硬度计应符合 GB/T 18449.2 的规定，并可施加预定力或 $98.07×10^{-3}N \sim 9.807N$ 的试验力。

2）压头的要求：

① 金刚石棱锥体的 4 个面应抛光且无表面缺陷。

② 金刚石棱锥体锥顶相对棱间的 α 角为 $172.5°±0.1°$，β 角为 $130°±0.1°$。

③ 金刚石棱锥体轴线与压头柄轴线（垂直于安装面）间的夹角不应超过 $0.5°$，4 个面应相交于一点，相对面间的任一交线长度应小于 $1.0\mu m$，如图 3-9 所示。

4）测量装置应能将压痕对角线放大到视场的 $25\% \sim 75\%$，测量精度至少达到 $0.1\mu m$。

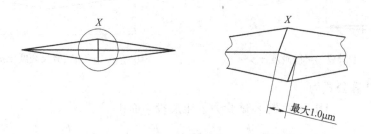

图 3-9　金刚石棱锥体轴线与压头柄轴线间夹角

4）硬度计及标准硬度块应定期检定或校准，周期不应超过 12 个月。

五、试验操作要点

1）试验温度一般为 $23℃±5℃$。如果不在该温度范围内试验，应在报告中注明。在整个试验期间，硬度计应避免受到冲击和振动。

2）根据产品技术条件和试样厚度选择试验力。推荐采用表 3-14 中所列的试验力。

表 3-14　不同条件下的试验力

硬度符号	试验力 F/N	硬度符号	试验力 F/N	硬度符号	试验力 F/N
HK0.01	98.07×10^{-3}	HK0.05	0.4903	HK0.3	2.942
HK0.02	0.1961	HK0.1	0.9807	HK0.5	4.903
HK0.025	0.2452	HK0.2	1.961	HK1	9.807
				HK2	19.614

3）试样应放置于刚性支承台上。试样支承面应清洁且无其他污物（氧化皮、油脂、灰尘等），试验中试样不应产生位移。压痕对角线端部必须能清晰地显示出来。

4）使压头与试样表面接触，垂直于试验面施加试验力，加力过程中不应有冲击和振动，直至将试验力施加至规定值。从加力开始至全部试验力施加完毕的时间应不超过 10s，压头下降速度应为 $15\mu m/s \sim 70\mu m/s$，试验力保持时间为 $10s \sim 15s$，对于特殊材料，试验力保持时间可以延长，但误差应在 $\pm 2s$ 之内。

5）任一压痕边界距试样边缘的距离，至少应为压痕短对角线长度的 3 倍。

6）对于肩并肩的两相邻压痕之间的最小距离至少应为压痕短对角线长度的 2.5 倍；对于头碰头的两相邻压痕之间的最小距离至少应为压痕短对角线长度的 1 倍；如果两压痕的大小不同，压痕之间的最小距离至少应为较大压痕短对角线长度的 1 倍。

7）应测量压痕长对角线的长度，用长对角线的长度计算或查表得到努氏硬度。

8）如果压痕长对角线的一半与另一半相差超过 10%，应检查试样测量面与支承表面之间的平行度，并保证压头与试样之间的同轴度。偏差超过 10% 的试验结果应舍弃。

六、试验结果表示及处理

努氏硬度用符号 HK 表示，与其他硬度表示顺序一样，在 HK 之前是硬度值，在 HK 后面为表示试验力的数值和试验力保持时间的数值，当试验力保持时间是常规的 $10s \sim 15s$ 时，可以省略。

例如：640HK 0.1 表示在 0.9807N 试验力下保持 $10s \sim 15s$ 测得的努氏硬度值为 640；640HK0.1/20 表示在 0.9807N 试验力下保持 20s 测得的努氏硬度值为 640。

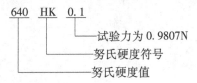

七、硬度计的日常检查方法

使用者在当天使用硬度计之前，应对压痕测量装置和硬度计进行检查。检查方法是利用标准硬度块进行检验。压痕测量值应与标准硬度块证书上的标准值相差在 0.5% 或 $0.4\mu m$（取两者中的较大者）内。如果测得的硬度值与标准硬度值相差在 GB/T 18449.2 给出的允许误差之内，则认为硬度计和压痕测量装置是合格的，否则应采取相应措施。

思 考 题

1. 请说出常用硬度试验的种类及其原理。
2. 请说出常用硬度试验的适用范围及其优缺点。
3. 请说出硬度试验中应注意的事项。
4. 请说出钢材布氏硬度、洛氏硬度、维氏硬度间的相互关系。
5. 如何进行硬度计的日常维护与保养?

第四章

金属冲击试验

　　冲击试验自 1905 年左右问世以来发展很快，现在已成为材料力学性能不可缺少的检测项目，但冲击吸收能量不是构件的设计指标。最初有各种形式的冲击试验方法，如夏比冲击试验（简支梁式）和艾氏冲击试验（悬臂梁式）。随着不断发展，夏比钥匙孔型缺口冲击试验、夏比 V 型缺口冲击试验和夏比梅氏冲击试验得到重视。夏比冲击试验是由法国工程师夏比（Charpy）建立起来的，现国际上通常将试样在三点弯曲受力状态下的简支梁式冲击弯曲试验称为夏比冲击试验。美国过去习惯采用夏比钥匙孔型试样作为工业性试验，后来试验表明，由于钥匙孔型缺口过钝，由此确定的脆性转变温度低于结构的脆性断裂温度。因此，一般认为，采用夏比钥匙孔型冲击试验来确定脆性转变温度不太适宜。1968 年以后，在 ASTM 规范中已改用标准夏比 V 型缺口试样。目前，世界各国常用的冲击试验的试样有夏比 V 型缺口冲击试样和 U 型缺口冲击试样。英美和西欧等国家用夏比 V 型缺口冲击试样较多，苏联则采用夏比梅氏试样。

　　1963 年，我国制定了第一个冲击试验国家标准：GB 229—1963《金属常温冲击韧性试验方法》。现在使用的 GB/T 229—2007《金属材料 夏比摆锤冲击试验方法》又代替了 GB/T 229—1994，在技术内容结构及科学性、先进性、实用性等方面已经与国际标准一致。

　　冲击试验的原理是按能量守恒定律设计制造冲击试验机，按摆锤打断试样后势能损失多少计算试样吸收能量。

　　近代电子技术、光学技术，尤其是计算机技术的飞速发展，促进了检测技术的不断创新。20 世纪 80 年代，仪器化（数字化）冲击试验机就开始面世，直到 90 年代逐渐成熟。为适应新技术的发展，2000 年，国际标准化组织（ISO）制定出 ISO 14556：2000（E）《钢材—夏比 V 型缺口摆锤冲击试验—仪器化冲击试验方法》。我国也在 2005 年制定出相应的标准：GB/T 19748—2005《钢材 夏比 V 型缺口摆锤冲击试验 仪器化试验方法》，并于 2005 年 10 月 1 日开始实施。该标准从原理到冲击性能参数，从方法到数据测定，与现行的 GB/T 299—2007 均有本质的区别。它可以测冲击力、位移和能量等 13 个参数，而且在冲击吸收能量测试原理和定义等许多方面，都可以看到其质的变化，但冲击力-位移曲线不能用作结构强度的计算。现在使用的 GB/T 19748—2019《金属材料 夏比 V 型缺口摆锤冲击试验 仪器化试验方法》又代替了 GB/T 19748—2005。

　　金属夏比冲击试验是应用最广泛的一种测定金属材料韧性的传统力学性能试验，也是评定金属材料在冲击载荷下韧性的重要手段之一。金属材料除了要求具有足够的强度、硬度和塑性之外，还应具有一定的韧性，即在一定条件下受到冲击载荷时，具有在断裂过程中吸收足够能量的能力，以保证金属构件及零件的安全性。

金属冲击试验可分为夏比冲击试验、艾氏冲击试验和落锤冲击试验三类。

金属夏比冲击试验的用途主要有：

（1）材料的选择和新材料的研制　冶金、船舶、压力容器、动力机械、桥梁等构件及部件在服役过程中经常受冲击力的作用，这些构件形状各异，分布着大量的槽和角，出现许多缺口，当受到冲击力时，结构截面上应力分布不均匀，导致在缺口附近的薄弱截面上能量高度集中，从而使构件产生破坏。由于材料对缺口敏感的程度不同，用拉伸试验测定的强度和塑性一般不能评定材料对缺口的敏感性，因此，冲击试验是不可缺少的力学性能试验。

（2）冶金产品质量的检查和控制　冲击吸收能量对于金属材料的组织结构、晶粒度、加工方向等较敏感，尤其对材料的组织缺陷非常敏感，因而可用来作为控制这些因素的手段。当金属材料中出现裂纹、夹杂、偏析或白点等缺陷时，会从冲击吸收能量中明显反映出来，尤其在材料的韧脆过渡状态温度范围时，更能反映出材料对上述因素的敏感性，从而可以对冶金产品质量进行控制。

（3）对冶金产品加工工艺质量的监督　在冶金产品的加工中，当锻造、热处理等工艺出现问题时，例如加热过程中超温、保温时间过长引起晶粒粗大、焊接中产生的裂纹等会明显改变材料的冲击吸收能量，通过冲击试验则可以发现工艺中出现的问题，利用冲击性能参数对这些因素的敏感性来控制热加工质量非常有效。同时也可以制备与冶金产品制造工艺相同的试样，通过冲击试验判定加工工艺的合理性。

（4）评定金属材料在各种条件下的冲击韧性　许多装置和构件在低温下工作并受到冲击载荷。对于这些金属材料，尤其是结构钢，在低于一定温度时会产生冷脆现象，导致构件在低温下突然破坏。在一定温度范围进行系列冲击试验，可以测定出材料在低温下的韧脆转变温度，通过限制服役条件或选材以保证其安全性。还有许多金属材料是在高温下工作的，此时对于高温冲击韧性的评定也很重要。

（5）估测构件的寿命与可靠性　对于承受大能量冲击的金属构件，根据实际使用经验，用夏比冲击试验估计发生脆性断裂的倾向是有价值的。例如，国外在20世纪40年代曾对船体钢板焊件破坏事故做过分析，用 V 型缺口夏比冲击试样进行的试验表明，冲击吸收能量低于10ft · lbf（1ft · lbf = 1.3558J）的温度是焊接钢板产生脆断的温度，根据该数据，将确定钢板冷脆转变温度的冲击吸收能量提高到15ft · lbf，以防止脆断事故的发生。

第一节　夏比摆锤冲击试验原理

夏比摆锤冲击试验是将规定几何形状的缺口试样置于试验机两支座之间，缺口背向打击面放置，用摆锤一次打断试样，测定试样的吸收能量，如图 4-1 所示，实质上就是通过能量转换过程，测量试样在这种冲击下折断时所吸收的能量。

试样的吸收能量在试验中用摆锤冲击前后的势能差测定：

$$K = A - A_1 \tag{4-1}$$

$$A = FH_1 = FL(1 - \cos\alpha) \tag{4-2}$$

$$A_1 = FH_2 = FL(1 - \cos\beta) \qquad (4\text{-}3)$$

式中　A——摆锤起始势能（J）；

A_1——摆锤打击试样后的势能（J）。

如果不考虑空气阻力及摩擦力等能量损失，则冲断试样的吸收能量为

$$K = FL(\cos\beta - \cos\alpha) \qquad (4\text{-}4)$$

式中　F——摆锤的重力（N）；

L——摆长，即摆轴至锤重心之间的距离（m）；

α——冲击前摆锤扬起的最大角度（rad）；

β——冲击后摆锤扬起的最大角度（rad）。

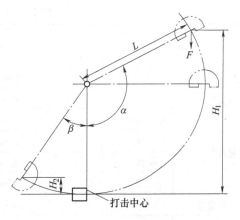

图 4-1　夏比冲击试验原理图

第二节　夏比冲击试样与试验设备

一、试样

（一）试样类型与尺寸

标准尺寸冲击试样为长 55mm、横截面为 10mm×10mm 的长方体，在试样长度方向的中间有 V 型或 U 型缺口。V 型缺口应有 45°夹角，其深度为 2mm，底部曲率半径为 0.25mm。U 型缺口深度应为 2mm 或 5mm（除非另有规定），底部曲率半径为 1mm。

如果试料不够制备标准尺寸试样，可使用宽度为 7.5mm、5mm 或 2.5mm 的小尺寸试样。缺口应开在试样的窄面上。

注：当使用小尺寸试样时，应在支座上放置适当厚度的垫片，以使试样打击中心的高度为 5mm（相当于宽度为 10mm 标准打击中心的高度）。对于低能量的冲击试验，因为摆锤要吸收额外能量，垫片的使用非常重要。对于高能量的冲击试验并不重要。

规定的冲击试样的尺寸与偏差见图 4-2 和表 4-1。

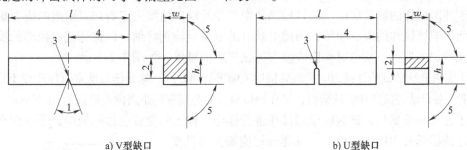

a) V 型缺口　　　　　　　　　　b) U 型缺口

图 4-2　夏比冲击试样

注：符号 l、h、w 和 1~5 的尺寸见表 4-1。

试样表面粗糙度 Ra 应小于 5μm，端部除外。

除上述尺寸的试样外，还钥匙孔型缺口试样及无缺口试样。无缺口试样尺寸有 7mm×10mm×55mm，该尺寸试样主要用于模具钢产品的冲击试验。

表 4-1　冲击试样的尺寸与偏差

名称		符号及序号	V 型缺口试样		U 型缺口试样	
			公称尺寸	机加工偏差	公称尺寸	机加工偏差
长度		l	55mm	±0.60mm	55mm	±0.60mm
高度[1]		h	10mm	±0.075mm	10mm	±0.11mm
宽度[1]	标准试样	w	10mm	±0.11mm	10mm	±0.1mm
	小试样		7.5mm	±0.11mm	7.5mm	±0.11mm
	小试样		5mm	±0.06mm	5mm	±0.06mm
	小试样		2.5mm	±0.04mm	—	—
缺口角度		1	45°	±2°	—	—
缺口底部高度		2	8mm	±0.075mm	8mm[2]	±0.09mm
					5mm[2]	±0.09mm
缺口根部半径		3	0.25mm	±0.025mm	1mm	±0.07mm
缺口对称面-端部距离[1]		4	27.5mm	±0.42mm[3]	27.5mm	±0.42mm[3]
缺口对称面-试样纵轴角度		—	90°	±2°	90°	±2°
试样纵向面间夹角		5	90°	±2°	90°	±2°

① 除端部外，试样表面粗糙度 Ra 应小于 5μm。
② 如规定其他高度，应规定相应偏差。
③ 对自动定位试样的试验机，建议偏差用±0.165mm 代替±0.42mm。

　　试样类型的选择应根据试验材料的产品技术条件、材料的服役状态和力学特性。一般情况下，尖锐缺口和深缺口试样适用于韧性较好的材料。相同材料的两种试样测量得到的冲击吸收能量不同，不同材料的两种试样测量的冲击吸收能量也是不可比的。

（二）试样制备

　　试样样坯的切取应按相关产品标准、技术条件或 GB/T 2975—2018《钢及钢产品　力学性能试验取样位置及试样制备》的规定执行，试样制备过程应使由于过热或冷加工硬化而改变材料冲击性能的影响减至最小。

　　由于冲击试样的缺口深度、缺口根部曲率半径及缺口角度决定着缺口附近的应力集中程度，从而影响该试样的吸收能量，因此对缺口的制备应特别仔细，以保证缺口根部处没有影响吸收能的加工痕迹。缺口对称面应垂直于试样纵向轴线，如图 4-2 所示。

　　对于需热处理的试验材料，应在最后精加工前进行热处理，除非已知两者顺序改变不导致性能的差别。对自动定位试样的试验机，试样缺口对称面与端部的距离偏差建议为±0.16mm。

　　为了避免混淆试样，试验前应对试样进行标记，标记的位置应远离缺口，不应标在与支座、砧座或摆锤刀刃接触的面上，试样标记应避免塑性变形和表面不连续性对冲击吸收能量的影响。

　　焊接接头冲击试样的形状和尺寸与相应的标准试样相同，但其缺口轴线应垂直于焊缝表面，如图 4-3 所示。试样的缺口按试验要求可分别开在焊缝、熔合线或热影响区，其中，开在热影响区的缺口轴线与熔合线的距离按产品技术条件规定，如图 4-4 所示。为清楚地显示出焊缝，

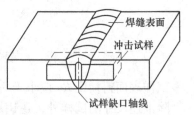

图 4-3　试样缺口方向示意图

开缺口前，可用硝酸酒精等试剂对试样进行侵蚀，然后按要求进行画线。

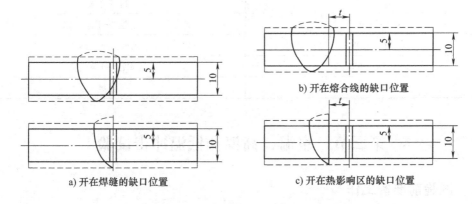

b) 开在熔合线的缺口位置

a) 开在焊缝的缺口位置

c) 开在热影响区的缺口位置

图 4-4　焊缝、熔合线或热影响区冲击试样缺口位置示意图

t—试样缺口轴线至试样纵线与熔合线交点的距离

二、试验设备

（一）冲击试验机

摆锤式冲击试验机主要有基础、机架、摆锤、砧座和支座、吸收能量指示装置（如标度盘刻度和指针或数字指示装置）组成。

冲击试验机按摆锤刀刃半径分为 2mm 和 8mm 两种，如图 4-5 所示。摆锤刀刃半径的选择应参考相关产品标准。

试验机的结构应具有足够的刚性，安装应稳定牢固。为避免其刚度下降而影响试验结果，一般用螺栓将其紧固在厚度大于 150mm 的混凝土地基上或固定在质量大于摆锤 40 倍的基础上。对于新出厂的摆锤式冲击试验机，应按照 GB/T 3808—2018《摆锤式冲击试验机的检验》进行验收检查，对于日常使用的试验机，应定期按 JJG 145—2007《摆锤式冲击试验机检定规程》进行检定或校准。

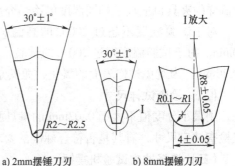

a) 2mm 摆锤刀刃　　b) 8mm 摆锤刀刃

图 4-5　试样支座及摆锤刀刃

（二）温度控制系统

高温冲击试验中，温度控制装置一般由加热炉和温度控制仪器等部分组成。对于低温冲击试验，常用的制冷控温方法有液体冷却法（低温冲击试验用冷却介质见表 4-2）和利用压缩机制冷低温槽控温法。以上所采用的温度控制装置应能保证将试验温度稳定在规定值的 ±2℃ 之内。

当使用液体介质冷却试样时，恒温槽应有足够容量和介质，试样应放置于一容器中的网栅上，网栅至少高于容器底部 25mm，液体浸过试样的高度至少 25mm，试样距容器侧壁至少 10mm，应连续均匀搅拌介质以使温度均匀。

表 4-2　低温冲击试验用冷却介质

试验温度/℃	冷却介质
<10~-70	乙醇+干冰
>-70 ~-105	无水乙醇+液氮
>-105~ -140	无水乙醇+异戊烷
>-140~ -192	液氮

第三节　室温、高温和低温冲击试验

一、试验前准备工作

（一）试验温度

对于试验温度有规定的，冲击试验应在规定温度±2℃范围内进行。如果没有规定，室温冲击试验应在23℃±5℃范围进行（其他力学性能试验的室温为10℃~35℃）。

在低温冲击试验中，试样应在规定温度下保持足够时间，以使试样整体达到规定的均匀温度。如果使用液体介质，介质温度应在规定温度±1℃以内，保持至少5min；当使用气体介质冷却试样时，试样距低温装置内表面以及试样与试样之间应保持足够的距离，试样应在规定的温度下保持至少20min。测定介质温度的仪器推荐置于一组试样中间，同时，用于移取试样的夹具也应放于相同温度的冷却介质中，确保与介质温度基本相同。

对于试验温度不超过200℃的高温试验，试样应在规定温度±2℃的液池中保持至少10min。对于试验温度超过200℃的试验，试样应在规定温度±5℃以内的高温装置内保存至少20min，为避免试样表面的氧化，尤其是缺口根部表面的氧化，保温时间也不宜过长。

（二）检查试样尺寸

用最小分度值不大于0.02mm的量具测量试样的宽度、厚度、缺口处厚度；用光学投影仪检查缺口尺寸，看其是否符合标准的要求。

（三）选择冲击试验机摆锤

根据所试验材料的牌号和热处理工艺，估计试样吸收能量的大小，选择合适的冲击试验机摆锤能力范围，使试样吸收能量 K 不超过实际初始势能 K_p 的80%。

建议试样吸收能量 K 的下限不低于试验机最小分辨力的25倍。分辨力是指指示装置对其最小示值误差的辨别能力。度盘式指示装置的分辨力为标尺分度值（两个刻线之间）的一半，即用肉眼可以分辨到一个分度值的1/2,；数字式指示装置的分辨力为末位数字的一个数码。

（1）度盘式指示装置冲击试验机　对于最常用的JB300B度盘式冲击试验机，使用150J摆锤时，标度盘的最小分度值为1J，试验时只能估读到0.5J。标准中要求的下限为最小分辨力的25倍就是12.5J，接近该摆锤能量的10%。

（2）数字式指示装置冲击试验机　在JJG 145—2007中规定数字式指示装置的最低分辨力应为能量标称值的1/400。对于150J摆锤的分辨力为0.375J，如果按照这个指标计算，150J摆锤冲击试验下限为9.375J，显然低于度盘式指示装置同样能量摆锤下限12.5J。更典型的是，目前数字式指式装置冲击试验机的显示输出末位数至少为 0.1J，这样算来，300J 冲击试验摆锤使用的下限为 2.5J，显然太低，不合理。由于分辨力是摆锤的角度函数，而且在摆锤摆动过程中随着角度的变化而变化，因此这类数字式指示装置最小分辨力就不能理解为输出末位数的最小变化值。为此，试验时要慎重地选择试验机摆锤可用的下限，尽管是数字显示，但是试验机的精度等级没有提高，不应与度盘式指示装置的下限相差很多。

新的夏比摆锤试验方法规定了两种摆锤刀刃的半径，对于低能量的冲击试验，一些材料分别用 2mm 和 8mm 摆锤刀刃试验测定的结果有明显不同，用 2mm 摆锤刀刃的结果可能高于用 8mm 摆锤刀刃的结果。因此，应根据相关产品标准或技术条件的规定选择摆锤刀刃半径（2mm 或 8mm）。

（四）检查砧座跨距

试验前应检查砧座跨距，砧座跨距应保证在 $40^{+0.2}$ mm 以内。

（五）进行空打试验

试验前，应检查摆锤空打时的回零差或空载能耗，其方法如下：将摆锤扬起至预扬角位置，把从动指针拨到最大冲击能量位置（如果使用的是数字式指示装置，则应清零），释放摆锤读取零点附近的从动指针的示值 ΔE_1（即回零差），摆锤回摆时，将被动指针拨至最大冲击能量处，摆锤继续空击，从动指针被带到某一位置，其读取值为 ΔE_2，差值之半为该摆锤的能量损失值，则有

相对回零差： $$\delta E_1 = (\Delta E_1 / E_0) \times 100\%$$ (4-5)

相对能量损失： $$\delta E_2 = [(\Delta E_2 - \Delta E_1)/(2E_0)] \times 100\%$$ (4-6)

式中 E_0——摆锤最大冲击能量。

相对回零差不应大于 0.1%（以最大量程 300J 为例，其回零差应不超过 0.3J）。相对能量损失不应大于 0.5%。

二、试验操作要点

（一）试样的放置

试样应紧贴试验机砧座放置，并使锤刃沿缺口对称面打击试样缺口的背面，试样缺口对称面偏离两砧座间的中点应不大于 0.5mm，如图 4-6 所示。

可用缺口对中夹钳，将试样从控温介质中移至并紧贴试验机砧座放置，该类夹钳解决了由于断样和固定的对中装置之间相互影响带来的间隙问题。

当使用小尺寸试样进行低能量的冲击试验时，因为摆锤要吸收额外能量，所以应在支座上放置适当厚度的垫片以垫高试样，使试样打击中心的高度为 5mm（相当于宽度 10mm 标准试样打击中心的高度）。当使用小尺寸试样进行高能量冲击试验时，其影响很小，可不加垫片。

（二）试样的转移

当试验不在室温下进行时，试样从高温或低温装置中移出至打断的时间应不大于 5s。

转移装置的设计和使用应能使试样温度保持在允许的温度范围内。转移装置与试样接触部分应与试样一起加热或冷却。应采取措施确保试样对中装置不引起低能量高强度试样断裂后回弹到摆锤上而导致不正确的能量偏高指示。现已证明，试样端部和对中装置的间隙或定位部件的间隙应大于 13mm，否则，在断裂过程中，试样端部可能会回弹至摆锤上。

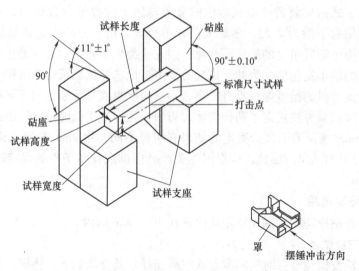

图 4-6　试样与摆锤冲击试验机支座及砧座相对位置示意图

对于试样从高温或低温装置中移出至打击时间为 3s～5s 的试验，可考虑采用过冷或过热试样的方法补偿温度损失，过冷温度补偿值和过热温度补偿值见表 4-3 和表 4-4。对于高温试样，应充分考虑过热对材料性能的影响。

表 4-3　过冷温度补偿值

试验温度/℃	过冷温度补偿值/℃
−192～<−100	3～<4
−100～<−60	2～<3
−60～<0	1～<2

表 4-4　过热温度补偿值

试验温度/℃	过热温度补偿值/℃	试验温度/℃	过热温度补偿值/℃
35～<200	1～<5	600～<700	20～<25
200～<400	5～<10	700～<800	25～<30
400～<500	10～<15	800～<900	30～<40
500～<600	15～<20	900～<1000	40～<50

（三）安全注意事项

试验机应安装防护网罩，无防护网罩的试验机摆锤运动方向不准站人，摆锤运动范围内不得有障碍。

三、冲击试验结果处理

（一）冲击吸收能量的有效位数

读取每个试样的冲击吸收能量，应至少估读到 0.5J 或 0.5 个标度单位（取两者之间较小值）。试验结果至少保留两位有效数字，吸收能量在 100J 及以上时，应是三位数字，如

120J；吸收能量在 10J~<100J 时，应为两位数字，如 75J；吸收能量在 10J 以下时，应保留小数点后一位数字，一般修约到 0.5J，如 7.5J；修约方法按 GB/T 8170—2008 执行。这样报告的试验结果，基本上能与试样测量系统不确定度的有效数位相匹配（末位对齐），如果过多保留有效位数，则夸大了试验的测量精确度；有效位数不够，则增大了误差。

（二）冲击吸收能量的表示方法

为了表示不同类型冲击试样的试验结果，两种类型试样在两种摆锤刀刃下的吸收能量分别用如下符号表示，以示区别：

1）V 型缺口试样在 2mm 摆锤刀刃下的冲击吸收能量，表示为 KV_2。

2）V 型缺口试样在 8mm 摆锤刀刃下的冲击吸收能量，表示为 KV_8。

3）U 型缺口试样在 2mm 摆锤刀刃下的冲击吸收能量，表示为 KU_2。

4）U 型缺口试样在 8mm 摆锤刀刃下的冲击吸收能量，表示为 KU_8。

（三）试验中几种情况的处理

1）如果试样吸收能量超过试验机能力的 80%，在试验报告中，应报告为近似值并注明超过试验机能力的 80%。

2）对于试样试验后没有完全断裂，可以报出冲击吸收能量，或与完全断裂试样结果平均后报出。

3）由于试验机打击能量不足，试样未完全断开，吸收能量不能确定，试验报告应注明用×J 的试验机试验，试样未断开。

4）如果试样卡在试验机上，则试验结果无效，应重新补做试验。此时，应检查试验机，以免试验机受到损伤，影响测量的准确性。

5）如果断裂后检查显示出试样标记是在明显的变形部位，试验结果可能不代表材料的性能，应在试验报告中注明。

第四节 金属韧脆转变温度及测量方法

一、金属的冷脆现象及韧脆转变温度

工程中广泛使用的中、低强度钢在常温下有很好的冲击韧性，但当使用温度低于某一温度时，其冲击韧性会急剧下降，断口特征由纤维状变为结晶状，断裂机理由微孔聚集型变为解理型。这是由于体心立方晶体金属及合金或某些密排六方晶体金属及其合金中，温度的变化改变了位错在晶体中运动的摩擦阻力，当温度降低时，材料的屈服强度 R_e 升高，而材料的断裂强度 R_c 随温度变化很小，在某一温度时，两曲线相交于一点，交点对应的温度即为 T_t，如图 4-7 所示。当温度高于 T_t 时，$R_c>R_e$，材料受载后先屈服再断裂，为韧性断裂；当温度低于 T_t 时，外加应力先达到 R_c，材料表现为脆性断裂。T_t 被称为韧脆转变温度。通常，韧脆转变温度被定义为：吸收能量的突然增加（或减少）对应的温度，此时断裂模式由韧性断裂转为脆性断裂。韧脆转变温度实际上不是一个温度而是一个温度区间。而面心立方结构材料的屈服强度随温度的下降变化不大，近似为一水平线（图 4-7 中虚线所示），即使在很低的温度仍未与断裂强度 R_c 曲线相交，故此种材料的脆性断裂现象不明显。

冲击吸收能量-温度曲线（K-T 曲线）表明，对于给定形状的试样，冲击吸收能量是试

验温度的函数，如图 4-8 所示。通常，曲线是通过拟合单独的试验点得到的。曲线的形状和试验结果的分散程度依赖于材料、试样形状和冲击速度，出现转变区的曲线具有上平台区、转变区和下平台区。

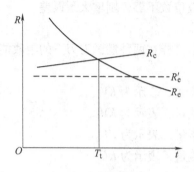

图 4-7　R_e、R_e' 和 R_c 随温度变化曲线示意图

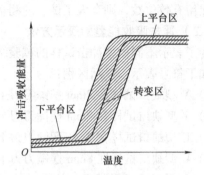

图 4-8　冲击吸收能量-温度曲线示意图

不同金属材料的韧脆转变温度 T_t 是不同的，T_t 越低，表示脆性倾向越小，即在低温下使用时危险性越小。对制造在寒冷地带和低温下服役设备和装置的金属材料，需测定韧脆转变温度 T_t，以确定其低温脆化倾向的大小。T_t 是从韧性角度选用金属材料的重要依据之一。

35CrNi3MoV 钢不同试验温度 V、U 型缺口试样的冲击吸收能量、剪切断面率及断口微观形貌见表 4-5。

表 4-5　35CrNi3MoV 钢不同试验温度的测试结果

试验温度	KV_2/J	KU_2/J	剪切断面率		断口的微观形貌	
			V 型断口	U 型断口	V 型缺口	U 型缺口
20℃	61	72	86%	96%	韧窝	韧窝
0℃	58	70	80%	92%	韧窝	韧窝
−20℃	55	66	76%	85%	韧窝	韧窝
−40℃	49	61	66%	80%	韧窝	韧窝
−60℃	32	50	48%	65%	准解理+韧窝	韧窝+少量准解理
−80℃	26	38	36%	47%	准解理+少量韧窝	准解理+少量韧窝
−100℃	24	30	29%	38%	准解理	准解理
−192℃	9.4	25	6.0%	25%	准解理	准解理

注：表中数据为 3 个试样的算数平均值，缺口深度为 2mm。

由表 4-5 可见，随着试验温度的下降，断口的微观形貌变化规律为：韧窝→准解理+韧窝→准解理。从 −60℃ 开始出现准解理断口，韧窝断口逐步减少、消失。其中，V 型缺口 −60℃ 以准解理为主，而 U 型缺口 −60℃ 是以韧窝为主，只有少量的准解理。表明冲击试样的缺口类型对断口的微观形貌有一定影响。由此可见，35CrNi3MoV 钢在试验温度范围内存在韧脆转变现象，其中在 −60℃ 是一个转变点。

35CrNi3MoV 钢的冲击吸收能量随温度变化曲线如图 4-9 所示。V、U 型缺口试样的剪切断面率随温度变化曲线如图 4-10 所示。冲击吸收能量和剪切断面率随着试验温度的下降而逐步减小，都有相同的走向，过渡平缓，很难找到明显的拐点。在一个较宽的温度范围内，韧性逐渐缓慢下降。U 型缺口试样的冲击吸收能量和剪切断面率高于 V 型缺口试样。两种缺口试样冲击吸收能量和剪切断面率随温度的变化曲线基本相似。

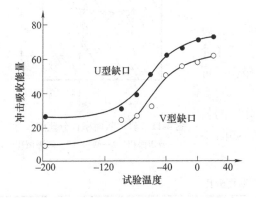

图 4-9　冲击吸收能量随温度变化曲线

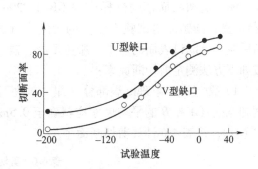

图 4-10　剪切断面率随温度变化曲线

二、韧脆转变温度的测量方法

韧脆转变温度 T_t 表征冲击吸收能量-温度曲线陡峭上升的位置。陡峭上升区通常覆盖较宽的温度范围，因此不能明确定义为一个温度。一般可用如下几种判据规定韧脆转变温度：

1）冲击吸收能量达到某一特定值时，例如 $KV_8 = 27J$。

2）冲击吸收能量达到上平台某一百分数，例如 50%。

3）剪切断面率达到某一百分数，例如 50%。

4）侧膨胀值达到某一个量，例如 0.9mm。

用以确定韧脆转变温度的方法应在相关产品标准或协议中规定。

当采用 2）、3）、4）测量韧脆转变温度时，须测得在某一温度范围内试验温度和冲击吸收能量（或剪切断面率或侧膨胀值）的关系曲线（即转变曲线）。为此，需要在不同温度下进行冲击试验，根据试验结果，以试验温度为横坐标，以冲击吸收能量（或剪切断面率或侧膨胀值）为纵坐标绘制冲击吸收能量-温度曲线、剪切断面率-温度曲线、侧膨胀值-温度曲线。再根据有关标准或双方协议，在曲线中确定韧脆转变温度。

由于冲击试样中影响因素很多，试验数据比较分散，为了保证绘出完整、明确的曲线，每个试验温度一般用三支试样，试验温度的间隔和试验点应根据材料的低温特性和试验要求而定，一般为 20℃左右。曲线平缓时，温度间隔可大些，曲线陡峭时，温度间隔可小些。

用不同方法测定的韧脆转变温度是不同的，不能相互比较。

三、剪切断面率的测定

随着温度的下降，冲击试样断口上由解理断裂或许多晶粒沿晶界断裂而产生的有光泽的断口面积增大，而暗淡且无光泽的纤维状剪切断口面积减少。脆性断口的面积占试样断裂总面积的百分率就是脆性断裂百分率，韧性断口的面积占试样断裂总面积的百分率就是韧性断裂百分率，也称剪切断面率。

夏比冲击试样的断口表面常用剪切断面率评定。剪切断面率越高，材料韧性越好。大多数夏比冲击试样的断口形貌为剪切和解理断裂的混合状态。由于对断口的评定带有很高的主观性，因此，建议不作为技术规范使用。剪切断口常称为纤维断口，而解理断口或晶状断口往往是针对剪切断口的反向评定，即0%剪切断口就是100%解理断口。

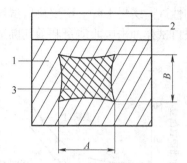

测定剪切断面率的试样应按 GB/T 229—2007《金属材料 夏比摆锤冲击试验方法》的规定进行试验，试样冲断后应注意断口表面的保护，避免污染、锈蚀和碰伤。可按如下方法测定剪切断面率：

1）测量断口解理断裂部分（即"闪亮"部分）的长度和宽度（A 和 B 的平均尺寸应精确至 0.5mm），如图 4-11 所示，按表 4-6 计算剪切断面率。

图 4-11　剪切断面率百分比的尺寸
1—剪切面积　2—缺口　3—解理面积

表 4-6　剪切断面率百分比

B/mm	A/mm																		
	1	1.5	2	2.5	3	3.5	4	4.5	5	5.5	6	6.5	7	7.5	8	8.5	9	9.5	10
1	99	98	98	97	96	96	95	94	94	93	92	92	91	91	90	89	89	88	88
1.5	98	97	96	95	94	93	92	92	91	90	89	88	87	86	85	84	83	82	81
2	98	96	95	94	92	91	90	89	88	86	85	84	82	81	80	79	77	76	75
2.5	97	95	94	92	91	89	88	86	84	83	81	80	78	77	75	73	72	70	69
3	96	94	92	91	89	87	85	83	81	79	77	76	74	72	70	68	66	64	62
3.5	96	93	91	89	87	85	82	80	78	76	74	72	69	67	65	63	61	58	56
4	95	92	90	88	85	82	80	77	75	72	70	67	65	62	60	57	55	52	50
4.5	94	92	89	86	83	80	77	75	72	69	66	63	61	58	55	52	49	46	44
5	94	91	88	85	81	78	75	72	69	66	62	59	56	53	50	47	44	41	37
5.5	93	90	86	83	79	76	72	69	66	62	59	55	52	48	45	42	38	35	31
6	92	89	85	81	77	74	70	66	62	59	55	51	47	44	40	36	33	29	25
6.5	92	88	84	80	76	72	67	63	59	55	51	47	43	39	35	31	27	23	19
7	91	87	82	78	74	69	65	61	56	52	47	43	39	34	30	26	21	17	12
7.5	91	86	81	77	72	67	62	58	53	48	44	39	34	30	25	20	16	11	6
8	90	85	80	75	70	65	60	55	50	45	40	35	30	25	20	15	10	5	0

注：当 A 或 B 是零时，为100%剪切外观。

2）使用图 4-12 所示的标准断口形貌图与试样断口的形貌进行比较。

3）将断口放大，并与预先制好的对比图进行比较，或用求积仪测量剪切断面率（用100%减去解理断面率）。

4）断口拍成放大照片用求积仪测量剪切断面率（100%为解理断面率）。

5）用图像分析技术测量剪切断面率。

四、侧膨胀值的测定

用根部开缺口的夏比试样测量材料抵抗三轴应力断裂的能力要考虑此位置产生的变形量。此处的变形是压缩变形。由于测量变形较困难，即使断裂以后也是如此，因此用断面相

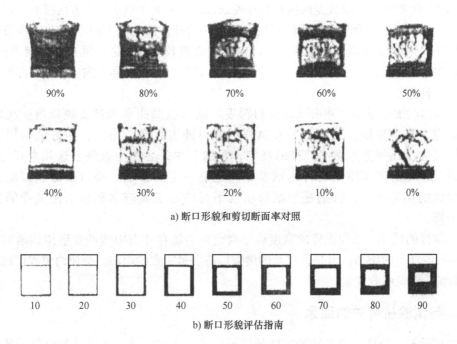

a) 断口形貌和剪切断面率对照

b) 断口形貌评估指南

图 4-12　断口形貌

对侧的膨胀量代表压缩量。

　　测量侧膨胀值的方法要考虑到试样断面上两侧最大的膨胀值，因为破断试样的一半可能两侧面都包含最大膨胀点，或只有一个侧面包含，或两个侧面都不包含。测量时，要保证测出的侧膨胀值是两个断面两侧最大膨胀量之和。为此，在测量两半试样断面的膨胀量时，要以试样原尺寸为准，如图 4-13 所示。可采用游标卡尺或图像分析仪测量两半试样的膨胀量。在测量各侧面变形之前，须目视检查两半试样上有无毛刺，如果有毛刺，应用毛刷或砂布进行清除，但须保证不损伤要测量的凸起部位，然后放置两半断样使其原始侧面对齐，分别以原始侧面为基础测量两半断样（图 4-13 中的 X 和 Y）两侧的突出量，取两侧最大值。例如 $A_1 > A_2$，$A_3 = A_4$ 时，侧膨胀值 $LE = A_1 + (A_3 \text{ 或 } A_4)$，如果 $A_1 > A_2$，$A_3 > A_4$，侧膨胀值 $LE = A_1 + A_3$。

　　如果试样侧面上出现一个或多个突出部分由于与试验机砧座接触或测量安装时已被损坏，则不能测量并应在报告中注明。侧膨胀值要测量各个试样。用以上方法测得的侧膨胀值一般保留两位有效数字。

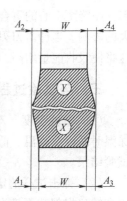

图 4-13　夏比冲击试样断后两半试样的侧膨胀值 A_1、A_2、A_3、A_4 和原始宽度 W

第五节　影响冲击试验结果的主要因素

一、与样品取样和制备有关的因素

（1）样品的取样方向　工程上使用的金属材料大多是轧制而成的。由于轧制时金属晶粒沿主变形方向变形，晶粒被变形拉长并排列成行，而且夹杂也沿变形方向排列，形成所谓的金属纤维组织，它对冲击吸收能量有较大影响，因此，沿轧制方向取样（试样长轴平行于轧制方向），垂直于轧制方向开缺口，冲击吸收能量较高；反之，垂直于轧制方向取样，顺着轧制方向开缺口，冲击吸收能量较低。因此，冲击样品的取样方向应按照产品标准和有关协议的要求确定。

（2）缺口的加工质量　冲击试样缺口深度、缺口根部曲率半径及缺口角度决定着缺口附近的应力集中程度，从而影响该试样的缺口冲击性能。为此，冲击试验标准对试样缺口的尺寸及几何公差做了严格的规定，在加工中，必须注意保证这几个尺寸参数。此外，缺口根部的表面质量对冲击试验结果也有一定的影响，缺口根部表面层的加工硬化、尖锐的加工痕迹，特别是与缺口轴线平行的加工痕迹和划痕会使试样的冲击性能明显下降。

（3）试样的尺寸　增加试样的宽度或厚度会使金属在冲击中塑性变形体积增加，从而导致试样吸收能量的增加。但是，尺寸的增大，特别是宽度的增加，会使约束程度增加，导致脆性断裂，降低吸收能量。

二、与试验机有关的因素

（1）试验机的精度　冲击试验机能量指示装置的相对误差，尤其是能量指示装置的回零差，对冲击试验结果有直接影响。

（2）摆锤与机架的配合　摆锤与机架的相对位置的正确性及稳定性，尤其是冲击刀刃与支座跨距中心的重合性及摆锤刀刃与试样纵向轴线的垂直度，对于获得准确试验结果有很大的影响。当冲击刀刃偏离支座跨距中心时，冲击刀刃不能打击在冲击试样缺口中心线上，这将使吸收能量增高。

三、与试验过程有关的因素

（1）试验温度　对于大多数材料，吸收能量随温度而变化，因此，温度控制的精度、保温时间以及高温、低温冲击试验时，试样从保温介质中移出至打断的时间间隔都可能影响试验结果。

（2）冲击试样的定位　如果使试样缺口轴线偏离支座跨距中心，则最大冲击力没有作用在缺口根部截面最小处，将会造成吸收能量偏高。一般来说，只有当试样缺口轴线与支座跨距中心偏离超过 0.5mm 时，对试验结果才有明显影响。

第六节　导向落锤试验

导向落锤试验是美国海军研究所（NRL）W. S. Pellini 和 P. P. Puzak 等人于 20 世纪 50 年代首创的，是用来研究具有温度转变行为的铁素体钢脆性断裂性能的一种试验方法，即铁素体钢的无塑性转变（NDT）温度落锤试验。该方法早期主要用于船舶钢板的脆性断裂试验，现在已广泛应用在锅炉及压力容器等产品材料的冷脆试验。该方法确定的冷脆转变温度严于夏比冲击试验。我国现在执行的标准是 GB/T 6803—2008《铁素体钢的无塑性转变温度落锤试验方法》。

一、试验原理

将给定材料的一组试样中每一个试样分别在一系列选定的温度下施加单一的冲击载荷，测定试样断裂时的最高温度。

二、试样

标准试样的形状及尺寸见图 4-14 和表 4-7。测定 NDT 温度所需要的试样数量取决于试验操作者对材料的熟悉程度和试验过程的正确性，一般情况下需要 6~8 个试样。

三、裂纹源焊道

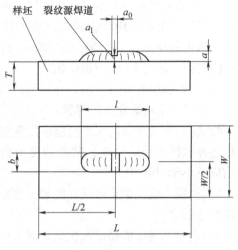

图 4-14　标准试样

裂纹源焊道位于落锤试样的原始表面（受拉面）的中间。堆焊焊条应采用直径 4mm~5mm 且符合 GB/T 984—2001 中的能确保焊道开裂的普通低合金材料堆焊焊条（建议采用 D127 焊条）。为了帮助焊工准确地将焊道堆焊于试样中间，可以按照焊道的位置和尺寸在试样上冲打标记。堆焊时可以从焊道的任一端向另一端进行连续焊接，焊接过程不应有间断，焊接电流为 180A~200A，中等电弧长度，焊接速度能够保证得到合适的焊道高度。焊接时可在试样下方放置金属或水箱散热器以起到散热作用。

表 4-7　标准试样尺寸　　（单位：mm）

名　称	试样型号		
	P-1	P-2	P-3
试样厚度 T	25.0±2.5	20.0±1.0	16.0±0.5
试样宽度 W	90.0±2.0	50.0±1.0	50.0±1.0
试样长度 L	360.0±5.0	130.0±2.5	130.0±2.5
焊道长度 l	40~85	20~65	20~65
焊道宽度 b	12~16	12~16	12~16
焊道高度 a	3.5~5.5	3.5~5.5	3.5~5.5
缺口宽度 a_0	≤1.5	≤1.5	≤1.5
缺口底高 a_1	1.8~2.0	1.8~2.0	1.8~2.0

四、试验装置

落锤试验机主要由导轨、底座、砧座（见图 4-15）、锤头及提升机构等部分组成。砧座的尺寸按 GB/T 6803—2008 执行，标准中对落锤试验机提出如下基本要求：

1）试验机导轨上应标有与底座之间的垂直距离，导轨与底座应垂直，底座应有足够的刚性。导轨之间应平行，以便引导锤头自由下落。试验机应有安全保护装置，以防止脆性试样断裂时的飞射。

2）锤头可以是一个整体，也可以是由若干块组合，但应有足够的刚性，撞击试样时应为一个整体。锤头的冲击是一个半径为 25mm 的钢制半圆柱体表面，硬度不小于 HRC50。

3）轨道和提升机构应满足使锤头升到各固定位置，并能安全可靠地迅速释放。

4）位于轨道下方的水平底座应配置能精确摆放供各种试样使用的砧座，砧座的支承台和终止台均应不小于 HRC50。

5）试验中底座禁止移动和跳动，底座应固定在刚性地基上。

6）测量系统应能保证每次试验时落锤的高度释放，误差在 0~10%。

7）低温装置误差不大于 ±1℃。

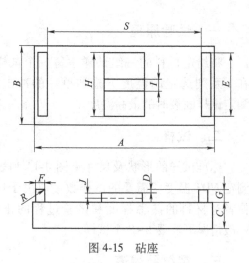

图 4-15　砧座

五、试验操作要点

（一）冲击能量的选择

试验前，应根据材料的屈服强度，在表 4-8 中选择适当的冲击能量。以保证试样的受拉面与所匹配的砧座终止台相接触。冲击能量按锤头质量乘以锤头落差计算，但锤头落差应不小于 1m。

表 4-8　标准落锤试验条件

试样型号	跨距 S/mm	终止挠度 D/mm	屈服强度/MPa	冲击能量/J
P-1	305	7.6	210~340	800
			>340~480	1100
			>480~620	1350
			>620~760	1650
P-2	100	1.5	210~410	350
			>410~620	400
			>620~830	450
			>830~1030	550
P-3	100	1.9	210~410	350
			>410~620	450
			>620~830	450
			>830~1030	550

（二）初始试验温度的选择

落锤试验的初始试验温度可根据经验估计的 NDT 温度确定，或选择在由系列夏比 V 型缺口冲击试验测定的韧脆转变温度附近。

（三）试样的冷却和保温

试样应置于低温装置内，试样之间的距离及试样与低温装置边缘、底面和介质自由液面之间的距离应不小于 25mm。试样在液体介质中的保温时间一般为 1.5min/mm。最少应不少于45min，同时应进行搅拌。

（四）试验程序

根据选择的冲击能量，将锤头提升至规定的高度并固定牢固，从保温容器中迅速取出试样放置在砧座支承台上，试样受拉面朝下，并使试样的横向中心线与砧座横向中心线对齐，其偏差应小于±1.5mm。然后立即松开固定装置，释放锤头对试样进行冲击，冲击时，裂纹源焊道不得接触砧座的任何部位，试样边缘也不得接触任何物体，从保温容器中取出至冲击整个过程应在20s内完成，否则应将试样重新保温。

每次冲击后将试样从试验机中取出。观察试样受拉面的断裂情况。试样受冲击后可能出现如下三种情况：

（1）断裂　裂纹源焊道形成的裂纹扩展到受拉面的一个或两个棱边，则认为试样断裂，典型试样外观如图4-16所示。

（2）未断裂　裂纹源焊道形成的裂纹未扩展到受拉面的棱边，则认为试样未断裂，典型试样外观如图4-17所示。

（3）无效试验　试验完成后，试样的裂纹源焊道缺口没有可见的裂纹，或试样受拉面未接触砧座终止台。

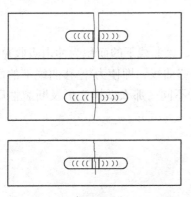

图4-16　断裂试样外观示意图

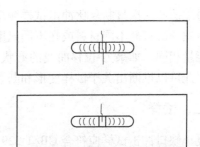

图4-17　未断裂试样外观示意图

如果试样断裂，则应提高后续试验温度；如果试样未断裂，则应降低后续试验温度。后续试验温度可参考表4-9，但每次试验温度应是5℃的整数倍。

表4-9　推荐的后续试验温度

	在 $t(℃)$ 温度试验后的试样断裂情况	推荐的后续试验温度/℃
断裂	断为两半	$t+30$
	裂纹扩展到受拉面两个棱边	$t+10\sim20$
	裂纹扩展到受拉面一个棱边	$t+5\sim10$
未断裂	堆焊缺口未开裂	无效试验
	裂纹扩展到试样表面长度小于1.6mm	$t-30$
	裂纹扩展到试样表面长度大于3.2mm，小于6.4mm	$t-20$
	裂纹扩展到试样边缘和焊趾的距离一半	$t-10$
	裂纹扩展到试样边缘的距离小于6.4mm	$t-5$

六、试验结果评定

（一）NDT 温度的确定

用一组试样按 GB/T 6803 进行系列温度试验，测量试样断裂的最高温度，在比该温度高 5℃时至少做两个试样的试验，并且两个试样均为未断裂，则该试验温度为 NDT 温度。

（二）检验材料的性能

在规定的试验温度下至少试验两个落锤试样，如果所有的试样均未断裂，则表明材料的 NDT 温度低于该规定的温度，如果一个或多个试样均断裂，则表明材料的 NDT 温度不低于该规定温度。

第七节　夏比摆锤仪器化冲击试验

仪器化冲击试验方法的命名是相对普通冲击试验方法而来的，仪器化（数字化）三个字体现了两种方法的不同。普通冲击试验方法仅给出材料 1 个冲击性能参数：吸收能量。仪器化冲击试验方法给出材料 13 个冲击性能参数：4 个冲击力、5 个位移和 4 个能量。

一、试验原理

通过摆锤一次打断夏比冲击试样测出力-位移曲线，该曲线下的面积为冲击吸收总能量。通过摆锤一次打断不同材料或在不同温度下测出力-位移曲线，即使力-位移曲线下的面积或吸收能量相同，如果力-位移曲线的形状和特征值有所不同，那么试样变形及断裂性质也不同。以此可以推断出关于试样变形和断裂特征。

二、试样

夏比缺口冲击试样应符合 GB/T 229 规定。

三、试验装置

（一）试验机

1）冲击试验机应符合 GB/T 3808—2018《摆锤式冲击试验机的检验》的规定，并能自动检测力-时间或力-位移曲线，检测的总吸收能量 W_t 可与试验机指针指出的吸收能量 K 进行比较。

2）仪器化方法测量的结果和刻度盘指示的结果是相近的，但数值有所不同，如果两者之间的偏差超过±5J，应该做如下检查：试验机的摩擦力；测量系统的校准；应用软件。

（二）力的测量系统

1）所用仪器应能测定力-时间或力-位移曲线及计算冲断试样过程中力的特征值、位移特征值及能量特征值。

2）由两个相同的应变片粘贴到冲击刀刃相对边上，并且与两个补偿应变片组成全桥电路。补偿应变片不应贴在试验机的任何受冲击或者震荡作用的部位。

3）由力传感器、放大器及记录仪等组成的力测量系统，至少应有 100kHz 频率响应，对钢试样其信号上升时间 t_r 应不大于 3.5μs。

4）建议力校准时，将力传感器装在锤头上使它们形成同一部件进行校准。全部测量系统的静态线性为：力范围在 10% ~ 50% 时为满量程的 ±1%；力范围在 50% ~ 100% 时为满量程的 ±2%，如图 4-18 所示。当力传感器单独校准时，在标称范围的 10% ~ 100% 时为 ±1%。

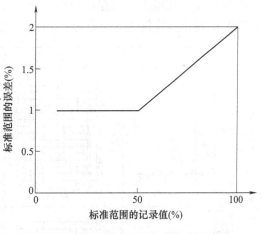

图 4-18　标准范围的记录值的允许误差

（三）位移测量系统

1）试样位移（试样与平台的相对位移）由力-时间曲线计算确定，也可由位移传感器直接测定。位移传感器可采用光学式、感应式或电容式位移传感器。

2）位移传感器系统信息的特性应与力测量系统一致，以使二者记录系统同步。位移传感器测量上限为 30mm，在 1mm ~ 30mm 范围内测量误差为所测值的 ±2%。

3）可在不放试样条件下，释放摆锤进行位移系统的动态校准，冲击速度由式（4-7）确定：

$$V_0 = \sqrt{2g_n h} \tag{4-7}$$

摆锤通过最低位置时所记录的速度信号对应速度为 V_0。建议位移在 0mm ~ 1mm 时用测量时间确定冲击刀刃的冲击速度。这时，可用式（4-8）确定位移：

$$S = V_0(t - t_0) \tag{4-8}$$

（四）记录装置

动态信号的记录最好用数字存储器完成，试验结果可输出到绘图仪或打印机。

当用力-位移图测定数据时，高度 100mm、宽度 100mm 以上的图形可以满足要求。

四、试验步骤

按照 GB/T 229 进行试验，根据变形和状态特性图形测定及评定力-位移曲线。

五、试验结果评定和处理

（一）力-位移曲线的评定

1）应考虑叠加在力-位移信号上的振荡，如图 4-19 所示，通过振荡曲线的拟合再现屈服力等特征值。

2）按冲击曲线近似关系，通常将力-位移曲线分为 A ~ F 六种类型，如图 4-20 所示。在最大力前不存在屈服（即几乎不存在塑性变形）且只产生不稳定裂纹扩展的为 A 型；在最大力前不存在屈服，但有少量稳定裂纹

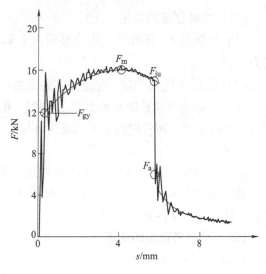

图 4-19　力特征值的确定

扩展的为 B 型；在最大力前存在塑性变形，并有稳定和不稳定裂纹扩展，根据其稳定或不稳定裂纹扩展所占比例的大小分为 C、D、E 型；只产生稳定裂纹扩展的为 F 型。

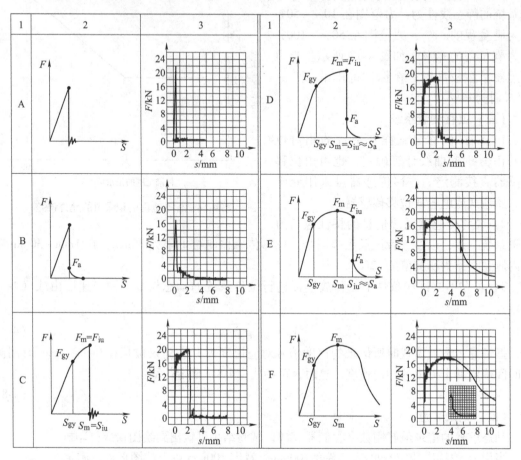

图 4-20　力-位移特征曲线的分类

（二）力特征值的确定

（1）屈服力 F_{gY} 的测定　力-位移曲线上第二个峰急剧上升部分与拟合曲线的交点对应的力。

（2）最大力 F_m 的测定　穿过振荡曲线的拟合曲线上最大值所对应的力。

（3）不稳定裂纹扩展起始力 F_{iu} 的测定　拟合曲线与力-位移曲线在最大力之后曲线急剧下降开始时的交点所对应的力。如果该点与最大力重合，则 $F_{iu} = F_m$（见图 4-20 中 C、D 型力-位移曲线）。

（4）不稳定裂纹扩展终止力 F_a 的测定　力-位移曲线急剧下降终止时与其后的力-位移拟合曲线的交点所对应的力（见图 4-20 中 B、D 和 E 型力-位移曲线）。对于图 4-20 中 A、C 型力-位移曲线，$F_a = 0$。

（三）位移特征值的确定

1. **按力特征值确定**

按图 4-20 确定的力特征值所对应的横坐标确定位移特征值。

当力-位移曲线与横坐标不相交时，用 $F = 0.02F_m$ 所对应的横坐标作为终点来计算总位移。

2. 按公式计算确定

根据力传感器测出的力-时间曲线与加速度成比例的关系，按式（4-9）计算试样的位移。

$$S = \int_{t_0}^{t} V(t)\,\mathrm{d}t \tag{4-9}$$

$$V(t) = V_0 - \frac{1}{m}\int_{t_0}^{t} F(t)\,\mathrm{d}t \tag{4-10}$$

（四）冲击能量特征值的确定

（1）最大力时能量 W_m 的测定　力-位移曲线下从 $S = 0$ 到 $S = S_m$ 的面积。

（2）不稳定裂纹扩展起始能量 W_{iu} 的测定　力-位移曲线下从 $S = 0$ 到 $S = S_{iu}$ 的面积。

（3）不稳定裂纹扩展终止能量 W_a 的测定　力-位移曲线下从 $S = 0$ 到 $S = S_a$ 的面积。

（4）总冲击能量 W_t 的测定　力-位移曲线下从 $S = 0$ 到 $S = S_t$ 的面积。

（5）裂纹形成能量及裂纹扩展能量　理论上认为裂纹在最大力时形成，多数研究者指出，当达到最大力时，裂纹在冲击试样缺口处出现。因此，把冲击最大力作为裂纹形成的依据：最大力之前所消耗的能量称为裂纹形成能量；最大力之后所消耗的能量称为裂纹扩展能量，其测定方法见 GB/T 19748—2019 附录 D。

（五）韧性断面率的确定

在力-时间或力-位移曲线变化过程中，如果力没有发生急剧下降（见图 4-20 中 F 型曲线），则断裂表面的韧性断面率可定义为断裂表面的 100%；如果力发生急剧下降，则下降的量与力的特征值有关，韧性断面率的确定参见 GB/T 19748—2019 附录 C。

思　考　题

1. 夏比冲击试验的原理是什么？
2. 夏比冲击试验有哪几种缺口试样和尺寸？两种缺口试样的性能指标是否可比？
3. 夏比冲击试验机的摆锤刀刃半径尺寸有哪几种？如何选择？
4. 冲击吸收能量的表示方法是什么？
5. 韧脆转变温度的测量方法有几种？不同方法测定的韧脆转变温度是否相同？
6. 导向落锤试验和夏比冲击试验测量的冷脆转变温度是否相同？为什么？
7. 导向落锤试验原理是什么？落锤试验机由哪几部分组成？
8. 导向落锤试验如何选择冲击能量？其目的是什么？
9. 仪器化冲击试验方法能够检测出几个冲击性能参数？具体是什么？

第五章

其他静载下的力学性能试验

一般地，工程材料力学性能试验中的不同加载方式是根据实际零件的受载方式和具体材料的力学性能特征来选择的。材料在实际服役过程中的受力形式和受力状态十分复杂，单向拉伸得到的性能数据不能完全反映材料的变形、断裂等特点。对于不同的工程材料，应选择与应力状态相适应的试验方法才能较全面地显示出材料的力学响应过程，并测出相应的力学性能指标。

为了充分揭示材料的力学行为和性能特点，常采用扭转、压缩、弯曲等与实际受力状态相似的加载方式进行性能试验，为合理选材和设计提供充分的试验依据。

本章主要介绍扭转、弯曲和压缩等试验。

第一节　金属扭转试验

一、扭转试验的特点及应用

工程实际中很多机械零部件承受扭转载荷作用，尤其是轴类零件。因此，在国防理化检测力学性能测试中，金属扭转试验是产品设计制造部门常常需要的试验项目，通过测定扭转性能指标，为产品验收、设计提供试验参数。

对试样施加扭矩，测量扭矩及相应的扭角，一般扭至断裂，以便测定材料扭转力学性能的方法称为扭转试验。扭转试验采用圆柱形（实心或空心）试件，在扭转试验机上进行。等直圆杆受到扭矩作用时，在横截面上无正应力而只有切应力作用。在弹性变形阶段，横截面上各点切应力与半径方向垂直，其大小与该点距中心的距离成正比；中心处切应力为零，表面处切应力最大。当表层产生塑性变形后，各点的切应变仍与该点距中心的距离成正比，但切应力则因塑性变化而降低。在圆杆表面上，在切线和平行于轴线的方向上切应力最大，在与轴线成45°的方向上正应力最大，正应力等于切应力。

扭转试验对象通常是轴类（如圆柱形、管形）零件或材料。通过扭转试验通常能获得扭矩、扭角，并通过它们绘制扭转曲线图，以测定金属材料的一项或几项扭转力学性能指标。圆柱形试样扭转试验通常具有如下特点：

1）扭转时，应力状态的软性系数 $\alpha = 0.8$，所以它可以为拉伸试验时表现为脆性的材料测定有关塑性变形的抗力指标，如淬火低温回火钢的塑性。

2）用圆柱形试件进行扭转试验时，整个长度上塑性变形始终是均匀的，其截面及标距长度基本保持不变，没有颈缩现象。因此，可用以精确评定拉伸时出现颈缩现象的高塑性材料的变形抗力和变形能力。

3）扭转试验中的正应力和切应力数值上大体相等，而常用金属结构材料 $\sigma_{K真} > \tau_K$，所以扭转试验是测定这类材料切断抗力 τ_K 的最可靠的方法。通过扭转试验可以明显地区别材料的断裂方式是正断还是切断。对于塑性材料，断口平整垂直于试样轴向，通常有回旋状的塑性变形痕迹，这是由切应力作用的切断。对于脆性材料，断口呈螺旋状，与试样轴线成 45°夹角，为正应力作用下的正断。另一种切断方式，断口出现层状或木片状形式，当存在较多非金属夹杂物或偏析的金属经过轧制、锻造或拉拔后，顺轧制、拉拔方向进行扭转试验时，常出现这种断口。这是因为材料的轴向切断抗力比横向的低而造成的。

根据材料力学知识，圆柱形试样在扭转试验时，试样表面的应力状态如图 5-1 所示，最大切应力和最大正应力绝对值相等，夹角成 45°。

4）扭转试验时，试样横截面上沿直径方向切应力和切应变的分布是不均匀的，如图 5-2 所示，表面的应力和应变最大，越靠近心部应力越小。所以，它不能显示材料的体积缺陷，但对表面缺陷以及表面硬化层的性能都很敏感。因此，可利用扭转试验研究或检验工件热处理的表面质量和各种表面强化工艺的效果，如工具钢的表面淬火微裂纹等。还可以利用扭转试验的这一特点对表面淬火、化学热处理等表面强化工艺进行研究。

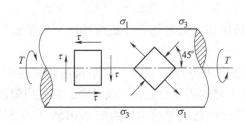

图 5-1 扭转试样表面应力状态

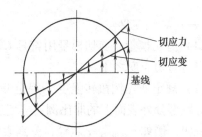

图 5-2 扭转弹性变形时断面切应力和应变分布情况

5）扭转试验时，试件受到较大的切应力，因而被广泛应用于研究有关初始塑性变形的非同时性问题，如弹性后效、弹性滞后及内耗等。

扭转试验可用于测定塑性材料和脆性材料的剪切变形和断裂的全部力学性能指标，并且还有着其他力学性能试验方法无法比拟的优点。因此，扭转试验在科研和生产检验中得到较广泛的应用。然而，扭转试验的特点和优点在某些情况下也会变为缺点。例如，由于扭转试件中表面切应力大，越靠近心部切应力越小，当表层发生塑性变形时，心部仍处于弹性状态，很难精确地测定表层开始塑性变形的时刻，故用扭转试验难以精确地测定材料的微量塑性变形抗力。

二、扭转试验原理

金属扭转试验原理是把一对扭矩施加于一长为 L、直径为 d 的圆柱体上，将产生一扭角。扭矩增加，扭角也将增加。扭矩用符号 T 表示，扭角用符号 φ 表示。绘制的扭转曲线图称为 $T\text{-}\varphi$ 曲线，如图 5-3 所示。$T\text{-}\varphi$ 曲线和拉伸试验中的拉伸曲线相似，不同的是扭转试验中的载荷为扭矩 T，形变为扭角 φ。在扭转试验中，试样的几何形状几乎始终保持不变，即使进入塑性变形阶段，扭矩 T 仍将逐渐增加，一般扭至断裂，以便测定材料的一项或几项扭转力学性能。

$T\text{-}\varphi$ 曲线虽和拉伸曲线相似，但在试验过程中，试样横截面上沿试样半径各点所受的扭矩（切应力）并不相等。所以，扭转试验和拉伸试验各种性能数据的计算不相同。

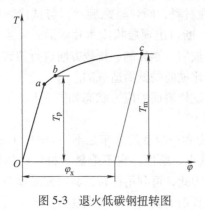

图 5-3　退火低碳钢扭转图　　　　　图 5-4　扭转塑性变形时断面应力应变分布情况

（一）名词定义

（1）剪切模量　剪切模量用符号 G 表示。它是指切应力与切应变成线性比例关系范围内切应力与切应变之比。

（2）规定非比例扭转强度　规定非比例扭转强度用符号 τ_p 表示。它是指扭转试验中，试样标距部分外表面上的非比例切应变达到规定数值时的切应力。表示该应力的符号应附以脚注说明，例如 $\tau_{p0.015}$、$\tau_{p0.3}$ 等，分别表示规定的非比例切应变达到标距的 0.015% 和 0.3% 的切应力。

（3）扭转屈服强度　扭转屈服强度是指当金属材料呈现屈服现象时，在试验期间达到塑性发生而扭矩不增加的应力点。测定屈服强度时应区分上屈服强度和下屈服强度。上屈服强度用符号 τ_{eH} 表示，它是指在扭转试验中，试样发生屈服而扭矩首次下降前的最高切应力。下屈服强度用符号 τ_{eL} 表示，它是指在扭转试验中，在屈服期间不计初始瞬时效应时的最低切应力。

（4）抗扭强度　抗扭强度用符号 τ_m 表示。它是指在扭转试验中相应于最大扭矩时的切应力。

（5）最大非比例切应变　最大非比例切应变用符号 γ_{max} 表示。它是指在扭转试验中，试样扭断时其外表面上的最大非比例切应变。

（二）扭转时的切应变

材料力学假设扭转时圆柱体的变形：所有纵向素线都倾斜了同一角度 α；所有圆周线都围绕轴线转了一定的角度 φ，而圆周线形状、长短及两圆周线间距离都未改变。

由材料力学可知：半径为 r 的圆柱体，圆柱体横截面上任一点扭转时的切应变 γ_p 与该点到轴线的距离成正比，圆柱体表面的切应变最大。

当直径为 d、长度为 L_c 的圆柱体两端的相对扭角为 φ 时，圆柱体表面的切应变为

$$\gamma = \frac{\mathrm{d}\varphi}{2L_c} \tag{5-1}$$

（三）扭转时的切应力

1. 弹性范围内的切应力

在弹性范围内，由剪切胡克定律可得切应力和切应变成正比：

$$\tau = G\gamma \tag{5-2}$$

2. 塑性变形时的切应力

当切应力使试样表面发生塑性变形时，圆柱体横截面上的切应力 τ_{ρ} 与该点到轴线的距离 ρ 失去比例关系，如图 5-4 所示。

由材料力学可知：扭转试验时，距离圆柱体轴线为 ρ 处，切应变为

$$\gamma = \rho\, d\varphi/dx = \rho\theta \tag{5-3}$$

切应力为

$$\tau_{\rho} = \frac{3T + \theta\, dT/d\theta}{2\pi\rho^3} \tag{5-4}$$

在试样表面（$\rho = d/2$ 处）：

$$\tau = \frac{4(3T + \theta\, dT/d\theta)}{\pi d^3} \tag{5-5}$$

式中　T——圆柱体试样外加扭矩；

$dT/d\theta$——试验过程 T-θ 曲线上试验点的斜率。

3. 薄壁管扭转时的切应力

当薄壁管的壁厚 a_0 远小于其平均半径 r_m 时 $[r_m = (d+d_1)/2，a_0/r_m < 10]$，$d$ 和 d_1 分别为薄壁管的外径和内径，可以认为，试样横截面上沿壁厚方向切应力近似相等，它们对试样轴线的力矩与外加扭矩 T 平衡。所以，薄壁管扭转时的切应力为

$$\tau = \frac{T}{2\pi r_m^2 a_0} \tag{5-6}$$

三、扭转试样及试验设备

（一）扭转试样

圆柱形扭转试样的形状和尺寸如图 5-5 所示。试样的头部形状和尺寸应适合试验机夹头夹持。推荐采用直径为 10mm、标距分别为 50mm 和 100mm、平行长度分别为 70mm 和 120mm 的试样。如果采用其他直径的试样，其平行长度应为标距加上两倍直径。由于扭转试验时试样外表面切应力最大，对于试样表面的细微缺陷比较敏感，因此，对试样表面粗糙

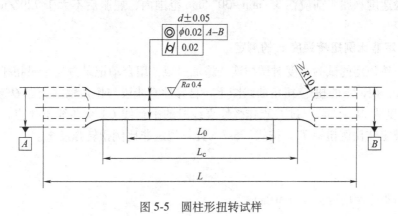

图 5-5　圆柱形扭转试样

度要求比拉伸试样高。

管形试样的平行长度应为标距加上两倍直径。其直径和壁厚的尺寸公差及内外表面粗糙度应符合有关标准或协议要求。试样应平直。试样两端应间隙配合塞头，塞头不应伸进其平行长度内。塞头的形状和尺寸如图 5-6 所示。

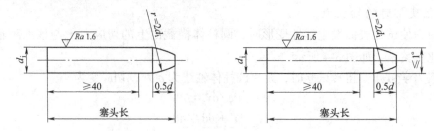

图 5-6　管形试样塞头

注：d_i 为管形试样内径

（二）试验设备

1. 扭转试验机

试验机扭矩示值相对误差应不大于±1%。

试验时，试验机两夹头其中之一应能沿轴向自由移动，对试样无附加轴向力，两夹头保持同轴。

试验机应能在规定的速度范围内控制试验速度，对试样连续施加扭矩，加卸力应平稳、无振动、无冲击。

2. 扭转计

扭转计标距偏差应不大于±0.5%，并能牢固地装夹在试样上，试验过程中不发生滑移；扭转计示值相对误差不大于±1%。

扭转试验机和扭转计应定期进行检定或校准。

四、扭转力学性能指标的测定

（一）试验条件

试验一般在室温 10℃~35℃ 范围内进行，对温度要求严格的试验，试验温度为23℃±5℃。

扭转试验速度：屈服前应在 3°/min~30°/min 范围内，屈服后不大于 720°/min，速度的改变应无冲击。

（二）规定非比例扭转强度 τ_p 的测定

图解法：按规定的试验速度对试样连续施加扭矩，用自动记录方法记录扭矩-扭角曲线，如图 5-7 所示。在记录的扭矩-扭角曲线图上，自弹性直线段与扭角轴的交点 O 起，截取 OC 段（OC 段长度为 $2L_e\gamma_p/d$）。过 C 点作弹性直线段的平行线 CA 交曲线于 A 点，A 点所对应的扭矩即为规定非比例扭矩 T_p。按式（5-7）计算规定非比例扭转强度 τ_p：

$$\tau_p = \frac{T_p}{W} \tag{5-7}$$

式中　τ_p——非比例扭转强度（MPa）；

T_p——规定非比例扭矩（N·mm）;

W——截面系数（mm³）。

圆形试样
$$W = \frac{\pi d^3}{16}$$
(5-8)

管形试样
$$W = \frac{\pi d^2 a}{2}\left(1 - \frac{3a}{d} + \frac{4a^2}{d^2} - \frac{2a^3}{d^3}\right)$$
(5-9)

使用自动测量系统得到扭转力学性能时，无须绘出扭矩-扭角曲线。

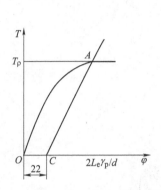

图 5-7　图解法测定规定非比例扭转强度

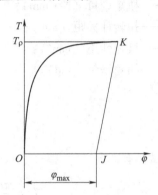

图 5-8　图解法测定 τ_m 与 γ_{max}

（三）上屈服强度 τ_{eH} 和下屈服强度 τ_{eL} 的测定

用图解法或指针法进行测定（仲裁试验采用图解法），试验时，对试样连续施加扭矩，同时记录扭矩-扭角曲线或直接观测试验机扭矩度盘指针的指示或数显器读数。当首次下降前的最大扭矩为上屈服扭矩 T_{eH}；屈服阶段中最小扭矩为下屈服扭矩 T_{eL}。上屈服强度 τ_{eH} 和下屈服强度 τ_{eL} 的计算公式如下：

$$\tau_{eH} = \frac{T_{eH}}{W}$$
(5-10)

$$\tau_{eL} = \frac{T_{eL}}{W}$$
(5-11)

（四）抗扭强度 τ_m 与最大非比例切应变 γ_{max} 的测定

试验时，对试样连续施加扭矩，同时记录扭矩-扭角曲线，直至试样扭断。从记录的扭矩-扭角曲线（图 5-8）或试验机扭矩度盘上读取试样扭断前所承受的最大扭矩 T_m。过试样断裂点 K 作曲线的弹性直线段的平行线 KJ 交扭角轴于 J 点，J 点对应的扭角为最大非比例扭角 φ_{max}。抗扭强度 τ_m 与最大非比例切应变 γ_{max} 的计算如下：

$$\tau_m = \frac{T_m}{W}$$
(5-12)

$$\gamma_{max} = \frac{d\varphi_{max}}{2L_e} \times 100\%$$
(5-13)

（五）剪切模量 G 的测定

安装试样并装夹扭转计，按规定的试验速度对试样连续施加扭矩，同时记录扭矩-扭角曲线。记录时，扭矩轴比例的选择应使扭矩-扭角曲线的弹性直线段的高度超过扭矩轴量程的 1/2 以上。扭角轴放大倍数的选择应使扭矩-扭角曲线弹性直线段与扭矩轴的夹角不小于 40°为宜。在记录的曲线图上，借助于直尺的直边确定最佳弹性直线段。读取该直线段的扭矩增量 ΔT 和相应的扭角增量 $\Delta \varphi$。按式（5-14）计算切变模量 G：

$$G = \frac{\Delta T L_e}{\Delta \varphi I_p} \tag{5-14}$$

式中　G——剪切模量（MPa）；

　　　ΔT——扭矩增量（N·mm）；

　　　L_e——扭转计标距（mm）；

　　　I_p——极惯性矩（mm^4）；

　　　$\Delta \varphi$——扭角增量（rad）。

对于圆形试样有

$$I_p = \frac{\pi d^4}{32} \tag{5-15}$$

对于管形试样有

$$I_p = \frac{\pi d^3 a}{4}\left(1 - \frac{3a}{d} + \frac{4a^2}{d^2} - \frac{2a^3}{d^3}\right) \tag{5-16}$$

（六）测试结果数值的修约

测试结果数值按表 5-1 的规定修约，修约方法按 GB 8170 执行。

表 5-1　测试结果数值的修约

扭转性能	范围	修约到
G	—	100MPa
τ_p，τ_{eH}，τ_{eL}，τ_m	≤200MPa	1MPa
	>200MPa~1000MPa	5MPa
	>1000MPa	10MPa
γ_{max}	—	0.5%

五、扭转试样的断裂分析

对塑性材料和脆性材料来说，都可在扭转载荷下发生破断，其断裂方式有以下两种：

（1）切断断口　断面和试样轴线垂直，有回旋状塑性变形痕迹，这是切应力作用的结果。塑性材料常为这种断口，如图 5-9a 所示。

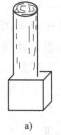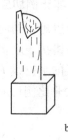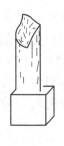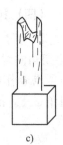

a)　　　　b)　　　　c)

图 5-9　圆柱形扭转试样扭转破断形式

（2）正断断口　断面和试样轴线约 45°角，呈螺旋形状或斜劈形状，这是正应力作用的结果。脆性材料常为这种断口，如图 5-9b 所示。

因此，可以根据扭转断口特征来判断材料断裂的方式。

扭转时也可能出现第三种断口，呈层状或木片状，如图 5-9c 所示。一般认为，这是由于锻造或轧制过程中夹杂或偏析物沿轴向分布，降低了轴向切断抗力 τ_k，形成了纵向和横向的组合切断断口。

第二节 金属弯曲试验

一、弯曲试验的特点及应用

弯曲试验主要用于检验材料在受弯曲载荷作用下的力学性能，因为许多机器零部件是在弯曲载荷下工作的，受到弯矩或剪力作用，产生一定的挠度。为了保证这些机器零部件的安全可靠，需要对这些机器零部件的材料进行弯曲试验。

弯曲试验有以下特点：

1）试样在整个跨距内存在弯矩和剪力且分布不均匀，三点弯曲试样在试样中点存在最大的弯矩，以中点为界，试样两侧剪力大小相等，方向相反；四点弯曲试样在两力臂之间弯矩最大，剪力为零，两力臂之外剪力大小相等，方向相反。上表面存在最大压应力，下表面存在最大拉应力。

2）试样横截面应变分布不均匀，上、下表面存在最大应变。

3）四点弯曲两力臂之间为纯弯曲，弯矩均匀分布，试验时可显示出该长度上存在的缺陷。三点弯曲为剪切弯曲，试样通常在中点及附近破坏，在其他部位的缺陷不易显示。

4）弯曲试验适用于脆性材料和低塑性材料强度指标的测定，如铸铁、铸铝、工具钢等，以挠度表示塑性。

5）对于塑性材料，只能发生变形，一般不会发生破坏。

二、弯曲试验原理

试样上的外力垂直于试样的轴线，并作用在纵向对称面内，试样的轴线在纵向对称面内弯曲成一条平面曲线的弯曲变形称为平面弯曲。弯曲试验常用三点弯曲与四点弯曲两种加载方法。

试样弯曲时，一般承受弯矩和剪力。在试样的横截面上一般有弯矩产生的正应力和剪力产生的切应力。

（一）术语和定义

（1）弯曲弹性模量（E_b） 它是指弯曲应力与弯曲应变呈线性比例关系范围内的弯曲应力与应变之比。

（2）规定塑性弯曲应力（R_{pb}） 它是指弯曲试验中，试样弯曲外表面上的塑性弯曲应变达到规定值时，按弹性弯曲应力公式计算的最大弯曲应力。该应力的符号附以脚注表示，如 $R_{pb0.01}$、$R_{pb0.05}$ 分别表示规定塑性弯曲应变达到 0.01%、0.05%时的最大弯曲应力。

（3）规定残余弯曲应力（R_{rb}） 它是指对试样施加弯曲力和卸出力后，试样弯曲外表面上残余弯曲应变达到规定值时，按弹性弯曲应力公式计算的最大弯曲应力。

（4）弯曲应变（e_{bb}） 它是指弯曲力在试样弯曲外表面产生的拉应变。

（5）抗弯强度（R_{bb}） 它是指试样弯曲至断裂，断裂前达到最大弯曲力时，按弹性弯曲应力公式计算的最大弯曲应力。

（6）挠度（f）　它是指试样弯曲时，其中心线偏离原始位置的最大距离。

（7）断裂挠度（f_{bb}）　它是指试样弯曲断裂时的挠度。

（二）弯曲试样上的弯矩

由材料力学的分析、计算可以得到三点弯曲试样和四点弯曲试样上的受力情况。三点弯曲试样弯矩图和剪力图如图5-10所示。四点弯曲试样弯矩图和剪力图如图5-11所示。圆形截面试样直径为d。矩形截面试样宽度为b，高度为h。

三点弯曲试样在试样的中点弯矩最大，可按式（5-17）计算：

$$M_{max} = \frac{FL_S}{4} \qquad (5-17)$$

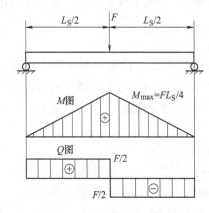

图5-10　三点弯曲试样弯矩图

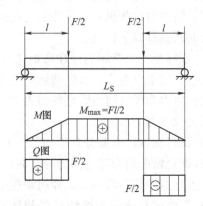

图5-11　四点弯曲试样弯矩和剪力图

四点弯曲试样的两力臂之间弯矩最大，可按式（5-18）计算：

$$M_{max} = \frac{Fl}{2} \qquad (5-18)$$

在四点弯曲试验的两弯曲力之间的各横截面上只有弯矩，无剪力，称为纯弯曲；在四点弯曲和三点弯曲试验的弯曲力与支点之间的各横截面上有弯矩和剪力，称为剪力弯曲。

由弯曲试样上的弯矩和剪力分析可知：在四点弯曲试样的两力臂之间弯矩是均匀分布的，弯曲试验时试样会在该长度上的任何薄弱处破坏，可以显示该长度上存在的缺陷，但四点弯曲试验压头的结构比较复杂。三点弯曲试验总是使试样在中点处及其附近破坏，在其他部位的缺陷不易显示出来。三点弯曲试验方法比较简单，在工厂实验室中常被采用。

（三）三点弯曲试验时试样横截面上的最大正应力和最大切应力的关系

矩形截面试样：　　　　　　　$\sigma_{max}/\tau_{max} = 2L_S/h$　　　　　　　（5-19）

圆形截面试样：　　　　　　　$\sigma_{max}/\tau_{max} = 3L_S/d$　　　　　　　（5-20）

弯曲试验测定正应力σ时，要尽量减小切应力τ的影响。如取$L_S = 10d$（或$L_S = 16h$），则三点弯曲时，切应力的影响为3.3%（或3.1%），如取$L_S < 10d$（或$L_S < 16h$），则切应力的影响更大，会影响对材料弯曲强度的正确测定。因此，YB/T 5349—2014《金属材料 弯曲力学性能试验方法》要求试样的跨距$L_S \geq 16d$或$L_S \geq 16h$，灰铸铁试样的跨距$L_S = 10d$。

（四）弯曲试样的挠度

由材料力学可知梁的弯曲在弹性范围内，忽略剪力的影响时，挠度f与转角θ、弯矩M

之间的关系为：挠度 f 的一次积分等于转角 θ，挠度 f 的二次积分等于弯矩 M 除以 EI。

可通过积分弯曲试样的弯矩方程，并由支座处的边界条件与试样的连续条件确定积分常数，求得弯曲试样的挠度方程与最大挠度。

三点弯曲时试样挠度方程与最大挠度计算如下：

试样左半段挠度按式（5-21）计算为

$$f_1 = \frac{-FX(3L_S^2 - 4X^2)}{48EI} \tag{5-21}$$

式中　X——三点弯曲试样上的考察点到左支座的距离（mm）；

　　　E——试验材料的弹性模量（MPa）；

　　　I——试样横截面对中心轴的惯性矩（mm^4）。

在试样中点挠度最大，按式（5-22）计算为

$$f_{max} = \frac{FL_S^3}{48EI} \tag{5-22}$$

（五）弯曲曲线（$M\text{-}f$ 曲线或 $F\text{-}f$ 曲线）

为了得到弯曲载荷作用下材料的变形情况，通常在试样中点挠度最大处测量试样挠度 f，然后将弯矩 M（或弯曲力 F）与挠度 f 的关系在直角坐标系上用曲线表示出来，即为弯曲曲线。典型的弯曲曲线如图 5-12 所示。

从图中可以看出，当试验进行到 p 点时，弯矩 M 与挠度 f 仍保持正比关系；进行到 e 点时，挠度仍为弹性变形，超过 e 点，则将产生一定的塑性变形；达到 b 点时，弯矩为最大值；超过 b 点，弯矩将逐渐下降，直至试样断裂。

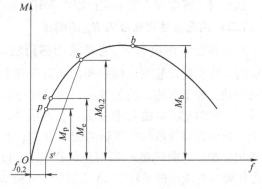

图 5-12　弯矩-挠度曲线

三、弯曲试样

弯曲试验采用圆形横截面试样和矩形横截面试样。试样的形状、尺寸、公差及表面要求应按有关标准或协议的规定。若无规定，可根据材料和产品尺寸从 YB/T 5349—2014《金属材料　弯曲力学性能试验方法》的表 2 或表 3 中选用合适的试样尺寸。

灰铸铁弯曲试样选用圆形横截面试样，尺寸常用直径 $d = 30mm$、$L = 340mm$ 的弯曲试样，也可选用直径 $d = 20mm$ 或 $13mm$（相应的 $L = 240mm$ 或 $160mm$）等弯曲试样。

四、弯曲试验设备

（1）试验机　各类型万能电子试验机和液压试验机均可使用，试验机精度为 1 级或优于 1 级，并配备记录弯曲力-挠度曲线装置。试验机应能在规定的速度范围内控制试验速度，加卸力应平稳、无振动、无冲击，试验机应定期检定或校准。

（2）弯曲试验装置　三点弯曲和四点弯曲试验装置和薄板试样用三点弯曲和四点弯曲试验装置应符合 YB/T 5349—2014《金属材料　弯曲力学性能试验方法》规定。试验时，滚

柱应能绕其轴线转动，但不应发生相对位移。两支承滚柱（或支承刀）间和施力滚柱（或施力刀）间的距离应分别可调节，并带有指示距离的标记，跨距应精确到±0.5%。滚柱的硬度应不低于试样的硬度，其表面粗糙度值 Ra 应不大于 $0.8\mu m$。

（3）挠度计　应根据所测弯曲力学性能指标按 YB/T 5349—2014 选用相应精度的挠度计。挠度计应定期进行校准，校准时，挠度计工作状态应尽可能与试验工作状态相同。

（4）安全防护装置　试验时应在弯曲试验装置周围装设安全防护装置，以防试验时，试样断裂片飞出伤害试验人员或损坏设备。

五、脆性和低塑性材料的弯曲力学性能测定

采用三点弯曲或四点弯曲方式对圆形或矩形横截面试样施加弯曲力，一般直至断裂，测定其弯曲力学性能。

（一）试验条件

试验应在室温 $10℃\sim35℃$ 下进行。

试验时，弯曲应力速率应控制在 $3MPa/s\sim30MPa/s$ 范围内某个尽量恒定的值。

（二）规定塑性弯曲应力 R_{pb} 的测定

规定塑性弯曲应力 R_{pb} 通常采用图解法测定。试验时，将挠度计装在试样中间的测量位置上，试样对称地安放于弯曲试验装置上，对试样连续施加弯曲力，同时记录弯曲力-挠度曲线。在记录的曲线图上，自弹性直线段与挠度轴的交点 O 起，截取相应于规定塑性弯曲应变 e_{pb} 所对应的挠度 OC 段。过 C 点作弹性直线段的平行线 CA 交曲线于 A 点，A 点所对应的力即为规定塑性弯曲力 F_{pb}，如图 5-13 所示。规定塑性弯曲应力 R_{pb} 按如下公式计算：

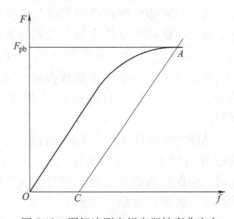

图 5-13　图解法测定规定塑性弯曲应力

三点弯曲试验：
$$OC = \frac{nL_s^2 e_{pb}}{12Y} \tag{5-23}$$

$$R_{pb} = \frac{F_{pb}L_S}{4W} \tag{5-24}$$

四点弯曲试验

$$OC = \frac{n(3L_s^2 - 4l^2)e_{pb}}{24Y} \tag{5-25}$$

$$R_{pb} = \frac{F_{pb}l}{2W} \tag{5-26}$$

式中　l——力臂（mm）；

$\quad\quad W$——试样截面系数（mm^3）；

$\quad\quad F_{pb}$——最大弯曲力（N）。

圆形横截面试样　　　　　　　$Y = d/2, W = \pi d^3/32$

矩形横截面试样　　　　　　　$Y = h/2, W = bh^2/6$

（三）规定残余弯曲应力 R_{rb} 的测定

规定残余弯曲应力 R_{rb} 按如下公式计算：

三点弯曲试验：

$$R_{rb} = \frac{F_{rb}L_S}{4W} \tag{5-27}$$

四点弯曲试验：

$$R_{rb} = \frac{F_{rb}l}{2W} \tag{5-28}$$

（四）抗弯强度 R_{bb} 的测定

将试样对称地安放于弯曲试验装置上，对试样连续施加弯曲力，直至试样断裂。从试验机测力度盘上或从记录的弯曲力-挠度曲线上读取最大弯曲力 F_{bb}，计算抗弯强度 R_{bb}。

三点弯曲试验：
$$R_{bb} = \frac{F_{bb}L_S}{4W} \tag{5-29}$$

四点弯曲试验：
$$R_{bb} = \frac{F_{bb}l}{2W} \tag{5-30}$$

（五）断裂挠度 f_{bb} 的测定

将试样对称地安放于弯曲试验装置上，挠度计装在试样中间的测量位置上，对试样连续施加弯曲力，直至试样断裂，测量试样断裂瞬间跨距中点的挠度，该挠度即为断裂挠度 f_{bb}。该方法用于仲裁试验。

（六）图解法测定弯曲弹性模量 E_b

将试样对称地安放于弯曲试验装置上，挠度计装在试样中间的测量位置上，对试样连续施加弯曲力，同时采用自动方法连续记录弯曲力-挠度曲线，直至超过相应于 $R_{pb0.01}$（或 $R_{rb0.01}$）的弯曲力。记录时，建议力轴比例和挠度轴放大倍数的选择，宜使曲线弹性直线段与力轴的夹角不小于 $40°$，弹性直线段的高度应超过力轴量程的 $3/5$。在记录的曲线图上，借助于直尺的直边确定最佳弹性直线段。读取该直线段的弯曲力增量 ΔF 和相应的挠度增量 Δf，如图 5-14 所示。按如下公式计算弯曲弹性模量：

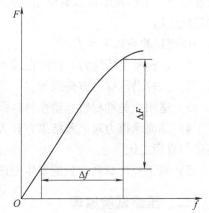

图 5-14 图解法测定弯曲弹性模量

三点弯曲试验：

$$E_b = \frac{L_S^3 \Delta F}{48I\Delta f} \tag{5-31}$$

四点弯曲试验：

$$E_b = \frac{l(3L_S^2 - 4l^2)\Delta F}{48I\Delta f} \tag{5-32}$$

（七）测试结果数值的修约

测试结果的数值应按表 5-2 进行修约，修约方法按 GB/T 8170 执行。

表 5-2　测试结果数值的修约

性能	范围	修约到
E_b	≤150000MPa	500MPa
	>150000MPa	1000MPa
R_{pb}，R_{rb}，R_{bb}	≤200MPa	1MPa
	>200MPa～1000MPa	5MPa
	>1000MPa	10MPa
F_{bb}		0.1mm

第三节　金属压缩试验

一、压缩试验的特点及应用

工程中有许多承受压缩载荷的构件，如大型厂房的立柱、起重机的支架、机床的底座等。为了保证这些构件的安全可靠，需要对其原材料进行压缩性能评定。压缩试验是在规定的试验条件下，用静压缩力对试样轴向压缩测定其力学性能。

单向压缩应力状态的软性系数 $\alpha=2$，很适合脆性材料的力学性能试验。对于塑性材料，只能压扁不能压破，试验只是测得弹性模量、比例极限和弹性极限等指标，而不能测得压缩强度极限。单向压缩可以看作是反向拉伸，因此，拉伸时所确定的力学性能的定义和公式在此都还适用。

压缩试验有以下特点：

1）试样承受压应力，同时在端面还存在摩擦力。

2）试样沿压应力方向缩短。

3）适用于脆性材料和塑性材料强度指标的测定，如铸铁、铸铝、工具钢等。

4）端面摩擦力对试验结果有较大的影响，在满足试验要求的前提下，尽量选用较大的高度与直径之比。

5）对于塑性材料，只能发生变形，一般不会发生破坏。

二、压缩试验原理

试样受轴向递增的单向压缩力，且力和变形可连续地或按有限增量进行检测，测定其压缩力学性能。

（一）术语和定义

（1）屈曲　除通过材料的压溃方式引起压缩失效外，以下几种方式也可能发生压缩失效：①由于非轴向加力引起柱体试样在全长度上的弹性失稳；②柱体试样在全长度上的非弹性失稳；③板材试样标距内小区域上的弹性或非弹性局部失稳；④试样横截面绕其纵轴转动而发生的扭曲或扭转失效。这几种失效类型统称为屈曲。

（2）单向压缩　它是指试样受轴向压缩时，弯曲的影响可以忽略不计，标距内应力均匀分布，且在试验过程中不发生屈曲。

（3）试样原始标距 L_0 它是指用以测量试样变形的那一部分原始长度，该长度应不小于试样原始宽度 b 或试样原始直径 d。

（4）实际压缩力 F 它是指压缩过程中作用在试样轴线方向上的力，对夹持在约束装置中进行试验的板状试样，是标距中点处扣除摩擦力后的力。

（5）摩擦力 F_f 它是指被约束装置夹持的试样在加力时，两侧面与夹板之间产生的摩擦力。

（6）规定塑性压缩强度 R_{pc} 它是指试样标距的塑性压缩变形达到规定的原始标距百分比时的压缩应力。表示该压缩强度的符号应以下角标说明，例如 $R_{pc0.01}$、$R_{pc0.2}$ 分别表示规定塑性压缩应变为 0.01%、0.2%时的压缩应力。

（7）规定总压缩强度 R_{tc} 它是指试样标距段的总压缩变形（弹性变形加塑性变形）达到规定的原始标距百分比的压缩应力。表示该压缩强度的符号应附以下角标说明，例如 $R_{tc1.5}$表示规定总压缩应变为 1.5%时的压缩应力。

（8）压缩屈服强度 它是指当金属材料呈现屈服现象时，试样在试验过程中达到力不再增加而仍继续变形所对应的压缩应力，又区分为上压缩屈服强度和下压缩屈服强度。

1）上压缩屈服强度 R_{eHc}：试样发生屈服而力首次下降前的最高压缩应力。

2）下压缩屈服强度 R_{eLc}：屈服期间不计初始瞬时效应时的最低压缩应力。

（9）抗压强度 R_{mc} 对于脆性材料，抗压强度是指试样压至破坏过程中的最大压缩应力。对于在压缩中不以粉碎破裂而失效的塑性材料，则抗压强度取决于规定应变和试样的几何形状。

（10）压缩弹性模量 E_c 它是指试验过程中，应力应变呈线性关系时的压缩应力与应变的比值。

（二）压缩试验时的应力-变形曲线

压缩试验时试样的受力情况如图 5-15 所示，它与拉伸试验受力的情况正好相反，其压缩应力也是载荷除以试样的横截面面积。试样除承受压缩应力外还承受摩擦力，摩擦力的方向平行于试样端面，与压缩应力方向垂直，在压缩应力与摩擦力的作用下，试样将发生鼓状变形。

典型的低碳钢压缩时的应力-变形曲线如图 5-16 所示。试验表明，这类材料压缩时的屈服强度与拉伸时的接近。在屈服阶段以前，拉伸与压缩时应力-变形曲线基本重合，故基本上可以认为碳钢材料是拉、压等强度的材料。当应力过屈服阶段以后，试样发生显著的塑性变形，长度方向缩短，横截面变大。在试样端面摩擦力的影响下，端面横向变形受到阻碍，最终试样变形成鼓状特征。随压应力不断增大，试样越压越扁，但不可能发生破坏，因此测不出这类材料的抗压强度。

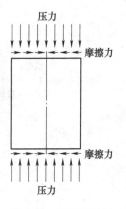

图 5-15 压缩试验时
试样的受力情况

与塑性材料不同，脆性材料在压缩试验时与拉伸试验时有较大的区别。图 5-17 是铸铁压缩时的应力-变形曲线图，可以看出，压缩与拉伸的应力-变形曲线相似，但压缩的延伸率比拉伸时的大，抗压强度远比抗拉强度高，为抗拉强度的 2~5 倍。一般脆性材料的抗压能力显著高于抗拉能力。

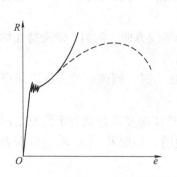

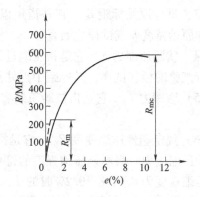

图 5-16　低碳钢压缩时的应力-变形曲线　　　　图 5-17　铸铁压缩时的应力-变形曲线

三、压缩试样

（一）试样形状和尺寸

试样形状和尺寸的设计应保证：在试验过程中标距内为均匀单向压缩；引伸计所测变形应与试样轴线上标距段的变形相等；端部不应在试验结束之前损坏。GB/T 7314—2017 推荐图 5-18～图 5-21 所示的试样，也可采用能满足上述要求的其他试样。

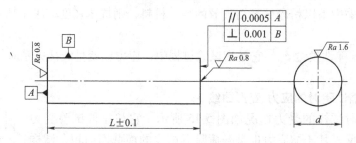

说明：
L —— 试样长度[L=(2.5～3.5)d或(5～8)d或(1～2)d]，单位为毫米(mm)；
d —— 试样原始直径[d=(10～20)±0.05]，单位为毫米(mm)。

图 5-18　圆柱体试样

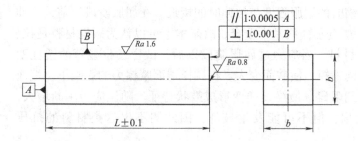

说明：
L —— 试样长度[L=(2.5～3.5)b或(5～8)b或(1～2)b]，单位为毫米(mm)；
b —— 试样原始宽度[b=(10～20)±0.05]，单位为毫米(mm)。

图 5-19　正方形柱体试样

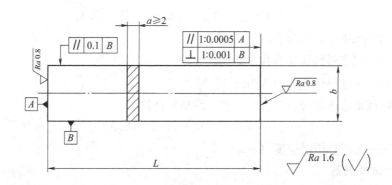

说明：
L —— 试样长度 $[L=(H+h)\pm0.1]$，单位为毫米(mm)；
b —— 试样原始宽度 $(b=12.5\pm0.05)$，单位为毫米(mm)。

图 5-20　矩形板试样

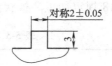

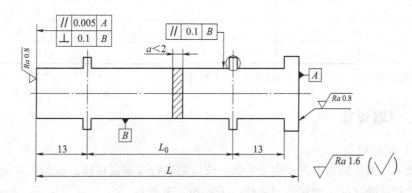

说明：
L_0——试样原始标距 $(L_0=50\pm0.05)$，单位为毫米(mm)；
L ——薄板试样原始长度 $[L=(H+h)\pm0.05]$，单位为毫米(mm)。

图 5-21　带凸耳板状试样

圆柱体试样和正方形柱体试样为侧向无约束试样。长度 $L=(2.5\sim3.5)d$ 或 $L=(2.5\sim3.5)b$ 的试样适用于测定 R_{pc}、R_{eHc}、R_{eLc}、R_{tc}、R_{mc}；$L=(5\sim8)d$ 或 $L=(5\sim8)b$ 的试样适用于测定 $R_{pc0.01}$、E_c；$L=(1\sim2)d$ 或 $L=(1\sim2)b$ 的试样仅适用于测定 R_{mc}。

矩形板试样和带凸耳板状试样需在约束装置内进行试验，除脆性材料外，一般不能测定 R_{mc}。

板状试样长度按式（5-33）计算：

$$L = H + h \qquad (5-33)$$

式中　H——约束装置的高度（mm）；

h——板状试样无约束部分的长度（mm），按式（5-34）计算。

$$h = (e_{\text{pc}} + R_{\text{pc}}/E_{\text{c}})H + (0.2 \sim 0.3) \tag{5-34}$$

式中　e_{pc}——规定塑性压缩应变（mm）；

　　　R_{pc}——规定塑性压缩强度（N/mm^2）；

　　　E_{c}——压缩弹性模量（N/mm^2）。

在测量规定总压缩应力时，h 按式（5-35）计算：

$$h = e_{\text{tc}} \cdot H + (0.2 \sim 0.3) \tag{5-35}$$

式中　e_{tc}——规定总压缩应变（mm）。

（二）试样制备

样坯切取的数量、部位、取向应按有关标准或双方协议规定。机械加工时，应防止冷加工或热影响而改变材料性能。试样棱边无毛刺、无倒角。

板状试样厚度为原材料厚度时，应保留原表面，表面上不应有划痕等损伤；试样厚度为机械加工厚度时，表面粗糙度值应不大于原表面的表面粗糙度值，厚度（或直径）在标距内的允许偏差为1%或0.05mm，取其小值。

圆柱体试样按图 5-18 规定加工。板状试样按表 5-3 加工。

表 5-3　板状试样尺寸　　　　　　　　　　　　　　（单位：mm）

厚　　度	宽　　度	图　号
0.1~<2	12.5	图 5-21
2~<10	12.5	图 5-20
≥10	≥10	图 5-19

注：厚度小于 0.3mm 的试样，一般把头部弯成"冖"形。

四、试验设备

（一）试验机

试验机准确度应为 1 级或优于 1 级，应定期进行检定或校检。试验机应能在规定的速度范围内控制试验速度，加卸力应平稳、无振动、无冲击。

试验机上、下压板表面应平行，平行度不低于 1∶0.0002mm/mm（安装试样区 100mm 范围内）。试验过程中，压头与压板间不应有侧向的相对位移和转动。压板的硬度不低于 55HRC。

硬度较高的试样两端应垫以合适的硬质材料做成垫板，板面不应有永久变形，垫板上、下两端面的平行度不低于 1∶0.0002mm/mm，表面粗糙度参数 Ra 的最大值为 0.8μm。

（二）力导向装置

若试验机上、下压板表面不平行时，应加配力导向装置。

（三）约束装置

板状试样压缩试验时，应使用约束装置。约束装置应具备：试样在低于规定的力的作用下发生屈曲；不影响试样轴向自由收缩及沿宽度和厚度方向的自由胀大；试验过程中摩擦力为一个定值。GB/T 7314—2017 推荐了一种约束装置，满足上述要求的其他约束装置也可采用。

（四）引伸计

引伸计（包括记录或显示仪器）应定期进行检定，检定时引伸计工作状态应尽可能与试验工作状态相同。

引伸计的准确度级别应符合 GB/T 12160 的要求。测定压缩弹性模量应使用不低于 0.5 级准确度的引伸计；测定规定塑性压缩强度、规定总压缩强度、上压缩屈服强度和下压缩屈服强度，应使用不低于 1 级准确度的引伸计。测定压缩弹性模量和规定塑性压缩应变小于 0.05% 的规定塑性压缩强度时，应采用平均引伸计。

（五）安全防护装置

进行脆性材料试验时，应在压缩试验装置周围安装安全防护装置，以防试验时，试样断裂碎片飞出伤害试验人员或损坏设备。

五、压缩力学性能测定

（一）试验条件

试验一般在室温 10℃ ~ 35℃ 范围内进行，对温度要求严格的试验，试验温度为 23℃±5℃。

对于有应变控制的试验机，设置应变速率为 0.005min^{-1}。对于用载荷控制或者用横梁位移控制试验机，允许设置一个相当于应变速率 0.005min^{-1} 的速度。如果材料应变速率敏感，可以采用 0.003min^{-1} 的速度。

对于没有应变控制的系统，保持一个恒定的横梁位移速率，以达到在试验过程中需要的平均应变速率要求。

在试验过程中恒定的横梁位移速率并不能保证试验过程中恒定的应变速率，无论采用哪种方法，都应采用恒定的速率，不准许突然的改变。

板材试样装进约束装置前，先用无腐蚀的溶剂清洗，两侧面与夹板间应铺一层厚度不大于 0.05mm 的聚四氟乙烯薄膜或均匀涂一层润滑剂。安装试样时，试样纵轴中心线应与压头轴线重合。

（二）板状试样夹紧力的选择

根据材料的 $R_{pc0.2}$、R_{eLc} 及板材厚度来选择夹紧力。一般使摩擦力 F_f 不大于 $F_{pc0.2}$ 估计值的 2%；对极薄试样，允许摩擦力达到 $F_{pc0.2}$ 估计值的 5%。在保证试验正常进行的条件下，加紧力应尽可能小。

（三）板状试样实际压缩力（F）的测定

试验时自动绘制力-变形曲线，一般初始部分因受摩擦力影响而并非线性关系，如图 5-22 所示。当力足够大时，摩擦力达到一个定值，此后摩擦力不再进一步影响力-变形曲线。设摩擦力 F_f 平均分布在试样表面，则实际压缩力 F 用式（5-36）表示：

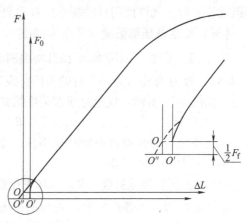

图 5-22　图解法确定实际压缩力 F

$$F = F_0 - \frac{1}{2}F_f \qquad (5\text{-}36)$$

用图解法确定实际压缩力 F。在自动绘制的力-变形曲线图上，沿弹性直线段，反延直线交原横坐标轴于 O''，在原横坐标轴原点 O' 与 O'' 的连线中点上，作垂线交反延的直线于 O 点，O 点即为力-变形曲线的真实原点。过 O 点作平行原坐标轴的直线，即为修正后的坐标轴，实际压缩力可在新坐标系上直接判读，如图 5-22 所示。

允许使用自动装置或自动测试系统测定板状试样实际压缩力。

（四）规定塑性压缩强度（R_{pc}）的测定

用力-变形图解法测定 R_{pc}。力轴的比例使所求 F_{pc} 点位于力轴的二分之一以上，变形放大倍数的选择应保证 OC 段长度不小于 5mm。在自动绘制的力-变形曲线图上，如图 5-23 所示，自 O 点起，截取一段相当于规定塑性变形的距离 OC 段（$e_{pc}L_0n$）。过 C 点作平行于弹性直线段的直线 CA 交曲线于 A 点，其对应的力 F_{pc} 为所测规定塑性压缩力。规定塑性压缩强度按式（5-37）计算：

$$R_{pc} = F_{pc}/S_0 \tag{5-37}$$

式中　F_{pc}——规定塑性压缩变形的实际压缩力（N）；

　　　S_0——试样原始横截面面积（mm^2）。

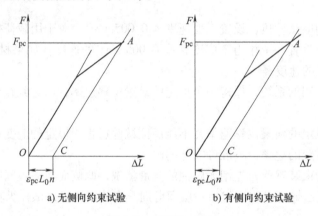

a) 无侧向约束试验　　　b) 有侧向约束试验

图 5-23　图解法求 F_{pc}

如果力-变形曲线无明显的弹性直线段，可采用逐步逼近法求得，可参照拉伸试验的逐步逼近法进行。允许使用自动装置或自动测试系统测定规定塑性压缩强度。

（五）规定总压缩强度（R_{tc}）的测定

用力-变形图解法测定 R_{tc}。在自动绘制的力-变形曲线上，自 O 点起在变形轴上取 OD 段（$\varepsilon_{tc}L_0n$），过 D 点作与力轴平行的 DM 直线交曲线于 M 点，其对应的力 F_{tc} 为所测规定总压缩力，如图 5-24 所示。规定总压缩强度按式（5-38）计算：

$$R_{tc} = F_{tc}/S_0 \tag{5-38}$$

允许使用自动装置或自动测试系统（如计算机数据采集系统）测定规定总压缩强度，可以不绘制力-变形曲线图。

（六）上压缩屈服强度（R_{eHc}）和下压缩屈服强度（R_{eLc}）的测定

呈明显屈服（不连续屈服）现象的金属材料，相关产品标准应规定测定上压缩屈服强度或下压缩屈服强度或两者。若未规定，仅测定下压缩屈服强度。测定屈服强度通常采用

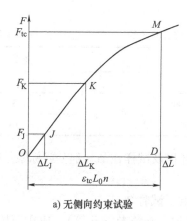
a) 无侧向约束试验

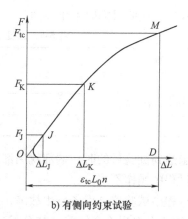
b) 有侧向约束试验

图 5-24　图解法求 F_{tc}

力-变形图解法测定。在自动绘制的力-变形曲线图上，判读力首次下降前的最高实际压缩力（F_{eHc}）和不计初始瞬时效应时屈服阶段中的最低实际压缩力或屈服平台的恒定实际压缩力（F_{eLc}）。上压缩屈服强度和下压缩屈服强度分别按式（5-39）和式（5-40）计算：

$$R_{eHc} = F_{eHc}/S_0 \tag{5-39}$$

$$R_{eLc} = F_{eLc}/S_0 \tag{5-40}$$

若协议允许也可采用指针法。

（七）抗压强度（R_{mc}）的测定

试样压至破坏，从力-变形图上确定最大实际压缩力 F_{mc}，或从测力度盘读取最大力值。抗压强度按式（5-41）计算：

$$R_{mc} = F_{mc}/S_0 \tag{5-41}$$

（八）压缩弹性模量（E_c）的测定

采用力-变形图解法测定 E_c。在自动绘制的力-变形曲线图上，如图 5-24 所示，取弹性直线段上 J、K 两点（点距应尽可能长），读出对应的力 F_J、F_K，变形量 ΔL_J、ΔL_K。压缩弹性模量按式（5-42）计算：

$$E_c = \frac{(F_K - F_J)L_0}{(\Delta L_K - \Delta L_J)S_0} \tag{5-42}$$

（九）灰铸铁压缩率 ε_c 的测定

灰铸铁试样压缩时的塑性以压缩试验的相对压缩率 ε_c（%）表示，按式（5-43）计算：

$$\varepsilon_c = \left(1 - \frac{L_K}{L_0}\right) \times 100\% \tag{5-43}$$

式中　L_0，L_K——试验前、后的试样高度（mm）。

（十）性能测定结果数值的修约

试验测定的性能结果数值应按照相关产品标准的要求进行修约。若未规定具体要求，测定的强度性能数值应按照表 5-4 进行修约。弹性模量测定结果保留 3 位有效数字；值至少保留 2 位有效数字；其余应力值修约方法按照 GB/T 8170 执行。

（十一）试验结果处理

试验出现下列情况之一时，试验结果无效，并应补做同样数量试样的试验：

1）试样未达到试验目的时发生屈曲。

表5-4　强度性能数值的修约　　　　　　　　　　（单位：MPa）

性　　能	范围	修约到
R_{pc}、R_{eHc}、R_{eLc}、R_{tc}、R_{mc}	≤200	1
	>200~1000	5
	>1000	10

2）试样未达到试验目的时，端部就局部压坏以及试样在凸耳部分或标距外断裂。

3）试验过程中操作不当。

4）试验过程中试验仪器设备发生故障，影响了试验结果。

试验后，试样上出现冶金缺陷（如分层、气泡、夹渣及缩孔等），应在原始记录及报告中注明。

（十二）压缩试验的破坏分析

在压缩试验时，试样的破坏形式与材料的性质及端面的支承情况有关。

对于塑性材料，在压缩试验过程中高度减小，横截面增大形成腰鼓形，当压力继续增加时，软钢、黄铜可压成圆板状，而纯铁则向侧面开裂，如图5-25a、b所示。

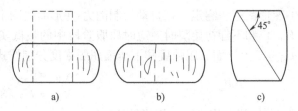

图5-25　压缩试样的破坏形式

低塑性与脆性金属材料，如高碳钢、铸铁等，压缩时试样的破坏形式如图5-25c所示，试样受压时沿斜截面发生剪切错动而破坏。破断面与横截面略大于45°，压缩试样实际角度常在55°左右（大于45°是由于两破断面间有摩擦作用的缘故）。

第四节　金属剪切试验

一、剪切试验的特点及应用

在工程实际中很多机械零部件在工作状况下，除承受拉应力、压应力、弯曲应力外，还存在承受剪切应力的情况，如剪切金属丝，机械连接中的铆钉、销、螺栓，复合钢板等均承受剪切应力。在工程结构中，有跨度的梁除承受较大的弯曲应力，桥与墩的接触部位同时还要承受一定的剪切应力。在设计这些结构时，所使用的构件必须考虑材料的抗剪强度，通常需要进行剪切试验以模拟实际服役条件，并提供材料的抗剪强度数据作为设计的依据。

所谓剪切试验，即在静拉伸或压缩力作用下，通过相应的剪切装置使试样垂直于其纵轴的一个横截面受剪切或相距有限的两个横截面对称受剪切直至破断，以测定其抗剪性能的试验。常用的剪切试验方法有单剪试验、双剪试验和冲孔式剪切试验。

单剪试验主要用于板材和线材的抗剪强度测量，铆钉、销等常采用双剪试验。剪切试验还可用来测定复合钢板基体与覆材间的结合力。复合钢板是以钢为基材的复合金属，其中，复合金属中的基体材料称为基材，其厚度大于覆材，而复合金属中的包覆材料称为覆材。

二、金属剪切试验时的力学分析

剪切时根据剪切状态不同，试样的受力与变形也存在一定的差异。对于单剪试验和双剪试验，试样受力和变形示意图分别如图 5-26 和图 5-27 所示。

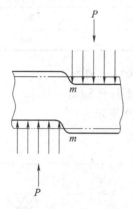

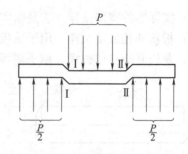

图 5-26　单剪试验受力和变形示意图　　　图 5-27　双剪试验受力和变形示意图

对于单剪试验，试样仅有一个剪切面，在图 5-26 中，沿截面假想地将试样分成两部分，并取左边作为研究对象。由受力平衡关系可知，在 $m-m$ 受剪面上分布的内力系的合力必然是一个平行于外力 F 但方向相反的剪力 Q。由平衡条件得

$$F - Q = 0 \tag{5-44}$$

故　　　　　　　　　　　　　　$Q = F$

在进行图 5-27 所示双剪试验时，试样在 Ⅰ—Ⅰ 和 Ⅱ—Ⅱ 截面上同时受到剪力的作用。试样承受的剪力为

$$Q = F/2 \tag{5-45}$$

实际上，由于试样受剪时外力作用不在同一直线上，试样还会承受弯曲、挤压作用，所以除有剪应力外，还存在着数值不大的弯曲正应力，而且在剪切面上作用的应力情况也很复杂，剪应力也并非均匀分布。

但是为了使计算简便，工程上通常采用近似的但基本符合实际的计算方法，即假定剪应力在剪切面内是均匀分布的，在测得试样的最大载荷 F 后，仍然按剪应力在剪切面上均布的假设计算该材料的抗剪强度。受剪切面上的切应力为

$$\tau = \frac{Q}{S_0} \tag{5-46}$$

式中　S_0——试样受剪面横截面面积（mm^2）。

三、剪切试样

剪切试样的形状、尺寸根据试验方法与剪切试验装置来定，常见的形式如下：

（1）圆柱形剪切试样　试样直径和长度由实际需要和剪切试验装置来定，室温剪切试验通常采用图 5-28 与表 5-5 所示的圆柱形剪切试样。金属线材和铆钉的室温与高温剪切试验按 GB/T 6400—2007《金属材料 线材和铆钉剪切实验方法》要求，采用表 5-5 中的 2 号圆柱形剪切试样。试样加工精度须符合要求。

试样号	d	L
1	$5_{-0.04}$	20 ± 1
2	$6_{-0.04}$	25 ± 1
3	$10_{-0.04}$	30 ± 1
4	$15_{-0.04}$	40 ± 1

表 5-5 圆柱形剪切试样尺寸　　　　　　　　（单位：mm）

（2）实际零件剪切试样　它是指实际使用的零件，如铆钉、销等。

（3）板状冲孔剪切试样　用于薄板金属材料，厚度一般小于 5mm。

（4）薄板开缝剪切试样　用于薄板金属材料，如图 5-29 所示。

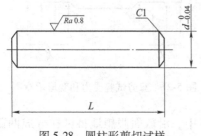

图 5-28　圆柱形剪切试样

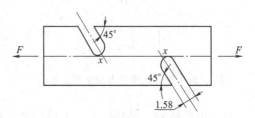

图 5-29　开缝剪切试样

（5）复合钢板剪切试样　复合钢板剪切试验采用静压（拉）力通过相应的试验装置，使平行于试验力方向的基材与覆材的结合面承受剪力直至断裂，以测定剪切强度。

四、试验设备

（一）试验机

剪切试验可采用各种准确度等级为 1 级或优于 1 级的电子万能试验机或液压万能试验机。试验机应保证使剪切夹具的中心线与试验机的载入轴线一致，还须具备调速指示装置并能在规定的速度（包括应力速度）范围内灵敏调节，加卸载应连续、平稳、无振动、无冲击。试验机还应具备记录或显示装置，以满足剪切强度测定的要求。

进行复合钢板剪切试验时，试验速度按表 5-6 规定执行。

表 5-6　复合钢板剪切试验速度

覆材的弹性模量/（N/mm²）	应力速度/MPa·s⁻¹	
	最小	最大
<150000	1	5
≥150000	3	15

（二）试验夹具

根据剪切方式和加载方式的不同，剪切试验夹具形式各不相同。较常使用的剪切试验夹具有压式单剪试验夹具、拉式双剪试验夹具、压式双剪试验夹具、冲孔剪切试验夹具及复合钢板剪切试验夹具等。压式单剪试验主要用于板材和线材的抗剪强度测量，对铆钉、金属丝、销等进行剪切试验时，一般使用拉式（压式）单剪、双剪试验夹具。

1. 压式单剪试验夹具

如图 5-30 所示，上压模和底模均应使用高强度钢淬火制作，硬度不低于 58HRC，并且要求其表面光滑且边缘锋利，以达到较好的剪切效果。采用螺钉将试样与底座连接固定。

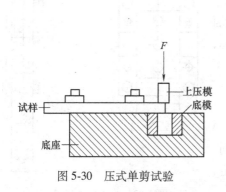

图 5-30　压式单剪试验

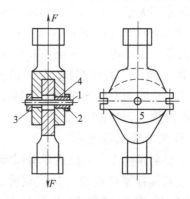

图 5-31　拉式双剪试验夹具

1—试样　2、3、4—钢环　5—钢环夹头

2. 拉式双剪试验夹具

图 5-31 所示夹具是一种较常用的拉式双剪试验夹具，该夹具与试样接触部位钢环应具有足够的硬度方能保证试验时不发生塑性变形。GB/T 6400—2007 标准推荐的铆钉、线材室温拉式双剪试验夹具如图 5-32 所示，其主要部件尺寸及极限偏差见表 5-7。

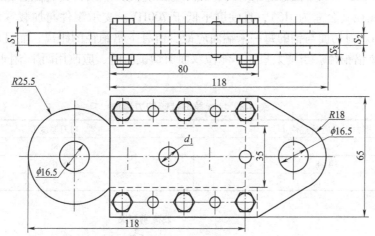

图 5-32　铆钉拉式双剪试验夹具

表 5-7　拉式双剪试验夹具主要部件尺寸及极限偏差　　　　　（单位：mm）

铆钉线公称直径 d	工作孔		剪刀		垫块		夹板公称厚度 S_3
	公称直径 d_1	极限偏差	公称厚度 S_1	极限偏差	公称厚度 S_2	极限偏差	
>1.6~4	$d+0.05$	$+0.025$ 0	6	0 -0.010	$S_1+0.015$	$+0.015$ 0	5
>4~8			8				6
>8~10			12				8

铆钉拉式双剪试验夹具剪切和支承座材料应采用高强度合金钢（屈服强度应高于被剪切材料的抗拉强度），硬度不低于 58HRC。剪切圈、支承圈孔和试样之间的间隙不大于 0.1mm，剪切圈和支承圈之间的间隙不大于 0.1mm，并尽量减小两者之间的摩擦而不至于影响载荷示值。切刀、夹板、剪切圈及支承圈表面应光滑且无缺损，表面粗糙度 Ra 值不大于 1.6μm；剪切圈和支承圈的刀口应锐利、无缺损。剪切圈、支承圈的厚度为 $1.3d\sim3.0d$。

3. 拉式单剪试验夹具

铆钉和金属丝常用的拉式单剪试验夹具如图 5-33所示。该夹具各零件要求与拉式双剪试验夹具相同，切刀的厚度应根据铆钉或金属丝的直径确定，见表 5-8。

4. 压式双剪试验夹具

图 5-34 所示夹具是一种较常用的压式双剪试验夹具，在剪切支承座和切刀中的衬套均应有较高的硬度以保证试验时不会产生塑性变形。试验时，试样置于剪切支承座和切刀的衬套中。图 5-35所示为 GB/T 13683—1992 推荐的销剪切压式双剪试验夹具。该夹具各配合零件应有与销公称直径相等的孔径（公差为 H6），且硬度不低于 700HV。支承零件与加载零件间的间隙不应超过 0.15mm。剪切面与销的每一末端面应最少留有 1 倍销径的距离，而且两剪切面间的间隙最少应为 2 倍销径。当销太短而不能做双面剪切试验时，应改用两个销同时做单面剪切试验。

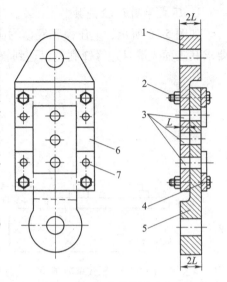

图 5-33 拉式单剪试验夹具
1、5—切刀 2—螺栓 3—剪切孔 4—压板 6—垫板 7—定位销

表 5-8 拉式单剪试验切刀厚度 （单位：mm）

铆钉、金属丝直径 d	切刀厚度 L
≤4	4
>4~8	6
>8~10	7

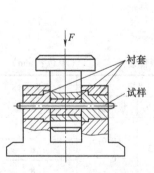

图 5-34 压式双剪试验夹具

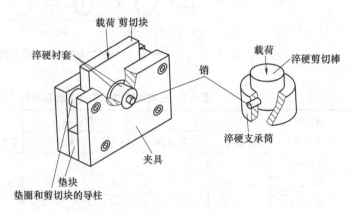

图 5-35 销剪切压式双剪试验夹

5. 冲孔剪切试验夹具

如图 5-36 所示，当薄板不能做成圆柱形试样时，可用冲孔剪切试验，板状试样厚度一般小于 5mm。

6. 复合钢板剪切试验夹具

如图 5-37 所示，复合钢板剪切试验夹具的设计应确保试验力 F 作用在试样基材的中心线上。除图中注明的技术条件外，还应保证试样与试验夹具之间的间隙为 0.1mm ~ 0.15mm，试验夹具的硬度不低于 400HV，其剪刀刀刃 R 处硬度应大于 600HV。

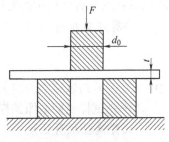

图 5-36 冲孔剪切试验

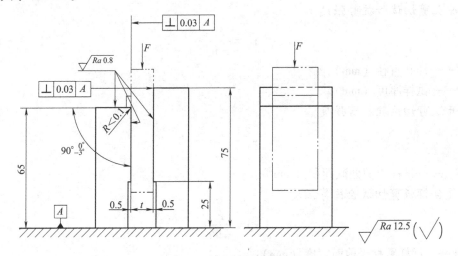

图 5-37 复合钢板剪切试验

（三）安全防护

剪切试验一般应配备相应的安全保护装置，必要时应设置防护挡板或防护网之类的遮挡式防护装置，但应便于对试验进行观察。

五、剪切力学性能测定

（一）试验一般条件

1）室温剪切试验应在 $10℃ ~ 35℃$ 范围内进行。

2）根据试样尺寸选择适宜的试验夹具，将试验夹具安装在试验机上时应保证剪切夹具的上下夹头（或压头）中心线一致，不得偏心。

3）对线材、铆钉进行剪切试验时，剪切试验速度（试验机横梁移动速度）应不大于 5mm/min。施加载荷应平稳，直至试样断裂。

4）试样直径测量精度为 0.01mm，横截面积计算精确到 $0.01mm^2$。对于复合钢板，应在剪切面两端处测量覆材受剪面宽度 W，测量时应靠近两种金属的结合面，取其算术平均值作为覆材剪切面宽度 W，剪切面的长度尺寸也应靠近结合面处测量。

（二）抗剪强度的测定

剪切试验中通常只计算抗剪强度。在剪断试验中，抗剪强度是用剪切试验中的最大试力除以试样的抗剪面积所得的应力，用 τ_b 表示。

1. 单剪试验抗剪强度

$$\tau_b = \frac{F}{S_0} \qquad (5\text{-}47)$$

式中　F——剪切试验中的最大试验力（N）；

　　　S_0——试样受剪面原始横截面积（mm^2）。

2. 双剪试验抗剪强度

$$\tau_b = \frac{F}{2S_0} \qquad (5\text{-}48)$$

3. 冲孔剪切试验抗剪强度

$$\tau_b = \frac{F}{\pi dt} \qquad (5\text{-}49)$$

式中　d——冲孔直径（mm）；

　　　t——试样厚度（mm）。

4. 开缝剪切试验抗剪强度

$$\tau_b = \frac{F}{S_{x\text{-}x}} \qquad (5\text{-}50)$$

式中　$S_{x\text{-}x}$——试样受剪处截面积（mm^2）。

5. 复合钢板剪切试验抗剪强度

$$\tau_b = \frac{F}{\pi Wt} \qquad (5\text{-}51)$$

式中　W——试样覆材受剪面宽度（mm）；

　　　h——试样宽度（mm）。

试验结果数值应按照相关产品标准的要求进行修约。若未规定具体要求，抗剪强度的计算应精确到3位有效数字。数字修约方法按 GB/T 8170 进行。

剪断后，若试样发生弯曲，或断口出现楔形、椭圆形等剪切截面，则试验结果无效，应重新取样进行试验。

第五节　金属的磨损试验

机器运转时，任何机件在接触状态下相对运动（滑动、滚动，或滑动+滚动）都会产生摩擦，引起磨损。如轴与轴承、活塞环与气缸、十字头与滑块、齿轮与齿轮之间经常因磨损和接触疲劳，造成尺寸变化，表层剥落，而导致失效。

可见，磨损是降低机器和工具效率、精度甚至使其报废的一个重要原因。因此，研究磨损规律，提高机件耐磨性，对延长机件寿命具有重要意义。

一、磨损试验原理

目前，国家标准规定的滑动磨损试验原理是：试块与规定转速的试环相接触，并承受一定试验力，经规定转数后，用磨痕宽度计算试块的体积磨损，用称重法测定试环的质量磨损，试验中连续测量试块上的摩擦力和正压力，计算摩擦系数。

（一）摩擦和磨损的基本概念

摩擦和磨损是物体相互接触并做相对运动时产生的两种现象，摩擦是磨损的原因，磨损则是摩擦的必然结果。

1. 摩擦

两个相互接触的物体或物体与介质间发生相对运动（或相对运动趋势）时出现的阻碍运动作用称为摩擦，而该阻力即为摩擦力，以 F_m 表示。摩擦力的方向与引起相对运动的切向力相反，摩擦力与施加在摩擦面上的垂直负荷 F 之比称为摩擦系数，以 μ 表示，$\mu=F_m/F$。

用来克服摩擦力所做的功一般都是无用的，在机械运动中常以热的形式散发出去，使机械效率降低。为了减少摩擦偶件的摩擦系数，可以降低摩擦力，既可以保证机械效率，又可以减少机件磨损。

根据运动状态，摩擦可分为静摩擦与动摩擦两种，其中，动摩擦又可分为滑动摩擦和滚动摩擦。

物体由静止而开始运动时所需要克服的摩擦力称为静摩擦力；在运动状态下，为保持匀速运动所需要克服的摩擦力称为动摩擦力。

一个物体在另一个物体上滑动，这时产生的摩擦称为滑动摩擦，也称为第一类摩擦。例如，蒸汽机活塞在气缸中的摩擦和汽轮机轴颈在轴承中的摩擦都属于滑动摩擦。

如果一个球形或者圆柱形物体在另一个物体表面上滚动，这时产生的摩擦称为滚动摩擦，或者称为第二类摩擦。例如，火车车轮在轨道上转动时的摩擦、齿轮间的摩擦及滚珠轴承中的摩擦都是滚动摩擦。实际上，发生滚动摩擦的机件中，有许多同时带有或多或少的滑动摩擦。滚动摩擦比滑动摩擦小得多。一般来说，前者只有后者的十分之一甚至百分之一。

2. 磨损

一个零件相对另一个零件摩擦时，引起摩擦表面有微小颗粒分离出来，使接触表面发生尺寸变化及质量损失的现象称为磨损。

磨损主要是力学作用引起的，但磨损并非单一力学过程，引起磨损的原因既有力学作用，也有物理和化学作用。因此，摩擦副材料、润滑条件、加载方式和大小、相对运动特性（方式和速度）以及工作温度等诸多因素均影响磨损量的大小，所以，磨损是一个复杂的系统过程。

在磨损过程中，磨屑的形成是一个变形和断裂过程。因此，静强度中的基本理论和概念也可用来分析磨损过程，但前几章中所述变形和断裂是指机件整体变形和断裂，而本章的磨损是发生在机件表面的过程，两者是有区别的。例如，整体加载时，塑性变形集中在材料一定体积内，在这些部位产生应力集中，并导致裂纹形成。而在表面载入时，塑性变形和断裂发生在表面，由于接触区应力分布比较复杂，接触表面上任何一点都有可能参与塑性变形和断裂，反而会使应力集中程度降低。在磨损过程中，塑性变形和断裂是反复进行的，一旦磨屑形成，又开始下一循环，故过程具有动态特征。这种动态特征标志着表层组织变化也具有动态特征，即每次循环，材料总要转变到新的状态，而整体加载则不同。所以，普通力学性能试验所得到的材料力学性能数据不一定能反映材料耐磨性的优劣。

（二）磨损的基本过程

通常，磨损的基本过程分为三个阶段：

1）磨合阶段（图 5-38 中 oa 段）。刚开始时，摩擦表面的表面粗糙度值较大，真实接触面积较小，故磨损速率很大。随着表面逐渐被磨平，真实接触面积增大，磨损速率减慢。

2）稳定磨损阶段（图 5-38 中 ab 段）。经过磨合阶段，接触表面进一步平滑，磨损已经稳定下来，磨损量很低，磨损速率不变。

3）剧烈磨损阶段（图 5-38 中 b 点以后）。随着时间或摩擦行程增加，接触表面之间的间隙逐渐扩大，磨损速率急剧增加，摩擦副温度升高，机械效率下降，精度丧失，最后导致零件完全失效。

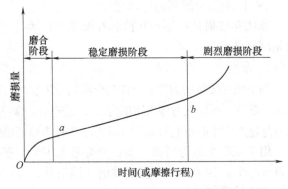

图 5-38　磨损量与时间的关系示意图

（三）磨损类型

磨损的分类尚未有统一的标准，目前，比较常用的方法是基于磨损的破坏机制进行分类，一般分为氧化磨损、咬合磨损（第一类黏着磨损）、热磨损（第二类黏着磨损）、磨粒磨损、微动磨损、表面疲劳磨损（接触疲劳）六类。表 5-9 简要列出了这几类磨损的特点。

实际上，上述磨损机制很少单独出现。根据磨损条件的变化，可能会出现不同的组合形式，因而在解决实际磨损问题时，要分析参与磨损过程各要素的特征，找出哪几类磨损在起作用，而起主导作用的磨损又是哪一类，进而采取相应的措施，减少磨损。

表 5-9　磨损分类及特点

类　型	内　容	特　点	举　例
氧化磨损	滑动或滚动在各种比压和滑动速度下，塑变的同时，氧化膜不断形成和破坏，不断有氧化物自表面剥落	无论有无润滑，磨损速度小，为 $0.1\mu m/h \sim 0.5\mu m/h$，表面光亮，有均匀分布的极细致的磨纹	一般机械中最常见的正常磨损
咬合磨损（第一类黏着磨损）	摩擦副相对运动时，由于接触表面直接黏着，在随后的摩擦过程中，黏着点被拉拽下来	发生于无润滑和氧化膜缺少及滑动速度不大的情况下，黏着点被剪切破坏，是黏着点不断形成和破坏的过程	缺少润滑的低速重载机械
热磨损（第二类黏着磨损）	滑动在很大比压和大的滑动速度下，因摩擦发热造成表面温度升高，使金属软化，润滑剂变质，出现金属直接黏着或撕裂	无论有无润滑，磨损速度较大，为 $1\mu m/h \sim 5\mu m/h$，表面布满撕裂痕	农用机械，矿山机械
磨粒磨损	因硬颗粒或凸出物嵌入，并切割摩擦表面材料，使其脱落下来	发生于各种压力和滑动速度下，磨粒作用于表面而破坏	农用机械，矿山机械
微动磨损	两接触面由于承受周期性的、幅度极小的相对运动，而发生黏着、腐蚀和表面的剥落	通常发生于有微量振动的接触表面上，伴有腐蚀过程而产生氧化碎屑	飞机操纵杆花键、销
表面疲劳磨损（接触疲劳）	两接触表面滚动或重复接触时，由于载荷作用，使表面产生变形，并导致裂纹产生，造成剥落	无论有无润滑，表层或次表层在接触应力反复作用下而产生麻点剥落	齿轮、滚动轴承

（四）耐磨性概念

耐磨性是材料抵抗磨损的一个性能指标，可用磨损量来表示。显然，磨损量越小，耐磨性越高，反之亦然。磨损量既可用摩擦表面法向尺寸减小来表示，称为线磨损量，也可用体积和质量的减少量来表示，分别称为体积磨损量和质量磨损量。上述磨损量又是摩擦行程或时间的函数，因此也可用磨损强度或磨损率来表示磨损特性。前者指单位摩擦行程的磨损量，单位为 $\mu m/m$ 或 mg/m；后者指单位时间的磨损量，单位为 $\mu m/h$ 或 mg/h。还经常利用磨损量的倒数来表示所研究材料的耐磨性，也可用相对耐磨性（ε）概念，表示为

$$\varepsilon = 被测试样磨损量／标准试样磨损量$$

在处理实际问题时，当摩擦表面各处线性减少量均匀时，则宜采用线磨损量；当要解释磨损的物理本质时，则采用体积或质量损失的磨损量更为恰当。

二、磨损机理及影响因素

（一）黏着磨损

黏着磨损又称咬合磨损，它是通过接触局部发生黏着，在相对运动时黏着处又分开，使接触面上有小颗粒被拉拽出来，这种过程反复进行多次而发生破坏的。对于力学性能相差不大的两种金属之间发生的磨损，最常见的就是黏着磨损，它是破坏严重的一种磨损形态，影响因素也比较复杂。蜗轮与蜗杆啮合时，经常产生这种磨损。

1. 黏着磨损机理

磨损偶件的表面即使经过极仔细的抛光，实际还是高低不平的，所以当两物体接触时，总是只有局部的接触（可在 $1/10000 \sim 1/10$ 几何面积的范围内变化）。因此，真实接触面积比名义接触面积（接触面的几何面积）要小得多，甚至在载荷不大时，真实接触面上也承受着很大压力。在这种很大的比压下，即使是硬而韧的金属也将发生塑性变形，结果使这部分表面上的润滑油膜、氧化膜等被挤破，从而使两物体的金属面直接接触而发生黏着（冷焊），随后在相对滑动时黏着点又被剪切而断掉，黏着点的形成和破坏就造成了黏着磨损。由于黏着点与两边材料的力学性能有差别，当黏着部分分离时，可以出现两种情况：若黏着点的结合强度比两边金属的强度都低时，分离就从接触面分开，这时基体内部变形小，摩擦面也显得较平滑，只有轻微的擦伤，这种情况可称为外部黏着磨损；与此相反，若黏着点的结合强度比两边金属中一方的强度高时，这时分离面就发生在较弱金属的内部，摩擦面显得很粗糙，有明显的撕裂痕迹，这就是内部黏着磨损。

2. 影响因素

（1）材料特性的影响

1）脆性材料比塑性材料的抗黏着能力高。塑性材料黏着磨损，常常发生在离表面一定深度处，磨损下来的颗粒较大；脆性材料的黏着磨损产物多数呈金属磨屑状，破坏深度较浅。

2）互溶性大的材料（相同金属或晶格类型、晶格间距、电子密度及电化学性质相近的金属）所组成的摩擦偶件，黏着倾向大；反之，互溶性小的材料（异种金属或晶格等不相近的金属）所组成的摩擦偶件黏着倾向小。

3）多相金属比单相金属黏着倾向小；金属中化合物相比单相固溶体黏着倾向小。金属与非金属材料（如石墨、塑料等）组成的摩擦偶件比金属组成的摩擦偶件黏着倾向小。

4）周期表中的 B 族元素与铁不相溶或能形成化合物，它们组成的摩擦偶件的黏着倾向

小；而铁与 A 族元素组成的摩擦偶件黏着倾向大。

（2）接触压力与滑动速度的影响 黏着磨损量的大小随接触压力、摩擦速度的变化而变化。在摩擦速度不太高的情况下，钢铁材料的磨损量随接触压力的变化规律为：在摩擦速度一定时，黏着磨损量随接触压力增大而增加。试验指出，当接触压力超过材料硬度的 1/3 时，黏着磨损量急剧增加，严重时甚至会产生咬死现象。因此，设计中选择的许用压力必须低于材料硬度的 1/3，才不致产生严重的黏着磨损。

而在接触压力一定的情况下，黏着磨损量随滑动速度增加而增加，但达到某一极大值后，又随滑动速度增加而减小。

有时，随滑动速度变化，磨损类型会由一种形式变为另一种形式。当摩擦速度很小时，产生所谓氧化磨损，磨损粉末是红色的氧化物（Fe_2O_3），磨损量很小。当摩擦速度稍高时，则产生颗粒较大并呈金属色泽的磨粒，此时磨损量显著增大，这一阶段就是黏着磨损。如果摩擦速度进一步增高，又出现了氧化磨损，不过这时的磨损粉末是黑色的氧化物（Fe_3O_4），磨损量又减小。摩擦速度超过一定范围并进一步增加时，则又会出现黏着磨损，此时因摩擦而产生高温，所以又称热磨损，磨损量急剧增大。接触压力的变化并不会改变黏着磨损量随摩擦速度而变化的规律，但随接触压力增加磨损量会增加，而且黏着磨损发生的区域移向摩擦速度较低的地方。

除了上述因素外，摩擦偶件的表面粗糙度、摩擦表面的温度以及润滑状态也都对黏着磨损量有较大影响。降低表面粗糙度值，将增加抗黏着磨损能力；但表面粗糙度值过低，反因润滑剂不能储存于摩擦面内而促进黏着。温度的影响和滑动速度的影响是一致的。在摩擦面内维持良好的润滑状态能显著降低黏着磨损量。

（二）磨粒磨损

1. 磨粒磨损机理

磨粒磨损也称为磨料磨损或研磨磨损。它是当摩擦偶件一方的硬度比另一方的硬度大得多时，或者在接触面之间存在着硬质粒子时，所产生的一种磨损。其特征是接触面上有明显的切削痕迹。

磨损量与接触压力、摩擦距离成正比，与材料硬度成反比，同时与硬材料凸出部分尖端形状有关。表面看，磨粒磨损是一种微量切削过程。实际上，由于磨粒的棱面相对摩擦表面的取向不同，只有一部分磨粒才能切削表面产生磨损，大部分磨粒会嵌入较软材料中，并使之产生塑性变形，造成擦伤、沟槽等痕迹。还可能由于磨粒的作用，表面层产生交变接触应力，使材料表面疲劳破坏。因此，磨粒磨损实质上是微量切削与疲劳破坏的综合过程。

2. 影响因素

由于机件所受应力大小及载荷性质不同，磨粒磨损的特点也不相同。根据磨粒与材料表面的应力是否超过磨粒的破坏强度，磨粒磨损可分为低应力擦伤式磨损与高应力辗碎性磨损两类。前者指对磨粒施加的应力不超过磨粒的破坏强度，如拖拉机履带、犁铧等的磨损，其破坏特点是材料表面产生擦伤（或微小切削痕），属于累计磨损；后者指应力大于磨粒的破坏强度，如凿岩机钎头、碎石机锤头等磨损，其破坏特点是一般材料被拉伤，韧性材料产生塑性变形或疲劳，脆性材料则发生碎裂或剥落。在讨论影响磨粒磨损的因素时，要注意这一情况。

（1）材料硬度的影响

1）纯金属（及未经热处理的钢），其抗磨粒磨损的耐磨性与它们的自然硬度成正比。

2）经过热处理的钢，其耐磨性也随硬度增加而提高，但相比未经热处理的钢，增加速度要缓慢一些。有人指出，若取退火状态的同一材料作为标准试样，则经过热处理的钢的耐磨性与硬度的关系也是通过原点的一条直线。

3）钢中的碳及碳化物形成元素含量越高，则耐磨性也越大。

（2）显微组织的影响

1）基体组织自铁素体逐步转变为珠光体、贝氏体、马氏体时，耐磨性提高。众所周知，铁素体硬度太低，故耐磨性很差。马氏体与回火马氏体硬度高，所以耐磨性好。但在相同硬度下，等温转变的下贝氏体要比回火马氏体好得多。钢中的残留奥氏体也会影响抗磨粒磨损能力。在低应力磨损下，残留奥氏体数量较多时，将降低耐磨性；反之，在高应力磨损下，残留奥氏体因能显著加工硬化而改善耐磨性。

2）第二相钢中的碳化物是最重要的第二相。碳化物对磨粒磨损耐磨性的影响与其硬度及碳化物和基体硬度相对大小有关。在软基体中增加碳化物的数量，减小尺寸，增加弥散度，均能改善耐磨性。在硬基体中，如果碳化物的硬度与基体的硬度相近，则因碳化物如同内部缺口一样而使耐磨性受到损害。马氏体中分布的 M_3C 型碳化物就是这样。

当摩擦条件不变时，如果碳化物硬度比磨粒低，则提高碳化物的硬度，将增加耐磨性。

（3）加工硬化的影响　加工硬化后，表层硬度的提高并没有使耐磨性增加，甚至反而有下降的趋势。所以在低应力磨损时，加工硬化不能提高表面的耐磨性。

对于高应力磨损曾用球磨机钢球进行了试验，试验表明，材料在受高应力冲击负荷下，表面会产生加工硬化，加工硬化后的硬度越高，其磨损抗力也越高。

高锰钢的耐磨性也可说明这个问题。高锰钢淬火后为软而韧的奥氏体组织，当受低应力磨损时，它的耐磨性不好，而在高应力磨损的场合，它具有特别高的耐磨性。这是由于奥氏体在塑性变形时其加工硬化率很高，同时还转变为很硬的马氏体。生产实践证明，高锰钢用作碎石机锤头时可呈现很好的耐磨性，而用作拖拉机履带时其耐磨性却不大好，就是因为两种情况下工作应力不同所致。

除了上述因素外，磨粒硬度及大小也影响磨粒磨损耐磨性，此处不再赘述。

（三）腐蚀磨损

腐蚀磨损是由于外界环境引起金属表层的腐蚀产物（主要是氧化物）剥落，与金属磨面之间的机械磨损（磨粒磨损与黏着磨损）相结合而出现的（故又称腐蚀机械磨损）。空气、腐蚀性介质的存在会加剧腐蚀磨损。在氮气等不活泼气体和真空中则可减少腐蚀磨损。

腐蚀磨损包括各类机械中普遍存在的氧化磨损、在机件嵌合部位出现的微动磨损、在水利机械中出现的浸蚀磨损（又称气蚀），以及在化工机械中因特殊腐蚀气氛而产生的腐蚀磨损。下面简单介绍前面两种磨损，后两种磨损因在一般机械中少见，不做叙述。

（1）氧化磨损　氧化磨损是最广泛的一种磨损状态，它不管在何种摩擦过程中及何种摩擦速度下，也不管接触压力大小和是否存在润滑情况都会发生。当摩擦偶件一方的突起部分与另一方做相对滑动时，在产生塑性变形的同时，又氧化扩散到变形层内形成氧化膜，而这种氧化膜在遇到第二个突起部分时有可能剥落，使新露出的金属表面重新又被氧化，这种氧化膜不断被除去又反复形成的过程就是氧化磨损。

（2）微动磨损　在机器的嵌合部位、紧配合处，它们之间虽然没有宏观相对位移，但在外部变动负荷和振动的影响下会产生微小的滑动，此时表面上产生大量的微小氧化物磨损粉末，由此造成的磨损称为微动磨损。由于微动磨损集中在局部地区，又因两摩擦表面永不脱离接触，磨损产物不易往外排除，故兼有氧化磨损、磨粒磨损和黏着磨损的作用。在微动磨损的产生处往往会形成蚀坑（所以微动磨损又称咬蚀），其结果不仅使部件精度、性能下降，更严重的会引起应力集中，导致疲劳损坏。

三、提高耐磨性的途径

磨损是机件的三种主要破坏形式（磨损、腐蚀和断裂）之一，虽然理论上还很不成熟，但人们已越来越关注如何提高耐磨性的问题。这里主要介绍提高抗黏着磨损与磨粒磨损耐磨性的途径。

在润滑良好、摩擦面氧化膜坚韧完整的情况下，是不易产生黏着的。因此，改善润滑条件、提高氧化膜与基体金属的结合能力、减小表面粗糙度值等都可以减轻黏着磨损。

采用表面热处理可以有效地减轻黏着磨损。如果是外部黏着磨损，只需降低配对材料原子间的结合力，最好是采用表面处理，如渗硫处理、磷化处理、氮碳共渗等。这种处理实质上就是使金属表面形成一层与基体金属不同的化合物层或非金属层，避免摩擦偶件直接接触，降低原子间结合力，同时降低摩擦系数。如渗硫并不提高硬度，而在表面形成了硫化铁，降低了摩擦系数，可防止黏着，特别对高温下和不可能润滑的零件更为有效。当摩擦面发生内部黏着磨损时，不但应降低配对材料的结合力，而且要提高机件本身表层硬度。生产实践中采用的渗碳、渗氮、碳氮共渗及碳氮硼三元共渗等提高表面硬度的热处理工艺，对减轻黏着磨损都有一定效果。尤其是硫氮共渗、硫氰共渗工艺均有降低配对材料的结合力和增加硬度的作用，效果更好，但因工艺复杂等原因，目前尚未广泛应用。

提高机件抗磨粒磨损的耐磨性应视其受力条件而定。当机件受低应力磨粒磨损时，应设法提高硬度。钢经淬火回火处理后，其耐磨性增加，且碳含量越高的钢，其抗磨粒磨损的耐磨性越好。因此，选用碳含量较高的钢，并经热处理获得马氏体组织，是提高耐磨性简而易行的方法。但当机件承受重载荷，特别是在较大冲击载荷下工作时，则基体组织最好是下贝氏体，因为这种组织既有较高硬度，又有良好的韧性。对于合金钢，控制和改变碳化物的数量、分布、形态对提高耐磨粒磨损能力有决定性影响。例如，在铬钢中，若其金相组织有大量树枝状初生碳化物和少量次生碳化物，则其耐磨性很低，碳化物呈连续网状分布也是如此。因此，在基体中消除初生碳化物，并使次生碳化物呈均匀弥散分布，可以显著提高耐磨性。提高钢中碳化物的体积比，一般也能提高耐磨性。钢中含有适量残留奥氏体对提高抗磨粒磨损能力也是有益的，因为残留奥氏体能增加基体韧性，给碳化物以支承，并在受磨损时能部分转变为马氏体。可以说，合金钢经热处理后，若能获得有一定数量残留奥氏体的马氏基体，且碳化物又呈弥散分布，则其抗磨粒磨损能力最佳。

采用各种表面硬化处理，如渗碳、碳氮共渗等也能有效地提高耐磨性。

由于磨粒磨损是和存在磨粒有关的，经常注意机件的防尘和清洗，能大大减轻磨粒磨损。

四、磨损试验方法

磨损试验方法可分为现场实物试验与实验室试验两类。现场实物试验具有与实际情况一致或接近一致的特点，因此，试验结果的可靠性高。但这种试验所需时间长，且外界因素的影响难于掌握和分析。实验室试验虽然具有试验时间短、成本低、易于控制各种因素的影响等优点，但试验结果往往不能直接表明实际情况。因此，研究重要机件的耐磨性时两种方法要兼用。

（一）磨损试验机

磨损试验机的原理如图 5-39 所示。它是在试样与对磨材料之间加上中间物质，使其在一定的载荷下按一定的速度做相对运动，在一定时间或摩擦距离后测量其磨损量。所以，一台磨损试验机应包括试样、对磨材料、中间材料、加载系统、运动系统和测量设备。

加载方式大多采用压缩弹簧或杠杆系统。运动方式有滑动、滚动、滑动加滚动。试样的形状、表面状态和工作环境则根据试验要求确定。中间材料既可以是固体（如磨料），也可以是液体（如润滑油）或气体（如空气等）。对磨材料既可以与试样材料相同，也可以不同。这些条件的选择都应尽量使试验条件与实际工作条件相接近，因为磨损试验与一般物理和力学性能试验不同，即使是同一材料，由于试验条件的不同，其结果往往差异很大，而且它们之间的关系目前还不大清楚。因此，磨损试验机和试验方法还不可能统一为几种标准型式。

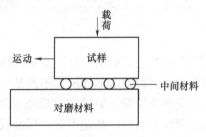

图 5-39　磨损试验机的原理示意图

（二）磨损量的测量方法

确定磨损量时，一般是采用测微尺或分析天平测定试样磨损前后的尺寸变化或质量变化。在有润滑的磨损试验中采用称重法，必须洗净试样的油泥，并加以烘干。从测量精度来看，磨损量为 $10^{-3}g \sim 10^{-4}g$。称重法灵敏度不高，若需得到较好的结果，磨损量必须在 $10^{-2}g$ 以上。但该法操作简便，仍常被采用。在要求提高精度或特殊条件下，可采用划痕法、压痕法和化学分析法。

此外，还有放射性法，虽然灵敏度高，但对具有放射性的样品的制备，试验时的防护很麻烦，难以推广。近年来，X 射线衍射、扫描电镜等技术已引进磨损试验中，用于观察摩擦表面的微观变化和进行磨损粉末的分析，发挥了很大作用。

思　考　题

1. 试述金属扭转试验的原理。
2. 描述圆柱形试样扭转试验主要特点。
3. 试分别描述塑性材料和脆性材料扭转试验断口特征。
4. 弯曲试验有什么特点？
5. 简述弯曲试验时的正应力特点。
6. 简述低碳钢压缩试验应力-变形曲线的特征。
7. 影响压缩试验结果的因素有哪些？
8. 剪切试验的概念是什么？
9. 试述单剪和双剪试验的应力状态。
10. 抗剪强度测定结果如何修约？
11. 试用文字和曲线描述磨损的三个阶段。

第六章

金属工艺性能试验

金属工艺试验用于检验金属材料是否适用于某种加工工艺。常用的金属工艺性能试验一般是检验材料的成形性能，不测某一试验条件下的应力、应变关系或应力、应变的大小，而仅仅定性地检验在给定的试验条件下，材料经受某种形式的塑性变形的能力，并显示其缺陷，判断金属或产品是否符合标准或协议的规定要求。

金属工艺性能试验的特点如下：

1）试验过程与材料的加工工艺过程相似。

2）试验结果是以受力后表面变形情况（裂纹、断裂）、变形后规定的特征来评定材料优劣。

3）试样加工简单，表面粗糙度要求低。

4）试验方法简单，无须复杂的试验设备。

金属工艺性能试验的种类很多，一般棒材、板材做弯曲试验等，薄板材做杯突试验、反复弯曲试验等，线材做扭转试验、缠绕试验、反复弯曲试验等，管材做扩口试验、压扁试验、弯曲试验等。

第一节　金属弯曲试验

金属弯曲试验是将一定形状（横截面为圆形、矩形等）和尺寸的试样，在弯曲装置上按规定的弯曲压头直径、弯曲到规定角度后，卸除试验力，观察试样受拉表面承受弯曲变形的能力。

一、主要应用

板材、棒材等原材料弯曲试验用于检验其弯曲塑性变形的能力。焊接接头弯曲试验用于检验接头受拉面上的塑性并显示缺陷，通常用来检验焊接工艺的优劣。依据弯曲试验时焊缝轴线与试样纵轴的方位，弯曲试验分为横弯和纵弯。依据弯曲试验时试样受拉面的方位，弯曲试验分为面弯、背弯和侧弯。

二、试样

金属弯曲试验的试样可以为圆形或矩形，试样取样部位按照相关产品标准或技术协议的要求执行。

（一）试样尺寸

对矩形试样，当原材料宽度不大于 20mm 时，试样采用原始宽度；当原材料宽度大于

20mm 时，试样宽度为 20mm 以上，一般要求试样宽度大于厚度的 1.5 倍。

试样厚度根据试验机的试验力选择，尽量选择较大尺寸。

试样长度按式（6-1）计算：

$$L = 0.5\pi(D + a) + 140 \qquad (6\text{-}1)$$

式中　L——试样长度（mm）；

　　　D——弯曲压头直径（mm）；

　　　a——试样厚度或直径（mm）。

（二）试样的制备

试样横截面尺寸根据试验机的试验力确定，应尽量取全截面尺寸。

（1）棒材试样　棒材外表面不加工。

（2）板材试样　板材厚度方向原则上不加工，其余四面加工不要求表面粗糙度，当试验机试验力不足时，厚度方向可加工一侧，但保持试样受拉侧不加工。长度方向的四个棱边应倒角。

（3）焊接接头试样

1）对横弯试样，应垂直于焊缝轴线截取，焊缝中心线位于试样长度的中心。对纵弯试样，应平行于焊缝轴线截取，焊缝中心线位于试样宽度的中心。

2）焊缝的正面、背面余高可用机械加工方法去除，使之与母材的原始表面齐平。长度方向的四个棱边应倒角。

三、试验设备

弯曲试验通常在万能试验机或压力机上进行，也可用虎钳夹弯曲压头进行。试验机应配备支辊式弯曲装置，如图 6-1 所示。

支辊式弯曲装置中支辊长度和弯曲压头的宽度应大于试样宽度或直径，支辊和弯曲压头应具有足够的硬度。

在使用试验机进行弯曲试验时，除非另有规定，支辊式弯曲装置的支辊间距离应按照式（6-2）确定：

$$l = (D + 3a) \pm a/2 \qquad (6\text{-}2)$$

例如：某试样厚度为 5mm，按产品标准弯曲压头的直径为 10mm，则弯曲试验时的支辊间距离 $l = (10 + 3 \times 5)\text{mm} \pm 5/2\text{mm} = 25\text{mm} \pm 2.5\text{mm}$。

在弯曲试验过程中，支辊间距离应保持恒定。弯曲压头直径和弯曲角度（图 6-2 所示的角度 α）由相关产品标准或技术协议要求确定，最大弯曲角度 α 为 180°。

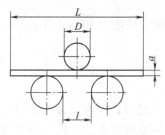

图 6-1　支辊式弯曲

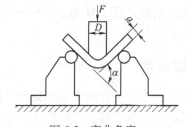

图 6-2　弯曲角度 α

四、试验程序

弯曲试验按国家标准 GB/T 232《金属材料　弯曲试验方法》进行。弯曲试验通常在常温（10℃～35℃）下进行，要求严格时在 18℃～28℃ 范围内进行。

试验时，按相关产品标准或技术协议要求选择弯曲压头直径，调整两支辊距离，将试样放于两支辊上，试样保留的原表面位于受拉变形一侧，试样轴线与弯曲压头垂直，加载使试样弯曲到规定角度。

进行焊接接头弯曲试验时，应按照标准或协议的规定选择受拉面，试样焊缝中心与弯曲压头中心对齐。

当弯曲试验的最大弯曲角度达到 180° 时，试验过程中支辊间距离 l 有可能变化，从而导致弯曲角度不能达到规定角度。这时需要将试样取下后，放置在试验机两平板之间，在试样上连续施加压力，使试样两端继续弯曲，以达到规定的弯曲角度。图 6-3 所示是试样弯曲至 180°，试样间可以加或不加内置垫块，垫块厚度等于规定的弯曲压头直径。

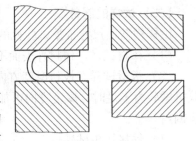

图 6-3　试样弯曲至 180°

五、试验结果

试验后，检查试样弯曲变形外侧，按相关产品标准或技术协议要求对试验结果进行评定。如果无具体规定，无肉眼可见裂纹则评定为合格。

试验报告中除试验结果外，还应说明试验条件，如弯曲压头直径、弯曲角度等。

相关产品标准规定的弯曲角度认作为最小值，规定的弯曲半径认作为最大值。

第二节　金属杯突试验

金属杯突试验又称埃里克森杯突试验，是将球形冲头缓慢地挤压薄板材试样，在试样上形成凹坑，直到出现穿透裂纹，用此时冲头的位移表征薄板材料试样适应拉胀成形的极限能力。该试验用于测量金属薄板在拉延成形时承受塑性变形的能力。

一、应用范围

金属杯突试验适用于 0.1mm～2mm 的薄板和薄带的金属材料。

二、试样

试样表面应平整，宽度为 90mm～95mm，原始厚度，长度为 90mm 以上。一般，杯突试验至少做三次。

三、试验设备

杯突试验在一个装备有压模、冲头和垫模的设备上进行，试验设备的结构应保证试验过程中可观察到试样的外表面，并在出现穿透裂纹时能够立即停止。压模、冲头和垫模应有足够的刚性，试验过程中不得变形。试验原理如图 6-4 所示。

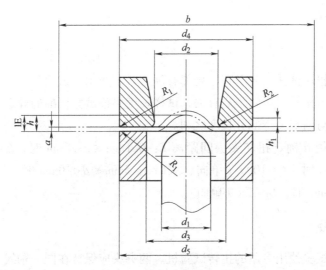

图 6-4　杯突试验原理图

a—试样厚度　b—试样宽度或直径　d_1—冲头球形部分直径　d_2—压模孔径　d_3—垫模孔径

d_4—压模外径　d_5—垫模外径　R_1—压模外侧圆角半径，垫模外侧圆角半径　R_2—压模内侧圆角半径

h_1—压模内侧圆形部分高度　h—试验过程压痕深度　IE—埃里克森杯突值

四、试验程序

杯突试验按国家标准 GB/T 4156—2020《金属材料　薄板和薄带埃里克森杯突试验》进行，在室温（10℃～35℃）下进行，要求严格时在 18℃～28℃ 范围内进行。

试验时，在试样表面涂润滑剂，将试样放入试验机垫模和压模之间，对试样施加约 10kN 的夹紧力，控制冲头位移速率为 5mm/min～20mm/min，观察试样表面，当出现裂纹时停止冲头的移动，读取冲头压入深度。

五、试验结果

读试样出现裂纹时的杯突深度，即为杯突值 IE，精确至 0.1mm。除非产品标准另有规定，应至少进行三次试验，试验结果采用平均值。

第三节　金属线材扭转工艺试验

金属线材扭转试验是将线材试样绕自身轴线旋转直至断裂，记录扭转次数。其中，单向扭转是始终沿一个方向旋转，双向扭转是沿一个方向旋转规定次数后再向相反方向旋转同样次数。

扭转试验是检验金属线材在扭转时承受塑性变形的性能，并显示材料的不均匀性、表面和内部缺陷。

一、应用范围

单向扭转试验适用于直径为 0.1mm～14mm 的线材。双向扭转试验适用于直径为

0.3mm~10mm 的线材。

二、试样

线材直接作为扭转试样，应平直，局部有硬弯时不能用于试验。

由于扭转次数与扭转夹头间距离有关，试样长度要按试验标准的规定执行。试样长度等于扭转夹头间距离与两端夹持部分长度之和。

根据线材的直径 d 确定扭转夹头间距离 L：$0.1mm \leqslant d < 1mm$ 时，$L = 200d$（单向、双向）；$1mm \leqslant d < 5mm$ 时，$L = 100d$（单向、双向）；$5mm \leqslant d < 10mm$ 时，$L = 50d$（单向、双向）；$10mm \leqslant d < 14mm$ 时，$L = 22d$（单向）。

三、试验设备

金属线材扭转试验使用专用的扭转试验机。两夹头应保持在同一轴线上，对试样不能施加弯曲力。试验机的夹头一端应能绕试样轴线旋转，另一端不得有任何转动，但可沿轴向自由移动。

四、试验程序

金属线材单向扭转试验执行国家标准 GB/T 239.1《金属材料 线材 第 1 部分：单向扭转试验方法》，双向扭转试验执行国家标准 GB/T 239.2《金属材料 线材 第 2 部分：双向扭转试验方法》。线材扭转试验在室温（10℃~35℃）下进行，有特殊要求时在 18℃~28℃范围内进行。

根据试样直径截取一定长度的试样，调整好夹头之间的距离，夹紧试样。为使试样在试验过程中保持平直，在不旋转的夹头上施加一定的拉紧力，拉紧力不得大于按照该线材公称抗拉强度换算的载荷值的 2%。

起动试验机，可旋转的夹头以规定速度匀速旋转，计数器同时自动计数，直到试样断裂或达到规定的次数为止。记录试验断裂位置和不同方向的扭转次数。进行双向扭转试验时，每个方向的扭转次数按相关产品标准要求执行。

进行线材扭转试验时，根据材料发生塑性变形的难易程度选择旋转速度。进行单向扭转试验时，钢材为 0.5°/s~3°/s，铜材为 0.5°/s~5°/s，铝材为 1°/s。直径比较小时，选择较大的速度。进行双向扭转试验时，一般选择不大于 1r/s 的速度，直径大于 5mm 时选择不大于 0.5r/s 的速度。

如果断口位置至夹头位置的距离小于 $2d$，同时扭转次数小于规定值，结果无效，应重新取样进行试验。

五、试验结果

单向扭转试验报告试样断裂时的扭转次数和断口位置。可以根据表 6-1 评估试样的扭转断裂类型。

表 6-1　单向扭转试验断裂类型评估表

断裂类型	外观形貌		断口特征描述	断裂面
正常扭转断裂	a)		平滑断裂面：断裂面垂直于线材轴线（或稍微倾斜）；断裂面上无裂纹	或
	b)		脆性断裂面：断裂面与线材轴线约成45°；断裂面上无裂纹	
局部裂纹断裂或不规则断裂（存在材料缺陷）	a)		平滑断裂面：断裂面垂直于线材轴线，并有局部裂纹	或
	b)		阶梯式断裂面：部分断裂面平滑，并有局部裂纹	
	c)		不规则断裂面：断裂面上无裂纹	
螺旋裂纹断裂（试样全长或大部分长度上有螺旋型裂纹） 经过较少的扭转次数（3～5）后即明显产生肉眼可见裂纹	a)		平滑断裂面：断裂面垂直于线材轴线，断裂面上有局部或贯穿整个截面的裂纹	或
	b)		阶梯式断裂面：部分断裂面平滑，有局部或贯穿整个截面的裂纹	
	c)		脆性断裂面：断裂面与线材轴线约成45°，并有局部或贯穿整个截面的裂纹	
	d)		不规则断裂面：断裂面有局部或贯穿整个截面的裂纹	

　　双向扭转试验要报告不同方向的扭转次数和断口位置。如果一个方向扭转至规定次数之前断裂了，报告结果时按 GB/T 239.1 执行。

第四节　金属线材缠绕试验

　　缠绕试验是将试样紧密缠绕在符合标准规定的芯棒上，并缠绕规定圈数，用于测定金属线材在缠绕试验过程中承受塑性变形的能力。

一、应用范围

缠绕试验适用于直径为 0.1mm～10mm 的线材。

二、试样

线材可直接作为缠绕试样。

三、试验设备

试验设备应能满足线材绕芯棒缠绕，并使相邻线圈紧密排列呈螺旋状。用作试验的线材，其直径如果符合芯棒的规定，并有足够的硬度，也可作为芯棒。

四、试验程序

金属线材缠绕试验执行国家标准 GB/T 2976—2004《金属材料 线材 缠绕试验方法》。试验在室温（10℃~35℃）下进行，要求严格时在 18℃~28℃ 范围内进行。

试样应在没有任何扭转的情况下，以每秒不超过 1 圈的速度沿螺旋线方向紧密缠绕在芯棒上。为确保缠绕紧密，可在试样的自由端施加不超过该线材公称抗拉强度换算载荷值 5% 的拉紧力。

五、试验结果

按照相关产品标准或技术协议的要求评定缠绕试验结果。无具体规定时，无肉眼可见裂纹即为合格。

第五节　金属管压扁试验

金属管（圆形横截面）压扁试验是指沿垂直于管纵轴线方向，对管施加力并将其压扁，两压板之间距离达到相关产品标准规定要求的试验。

压扁试验用于检验金属管承受塑性变形的性能，并显示管材的缺陷。

一、应用范围

金属管压扁试验适用于外径不超过 600mm、壁厚不超过外径 15% 的金属管。

二、试样

金属管试样长度大于 10mm、小于 100mm，一般取 40mm 左右。试样两端内外侧的棱边可倒角。

三、试验设备

试验一般在压力机或万能试验机上进行，压板的宽度大于试样压扁后的宽度，压板长度大于试样长度。

四、试验程序

压扁试验执行国家标准 GB/T 246—2017《金属材料 管 压扁试验方法》，在室温（10℃~35℃）下进行，要求严格时在 18℃~28℃ 范围内进行。

将试样以纵轴线平行于压板的方式置于两压板之间，施加载荷，加载速度不大于 25mm/min。如果为焊管，其焊缝应按相关产品标准或技术协议的规定要求放置，通常是焊缝与力作用线呈 90°、45°、0° 角度，分别如图 6-5a~c 所示。

进行压扁试验时，沿垂直于管纵轴线方向加力，如图 6-6a 所示，压扁试样，直至两压板之间距离达到相关产品标准或技术协议的要求，通常有如下两种方式：

1）压扁至压板间距离达到试样原始外径的某个百分数，如图 6-6b 所示。

2）闭合压扁，试样内表面接触宽度应至少为压扁后内宽度的一半，如图 6-6c 所示。

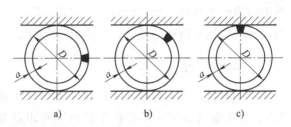

图 6-5　焊缝位置示意图

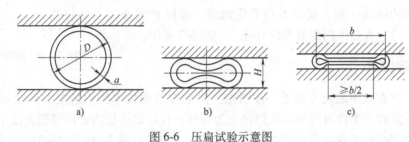

图 6-6　压扁试验示意图

五、试验结果

检查试样弯曲变形处，按照相关产品标准或技术协议的要求评定压扁试验结果。无具体规定时，无肉眼可见裂纹即评定为合格。仅在试样棱边处的轻微裂纹不应判废。

如果为焊管，应记录焊缝的位置。

第六节　金属管扩口试验

金属管（圆形横截面）扩口试验是指用圆锥形顶芯扩大管状试样的一端，直至扩大端的最大外径达到相关产品标准所规定的值的试验。

扩口试验用于检验圆形截面金属管在给定锥角下的塑性变形的能力。

一、应用范围

金属管扩口试验适用于外径不超过 150mm、壁厚不超过 10mm 的金属管。

二、试样

金属管试样长度取决于顶芯的角度。顶芯的角度小于或等于 30°时，试样长度为管外径 D 的 2 倍；顶芯的角度大于 30°时，试样长度为管外径 D 的 1.5 倍。

试样的两端面应垂直于管轴线。试样两端内外侧的棱边可倒角。焊管可去除内壁的焊缝余高。

三、试验设备

试验一般在压力机或万能试验机上进行。圆锥形顶芯角度应符合相关产品标准的规定，工作表面应磨光并具有足够的硬度。推荐采用的顶芯角度为30°、45°和60°。当试验纵向焊管时，允许使用带沟槽的顶芯，以适应管内的焊缝余高。

四、试验程序

扩口试验执行国家标准GB/T 242—2007《金属管 扩口试验方法》，在室温（10℃～35℃）下进行，要求严格时在18℃～28℃范围内进行。

将试样以纵轴线垂直于压板的方式置于两压板之间，选取符合规定要求的顶芯，并在顶芯锥面上涂以滑润油，调节顶芯的轴线与试样的轴线一致，用压力机平稳加载，使顶芯压入试样端部进行扩口，直至达到所要求的外径，如图6-7所示。

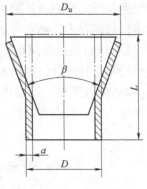

图6-7 扩口试验示意图

五、试验结果

试验后，检查试样最大外径处，按照相关产品标准或技术协议的要求评定扩口试验结果。无具体规定时，无肉眼可见裂纹即评定为合格。仅在试样棱边处的轻微裂纹不应判废。

如果相关产品标准或技术协议中规定了扩口率，则扩口率 X_d 按式（6-3）计算：

$$X_d = \left[(D_u - D)/D \right] \times 100\% \qquad (6-3)$$

式中　D_u——试样端部扩口后外径（mm）；

　　　D——试样端部原始外径（mm）。

思 考 题

1. 金属工艺试验的特点是什么？
2. 进行弯曲试验时，如何确定板材试样的宽度和厚度？
3. 如何评定弯曲试验的结果？
4. 线材扭转试验的试样长度与直径的关系是什么？
5. 进行金属管压扁试验时，压板间的距离应在什么状态下测量？
6. 如何评定金属管压扁试验结果？
7. 弯曲、压扁试样允许在试样的棱边或端部倒角，其目的是什么？

第七章

金属疲劳试验

金属疲劳是指材料、构件承受随着时间变化的载荷作用，经过一定周次的应力循环后产生裂纹或突然发生断裂的过程。疲劳所导致的断裂破坏过程是在载荷持续作用下，裂纹萌生、扩展并最终导致突然断裂，其最大疲劳应力明显低于材料开始发生塑性变形的应力，构件或试样通常在断裂之前整体上没有明显的塑性变形，具有一定的突然性，所以，疲劳断裂会产生更大的危害。疲劳破坏在金属材料构件破坏中所占比例至少在 2/3 以上。因此，通过疲劳试验研究材料的疲劳行为具有非常重要的地位。

疲劳破坏是与时间相关的过程，在进行疲劳强度设计时和在构件的实际使用过程中，通常要重点关注材料的疲劳寿命。疲劳寿命通常用疲劳断裂前所经历的应力循环次数计算。

第一节 基本概念

一、疲劳和疲劳试验

工程零件或试样受到循环载荷的作用，造成裂纹的萌生、扩展，最后断裂的过程，称为疲劳。疲劳破坏是构件的主要失效方式，工程中超过一半的失效都是由疲劳引起的。因此，研究材料的疲劳强度，根据受载情况按疲劳强度进行强度设计是非常重要的。

疲劳试验就是采取接近实际服役条件的载荷和环境，在实验室中对构件进行载荷随时间发生周期性变化的加载，最终得到疲劳性能数据和疲劳设计参数。

二、疲劳试验的分类

（一）按疲劳断裂周次

按疲劳断裂周次可分为高周疲劳和低周疲劳。

1）高周疲劳的失效循环周次大于 5×10^4，最大疲劳应力通常低于屈服强度，处于弹性变形阶段，试样上没有塑性变形，所以循环周次长。

2）低周疲劳的失效循环周次小于 5×10^4，最大疲劳应力通常接近或超过屈服强度，超过弹性变形阶段，试样上有塑性变形，在应力-应变曲线上可以看出滞后环，由于载荷大，有塑性变形，所以循环周次短。

（二）按疲劳试验环境

按疲劳试验环境可分为室温疲劳、低温疲劳、高温疲劳、腐蚀疲劳、接触疲劳、热疲劳等。

1）室温疲劳、低温疲劳和高温疲劳是在不同温度环境下发生疲劳破坏。实验室中通常通过低温箱或高温箱提供试验温度环境。

2）腐蚀疲劳是试样或构件处于有腐蚀介质，如海水、硫化氢气氛等环境中，产生疲劳破坏。

3）接触疲劳是两个物体接触表面反复做相对运动，摩擦使表面物质逐渐耗损的过程，如滚动轴承的滚珠和轴套、滑动轴承的轴套和盖瓦之间经常发生接触疲劳损坏。

4）热疲劳是试样或构件的试验环境或工作环境温度随时间变化，如发动机中的涡轮和叶片、电厂的蒸汽管道等，由于试样或构件内不同部位之间存在温差，或者温度变化时构件的热膨胀受到限制，会产生内应力即热应力，经过很多次温度循环后，会由交变热应力引起疲劳破坏。

（三）按疲劳试验加载方式

按疲劳试验加载方式可分为拉压疲劳、弯曲疲劳、扭转疲劳、旋转弯曲疲劳、复合应力疲劳等。

1）拉压疲劳是试样上承受的疲劳应力为拉应力和压应力交替变化。

2）弯曲疲劳是试样上承受的疲劳应力为交替变化的弯矩。

3）扭转疲劳是试样上承受的疲劳应力为交替变化的扭矩。

4）旋转弯曲疲劳是试样上承受的疲劳应力为交替变化的弯矩，同时试样旋转。

5）复合应力疲劳是试样上承受的疲劳应力为两种以上交替变化的应力，如弯矩和扭矩。

（四）按应力循环类型

按应力循环类型可分为等幅疲劳、双频疲劳、变频疲劳、程序疲劳、随机疲劳等。

1）等幅疲劳是疲劳载荷幅保持恒定。

2）双频疲劳是低频率的大载荷上叠加高频率的小载荷。

3）变频疲劳是疲劳载荷幅保持恒定，频率不断变化。

4）程序疲劳是疲劳载荷和频率按程序块载荷谱反复循环进行疲劳试验。

5）随机疲劳是疲劳载荷和频率都随机变化，通常是构件模拟实际工况的疲劳试验。

通常测定材料基本疲劳参数都是用等幅疲劳进行试验。图 7-1 所示是等幅疲劳试验的载荷波形。

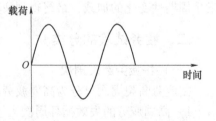

图 7-1　等幅疲劳试验的载荷波形

（五）按应力比

疲劳试验可根据最大应力与最小应力的关系来分类。应力比用 R 表示，即 R=最小应力/最大应力。根据 R 值可分为对称疲劳（$R=-1$）、脉动疲劳（$R=0$ 或 $R=\infty$）、单向加载疲劳（$R>0$）、双向加载疲劳（$R<0$）。

应力比 $R=-1$ 的对称疲劳最有利于疲劳裂纹的扩展，因此也是应用最多的一种疲劳试验。图 7-1 所示即为对称疲劳试验的载荷波形。

三、疲劳破坏的特征

（一）无明显塑性变形

由于工程零件在设计上有足够的安全系数，承受的载荷都小于屈服强度，所以疲劳裂纹是逐渐扩展的，当剩余面积不足以承受最大疲劳载荷时，试样断裂。所以，断裂是突然发生的。无论静态下显示脆性或韧性的材料，在疲劳断裂时都不产生明显塑性变形，疲劳断口呈现为平断口。

（二）疲劳应力小于屈服强度

表示材料疲劳抗力的指标 σ_{-1} 等于 $(0.4\sim0.5)R_m$，小于 $R_{P0.2}$，当材料工作应力超过 σ_{-1} 就会发生疲劳破坏，所以导致材料疲劳破坏的应力小于屈服强度。

（三）疲劳断口宏观特征

疲劳一般经过裂纹萌生、裂纹扩展、瞬时断裂三个阶段，疲劳断口相对应这三个阶段分为三个区：裂纹源、裂纹扩展区、瞬时断裂区，如图7-2所示。

1）疲劳源占的区域很小，一般非常光亮。

疲劳源一般发生于表面缺陷处（如刀痕、划伤、锈蚀产生的坑），或设计上的应力集中处（如台阶、缺口、沟槽等）。当试样上有缺口，或承受反复弯曲的疲劳载荷时，会有不止一个的疲劳源。

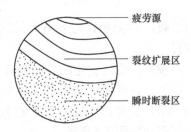

图7-2 疲劳断口形貌示意图

疲劳源的特性与形成疲劳裂纹的主要原因有关，可为分析断裂事故的原因提供重要依据。

2）裂纹扩展区的宏观特征是形貌平齐光亮，有些情况下还伴随疲劳弧线条纹。疲劳弧线条纹是以疲劳源为中心，与扩展方向垂直的扇形弧线，呈贝壳状。贝壳状条纹是鉴别疲劳断口的重要宏观判据。

裂纹扩展区在微观上有疲劳辉纹，是鉴别疲劳断口的微观依据。疲劳辉纹是一组基本平行的条纹，略带弯曲呈波浪形，与裂纹扩展方向垂直，疲劳辉纹的凸弧面指向裂纹扩展方向。每一条疲劳辉纹对应于一次载荷循环。疲劳辉纹间距随应力强度因子变化，ΔK 增加，间距变宽，即疲劳辉纹由密变疏。

贝壳状条纹是表示机器在停车、起动或负载变化较大时所形成的宏观条纹标记，是局部塑性变形的痕迹。在以恒定应力或应变范围进行运转的构件或实验室试样中，往往不出现贝壳状条纹特征。若负载变化小或有腐蚀介质影响时，贝壳状条纹也不明显。

3）瞬时断裂区的形貌粗糙，类似于静拉伸断口。通过裂纹扩展区与瞬时断裂区占的比例，可以判断疲劳载荷的大小。瞬时断裂区占的比例越大，疲劳载荷越高。所以，低周疲劳瞬时断裂区占的比例比高周疲劳大。

四、疲劳载荷的描述

循环载荷是指载荷的大小、方向随时间发生周期性的变化，或无规则的变化。所以描述疲劳载荷应包括载荷的大小、方向如何变化、变化的快慢等。

在循环载荷作用下，构件内部所产生的应力称为循环应力。描述循环应力应包括其值的大小和力的方向：拉应力为正值，压应力为负值。

（一）疲劳载荷的波形和频率

疲劳波形表示循环应力随时间变化的方式，反映应力变化的速度，一般有正弦波、三角波和方波，如图7-3所示。实验室中大多用正弦波，因为其应力达到最大或最小时加载速度减慢，衰减量小。在模拟实际情况的疲劳试验中，波形还可以是随机波。

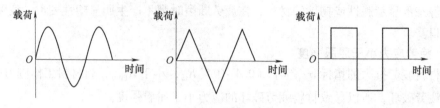

图 7-3　循环载荷波形示意图

载荷-时间函数的最小单元称为一个循环周期，循环频率反映疲劳波形周期性变化的快慢。

按正弦曲线变化的等幅循环应力是最简单的循环应力，具有循环应力最基本的特征，疲劳试验多数都是在这种循环应力下测疲劳性能指标。循环应力示意图如图 7-4 所示。

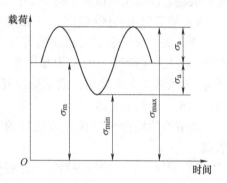

图 7-4　循环应力示意图

（二）描述循环应力的五个参数

1）最大应力 σ_{max}，S_{max}，即循环应力中代数值最大的应力。

2）最小应力 σ_{min}，S_{min}，即循环应力中代数值最小的应力。

3）应力幅 $\sigma_a = (\sigma_{max} - \sigma_{min})/2$，是应力的动载分量，是疲劳失效的主要因素。

4）平均应力 $\sigma_m = (\sigma_{max} + \sigma_{min})/2$，是应力的静载分量，是疲劳失效的次要因素。

5）应力比 $R = \sigma_{min}/\sigma_{max}$。

由以上五个参数中任意两个都可求出其他参数。对称疲劳的平均应力 $\sigma_m = 0$，应力比 $R = -1$。

在这五个应力参数中，对疲劳寿命影响最大的是应力幅，应力幅越大，疲劳损伤越大，疲劳寿命越短。

五、疲劳试验的设备和试样要求

（一）疲劳试验的设备

疲劳试验是在专用疲劳试验机上进行的。用于高周疲劳试验的有高频疲劳试验机和旋转弯曲疲劳试验机。用于低周疲劳试验的有电液伺服疲劳试验机。

（二）试样的要求

疲劳试验可在原材料上或实物上取标准试样。试验可以参考国标 GB/T 4337—2015《金属材料 疲劳试验 旋转弯曲方法》和 GB/T 3075—2008《金属材料 疲劳试验 轴向力控制方法》。也可用实际部件直接进行疲劳试验。

疲劳试样对表面质量要求比较高。由于机加工在试样表面产生的残余应力和加工硬化应尽可能小，试样工作部分表面粗糙度 Ra 不大于 $0.2\mu m$，同一批试样表面质量应均匀一致。

疲劳试验的试样形状可根据需要选择。旋转弯曲疲劳试验使用圆形试样，有时使用漏斗形试样。

六、高周疲劳和低周疲劳的区别

（一）控制方式不同

对于高周疲劳，零件的设计、试验都是用应力作为参数，用控制疲劳应力的方法进行试验，在试验过程中，保持试样上的应力幅恒定不变，试样上的应变自由变化。而对低周疲劳，是用应变作为参数，用控制疲劳应变的方法进行试验，在试验过程中，保持试样上的应变幅恒定不变，试样上的应力自由变化。

（二）受到的疲劳载荷大小不同、疲劳寿命不同

对于高周疲劳，疲劳载荷小，处于弹性变形阶段，疲劳寿命很长，一般大于 5 万次；对低周疲劳，疲劳载荷大，已经有塑性变形，疲劳寿命短，一般小于 5 万次。

（三）衡量材料的指标不同

对高周疲劳来说，反映材料疲劳抗力的指标是疲劳极限和疲劳应力-寿命（*S-N*）曲线；而对低周疲劳来说，反映材料疲劳抗力的指标是循环应力-应变曲线和疲劳应变-寿命（*S-N*）曲线。

（四）反映材料的性能不同

高周疲劳主要反映材料的强度性能，疲劳极限主要取决于材料的强度（$R_{p0.2}$、R_m）；而低周疲劳的疲劳极限主要取决于材料的塑性（A、Z）。

第二节 高 周 疲 劳

一、*S-N* 曲线和疲劳极限

不同疲劳应力（或应变）下试样断裂时的循环周次（即疲劳寿命）是不同的。疲劳应力或应变越大，疲劳寿命越短。疲劳应力或应变与疲劳寿命的关系曲线称为 *S-N* 曲线。*S* 表示应力（STRESS）或应变（STRAIN），*N* 表示循环周次。疲劳中的最大循环应力越大，疲劳寿命越短；反之，越长，如图 7-5 所示。可以看出，当试样或零件承受的最大应力低于一定值时，试样或零件可循环无数次而不断裂。在实验室进行的试验中，规定钢铁材料循环 10^7 周次而不断裂的最大应力为疲劳极限，非铁金属、不锈钢循环 10^8 周次而不断裂的最大应力为疲劳极限。

在实验室中，一般使用对称循环测疲劳极限。疲劳极限用 σ_{-1} 表示，它是一个强度指标。对钢铁材料，σ_{-1} 为 $(0.4\sim0.5)R_m$。

高周疲劳中零件受到很低的应力幅或应变幅，零件的破断周次很高，一般大于 10^5 周次，零件只发生弹性变形。一般的机械零件，如传动轴、汽车弹簧和齿轮都是属于此种类型。对于这类零件，是以 *S*（应力）-*N* 曲线获得的疲劳极限为基准，再考虑零件的

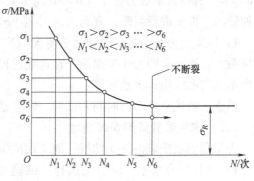

图 7-5 *S-N* 曲线示意图

尺寸影响和表面质量的影响等，确定安全系数，便可确定许用应力了。

一般高周疲劳试验就是测材料的 S(应力)-N 曲线和疲劳极限 σ_{-1}。

二、S-N 曲线和疲劳极限的测定

在实验室测金属材料的 S-N 曲线和疲劳极限时，可以采用轴向加载方式或旋转弯曲加载方式。当应力比 R 为-1 时，疲劳极限用 σ_{-1} 表示。以旋转弯曲疲劳试验为例，这种加载方式的疲劳试验是应力比 R 为-1 的对称疲劳，波形是正弦波，在试样旋转一周时试样表面任意一点的应力变化为 $\sigma_{max} \rightarrow \sigma_{min} \rightarrow \sigma_{max}$。图 7-6 和图 7-7 是旋转弯曲疲劳试验的加载方式和载荷波形示意图。试验应满足以下条件：①纯弯曲；②完全对称循环；③应力幅恒定；④频率为 3000 次/min~10000 次/min。

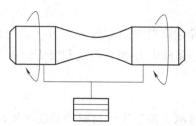
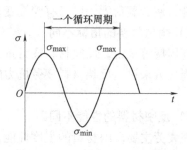

图 7-6　旋转弯曲疲劳试验的加载方法示意图　　图 7-7　旋转弯曲载荷波形示意图

(一)　单点法测 S-N 曲线和 σ_{-1}

单点法是每个应力级只做一个试样，具体方法为：

1）选最高应力 $=(0.6~0.7)R_m$，进行疲劳试验，直到试样断裂。

2）逐级降低应力，降幅为上级应力的 5% 左右，随应力水平降低，各级应力水平间隔越来越小。通常设定 7~8 个应力水平。

3）如果试样经过 10^7 次循环而未断裂，该应力称为"未断裂应力"。则比该应力高一级的应力称为"断裂应力"，则：

$$\sigma_{-1} = \frac{\sigma_{断} + \sigma_{未断}}{2} \tag{7-1}$$

但是必须保证满足 $(\sigma_{断} - \sigma_{未断}) < 5\%\sigma_{未断}$ 的条件，即高低两级应力差必须小于低一级应力的 5%。否则，取应力等于 $(\sigma_{断} + \sigma_{未断})/2$ 再做一次试验。根据经 10^7 次循环断裂或未断裂两种情况，再次进行判断，直到满足 $(\sigma_{断} - \sigma_{未断}) < 5\%\sigma_{未断}$ 的要求。

4）以应力为纵坐标，对数疲劳寿命 $\lg N$ 为横坐标，将各数据点 $(\lg N_i, \sigma_i)$ 及 σ_{-1} 标在坐标系上，连起来即为 S-N 曲线。在连线过程中，要使曲线匀称地通过各数据点，曲线两侧的数据点与曲线距离大致相等。

单点法的优点是节省时间和试样，缺点是准确度比较低。

(二)　成组试验法测 S-N 曲线

为了得到较精确的 S-N 曲线，通常用成组试验法。具体方法为：

1）选择应力水平。应力级选择、试验方法与单点法类似，但每个应力级水平做一组试样。

2）变异系数判断。变异系数用于衡量一组试验结果相对分散度的大小。每组试样的疲劳寿命要进行变异系数判断，保证分散度满足要求。一般，随应力水平降低，疲劳寿命分散度增加，所需试样数量增加。通常一组有 5 个左右的试样。

在每级应力水平下，每组从三个试样起，每做完一个试样，都要按式（7-2）计算该应力水平下的变异系数 C_v。当变异系数满足式（7-3）要求时，说明试验数量满足要求，可以进行下一级的试验。

$$C_v = s/\overline{X} \tag{7-2}$$

$$C_v \leqslant \delta\sqrt{n}/t_\alpha \tag{7-3}$$

式中　s——对数疲劳寿命的标准差，$s = \sqrt{\sum (x_i - \overline{X})^2/(n-1)}$；

　　　x_i——对数疲劳寿命；

　　　$\overline{X}$——对数疲劳寿命的平均值；

　　　n——试样数量；

　　　δ——误差限度，一般工程上允许的误差限度为 5%；

　　　t_α——t 分布值。

一般，置信度 γ 通常为 90% 或 95%，由自由度 $v(=n-1)$ 和 $\alpha(=1-\gamma)$ 查 t 分布表可以得到 t_α。

3）中值疲劳寿命。每级应力水平下各试样对数疲劳寿命的平均值称为该应力水平下的中值疲劳寿命 N_{50}。同级应力水平下各试样的疲劳寿命分布遵循正态分布，因此，该级应力水平下寿命低于 N_{50} 的概率为 50%。

4）绘制 S-N 曲线。按照上述方法得到各应力水平及对应的中值疲劳寿命 N_{50}，以应力为纵坐标，中值疲劳寿命 N_{50} 为横坐标，绘制 S-N 曲线。

（三）升降法测疲劳极限 σ_{-1}

采用升降法测疲劳极限 σ_{-1} 的具体方法为：

1）根据 $\sigma_{-1} = (0.4 \sim 0.5)R_m$，估计待测材料的疲劳极限 σ_{-1}，选择略高于 σ_{-1} 的应力作为第 1 级应力。

2）确定应力降低或升高的幅度 $\Delta\sigma = (3 \sim 5)\% \sigma_{-1}$，即各应力级之间的差为 $\Delta\sigma$。

3）当某应力水平下试样循环次数在 10^7 内断裂时，降低一级应力。当某应力水平下试样循环次数在 10^7 内未断裂时，升高一级应力。如此，做 15~17 个试样。

4）在应力升降图上对应试验应力标出各试样断裂或未断裂，如图 7-8 所示，"×"表示循环 10^7 次断裂，"○"表示循环 10^7 次未断裂。

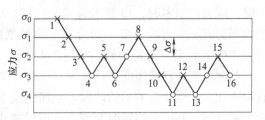

图 7-8　应力升降图

5）将两个相邻有相反结果（即断裂和未断裂）的试样配成一对，求这一对试样的疲劳极限（即按单点法测疲劳极限的方法）。按式（7-4）计算全部配对求出的各疲劳极限的平均值，就是升降法测得的最终疲劳极限。没有配对的试样无效。

$$\sigma_{-1} = \frac{\sum(\sigma_{-1})_K}{k} = \frac{\sum(v_i\sigma_i)}{n} \tag{7-4}$$

式中 k ——配对数；

　　　 n ——有效试样数；

　　　 v_i ——每级应力下的有效试样数；

　　　 σ_i ——每个应力级的应力。

将成组法测得 S-N 曲线斜线部分与升降法测得疲劳极限绘在应力-对数疲劳寿命坐标系上，就是非常准确的 S-N 曲线。

第三节　低周疲劳

一、低周疲劳的特点

有些机器的零部件或构件有时会受到很大的交变应力。如飞机在起飞和降落时，相对于它在高空稳定飞行时（承受比较均匀的载荷），其载荷幅度的变化是很大的；压力容器也有周期的升压和降压。这种运行状态虽然相对于整个机件的工作寿命是较短的，但因承受的载荷较大，即使设计的名义应力规定只允许发生弹性变形，但在缺口处甚至在有微裂纹处，会因局部的应力集中，使应力超过材料的屈服强度，最终导致疲劳破坏。有的零件寿命只有几千次。

这种在大应力低周次下的破坏称为低周疲劳。低周疲劳和高周疲劳的区分是以 10^5 周次为界，这个界限是很粗略的。

低周疲劳试验中的最大疲劳应力通常超出弹性变形阶段，接近或超过屈服强度，试样上有塑性变形，因此载荷大，疲劳寿命短。

研究低周疲劳常采用控制应变的方法得到应变-寿命曲线，即 ε-N 曲线。因为试样上的应力在屈服强度附近时，应力稍有变化，应变就会变化较大，如果用应力控制则准确性低。

二、基本概念

（一）迟滞回线

由于低周疲劳时试样上有塑性变形，当应力从最大载荷下降，应力回到零时，应变不为零。同样，应变回到零时，应力不为零。应力与应变不同时归零的现象称为迟滞现象，应力-应变曲线称为迟滞回线，如图 7-9 所示。

控制应变进行低周疲劳试验时，保持应变幅不变，应力自由变化。低周疲劳的初始阶段，迟滞回线不稳定，在控制应变的情况下其应力幅随时间变化，或增加或降低，但其变化趋势是逐渐趋于稳定，当循环周次增加到其总寿命的 20%~50% 时，应力幅保持不变，进入循环稳定阶段。在控制应力的情况下，也有初始不稳定阶段，其应变幅随时间变化。

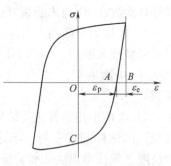

图 7-9　低周疲劳的迟滞

（二）循环应力-应变曲线

循环应力-应变曲线是指低周疲劳试验中循环稳定时的应力与所控制的应变之间的关系曲线。

控制不同的应变进行低周疲劳试验时，各应变下稳定时的应力不同，将稳定时的迟滞回线上顶点连接起来，或将稳定应力与控制应变组成数据对 $(\varepsilon_i, \sigma_i)$ 标在应力-应变坐标系上并匀称连接，就绘出了循环应力-应变曲线，如图 7-10 所示。

低周疲劳循环应力-应变曲线可与静拉伸的应力-应变曲线相对应。循环应力-应变曲线比静拉伸的应力-应变曲线低的为循环软化材料，反之，为循环硬化材料，如图 7-11 所示。

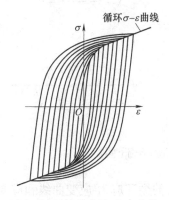

图 7-10　循环应力-应变曲线
A——次连续加载　B—多次反复加载后循环硬化
C—多次反复加载后循环软化

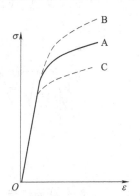

图 7-11　循环应力-应变曲线与
静拉伸应力-应变曲线

（三）循环软化和循环硬化

在 ε-N 曲线中，测得的总变形量、塑性分量与弹性分量都是在循环加载时形成的滞后环上直接测量的。但是材料在低周疲劳的初始阶段，在循环加载时会发生硬化或软化现象。一般说来，对原始状态较软的材料，在控制总应变幅恒定的情况下，在循环加载时随着加载周次增加会产生塑性变形抗力，这就是硬化现象。反之，对原始状态较硬的材料，在控制总应变幅恒定的情况下，随周次的增加变形抗力降低，这就是软化现象。

材料在循环加载时出现软化现象是很不利的。

在控制应变的情况下，随循环周次增加，若试样上的应力升高称为循环硬化，若试样上的应力降低称为循环软化，如图 7-12 所示。

大多数情况下，低周疲劳是控制应变的，但有时也会用控制应力的方法进行低周疲劳试验。在控制应力的情况下，随循环周次增加，若试样上的应变升高称为循环软化，若试样上的应变降低称为循环硬化。

通常，软材料 $R_{eL}/R_m < 0.7$，如低碳钢、不锈钢等材料，其形变硬化指数 n 较大，因此，多为循环硬化。硬材料 $R_{eL}/R_m > 0.8$，其形变硬化指数 n 较小，因此，多为循环软化。$R_{eL}/R_m = 0.7 \sim 0.8$ 的材料难以预料是循环软化还是循环硬化。

三、低周疲劳试验

金属材料的低周疲劳试验检测标准是 GB/T 15248—2008《金属材料轴向等幅低循环疲

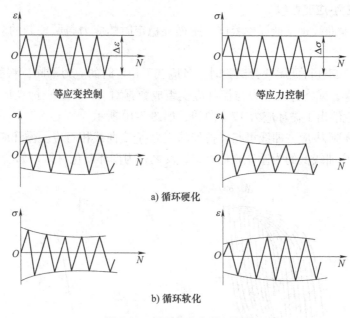

等应变控制　　　　　　　　　　　等应力控制

a) 循环硬化

b) 循环软化

图 7-12　循环软化和循环硬化

劳试验方法》。一般，低周疲劳试验就是测材料的循环应力-应变曲线和应变-寿命曲线（即 S-N 曲线和 ε-N 曲线）。

（一）试验参数的选择

1）在要求的温度下试验，温度波动不大于±2℃。

2）控制方法：一般是采用控制应变的方式，控制总应变 $\Delta\varepsilon_t$ 保持恒定。加载波形一般采用三角波，从拉伸半周开始。

3）控制应变点分布：通常进行低周疲劳试验测材料的循环应力-应变曲线和应变-寿命曲线时，选择的控制应变量为 0.1%~1.0%，应变间隔为 0.1%~0.2%。

4）试验频率：为了确保试样表面温度变化不超过 2℃，必须控制应变的速率，应变速率不大于 0.4%/s。所选 $\Delta\varepsilon_t$ 越大时，频率应越小。控制应变量为 0.1%~1.0%时，试验频率为 0.1Hz~1Hz。

（二）试验方法

低周疲劳试验有单试样法和多试样法。

（1）单试样法　单试样法只能用来测定循环应力-应变曲线。同一个试样在控制总应变的情况下循环到稳定后，画出稳定时的迟滞回线，再增加到下一个应变量，再次循环到稳定，画出稳定时的迟滞回线。如此完成各级应变点稳定时的迟滞回线，将各稳定时的迟滞回线的顶点连接起来，即为循环应力-应变曲线。

（2）多试样法　多试样法可用来测定循环应力-应变曲线和应变-寿命曲线。每个试样在控制总应变的情况下循环到稳定后，记录稳定时的应力，然后继续循环至断裂，记录断裂周次。

各级控制应变及其循环稳定时的应力组成应变、应力数据对，将这些应变、应力数据对标在应变-应力坐标系上，将各数据点连接起来即为循环应力-应变曲线。

同时，各级控制应变及其疲劳寿命组成应变、寿命数据对，将这些应变、寿命数据对标在应变-寿命坐标系上，将各数据点连接起来即为应变-寿命曲线，即 ε-N 曲线。ε-N 曲线可以是 ε_t（总应变）-N 曲线、ε_e（弹性应变）-N 曲线或 ε_p（塑性应变）-N 曲线。

思 考 题

1. 什么是金属的疲劳？按照疲劳破坏时的循环周次分为哪两类？
2. 高周疲劳与低周疲劳的主要区别是什么？
3. 高周疲劳的 S-N 曲线可通过哪两种方法测得？
4. 什么是材料的疲劳极限？
5. 什么是循环软化和循环硬化现象？它与材料原始状态是何关系？
6. 疲劳断口的特征是什么？

第八章

金属断裂韧度试验

第一节　断裂力学基本概念

一、断裂力学的提出

传统的设计计算以常规强度理论为基础。按照构件的形状、尺寸和服役条件，计算最大工作应力 σ_{max}，在考虑一定安全系数 n 的情况下，建立强度条件，选择材料：

$$\sigma_{max} \leq [\sigma]$$

式中　$[\sigma]$——许用应力，可按 $[\sigma] = R_{eL}/n$ 或 $[\sigma] = R_{p0.2}/n$、$[\sigma] = R_m/n$、$[\sigma] = \sigma_{-1}/n$ 等公式计算。

这种强度设计认为材料是理想的均匀连续体。

自从二十世纪四五十年代之后，随着高强度钢、铝和钛合金的大量使用，以及大型锻件、大型焊件的广泛使用，脆性断裂的事故明显增加，其实际工作应力远低于设计允许应力。脆性断裂是突然发生的破坏，断裂前没有明显的征兆，常常引起灾难性的破坏事故。这就说明传统的强度设计理论已不能适应实际情况，需要提出一种新的设计理论。

自 20 世纪 50 年代以来，逐步形成了断裂力学理论，它假定材料存在裂纹。事实上，工程材料在制造、加工及使用过程中，都会产生各种宏观缺陷乃至宏观裂纹。在构件内部总难免存在气孔、夹渣、切口、未焊透等缺陷，以及在不同环境中使用产生的腐蚀裂纹和疲劳裂纹。因此，常规强度准则不能完全保证构件的安全服役，当构件带有裂纹时，不能用常规的强度指标来判断构件是否发生断裂。

对于不含裂纹的物体，表征其受力状态的物理量就是应力，当某处应力水平达到屈服强度时，就要发生塑性变形。而对于含裂纹的受力构件，必须找到一个可以表征裂纹尖端应力应变场强度的物理量，当该物理量达到临界值时，就要发生断裂。

断裂力学就是研究含裂纹体的力学，它给出了含裂纹体的断裂判据，并提出一个新的材料固有的性能指标——断裂韧度，用它来比较各种材料的抗断能力。断裂力学研究的是含裂纹体中裂纹尖端应力应变场强度的分布，并测量裂纹尖端应力应变场强度，找到材料的临界应力应变场强度值。

断裂力学在工程中的应用要解决以下几个问题：

1）构件中允许存在的最大裂纹是多大？

2）含裂纹的构件允许使用的寿命是多长？

3）外力与裂纹扩展速度的关系是什么？不同材料中裂纹扩展速度有什么不同？

4）什么材料抵抗裂纹扩展的性能比较好？

目前，断裂力学理论已广泛应用于宇航、航空、海洋、兵器、核工业、电力、化工等工程领域。

二、断裂韧度的概念

韧度是指材料在断裂前弹性变形和塑性变形中吸收能量的能力，是能量的概念。强度高并且塑性好的材料在断裂前吸收的能量多，韧度高。只是强度高，或只是塑性好的材料韧度并不一定好。

通常所说的脆性和韧性是相对于韧度低或韧度高而言的。传统的韧性指标是用冲击试验来测量的，冲击吸收能量是能量的概念，也是一种韧度指标，反映了材料在一次冲击载荷下断裂前吸收的能量，但它没有考虑材料内部存在尖锐裂纹的情况。

断裂韧度就是表示含尖锐裂纹的材料在断裂前吸收能量的能力。

脆性断裂通常发生得比较突然，即裂纹开始扩展的起裂点与裂纹失去控制的失稳扩展点之间，塑性变形量非常小，裂纹扩展量很小载荷就迅速下降，断裂过程很快结束，断裂前吸收能量很少。

韧性断裂过程中，裂纹开始扩展的起裂点与断裂点之间塑性变形量比较大，裂纹有稳定缓慢的扩展阶段，断裂过程持续一定的时间，断裂前吸收能量比较多。

根据断裂前变形量的大小，断裂力学分为线弹性断裂力学和弹塑性断裂力学。线弹性断裂力学研究脆性断裂的断裂韧度，弹塑性断裂力学研究韧性断裂的断裂韧度。

三、线弹性断裂力学

断裂力学是研究材料内部存在裂纹情况下的强度科学，研究裂纹材料的断裂过程和强度规律，从中寻找新的力学指标。线弹性断裂力学是假定裂纹尖端附近的应力应变关系处在线弹性范围内，也就是断裂前发生变形量很小的断裂情况。

（一）三种断裂类型

根据裂纹体的受载和变形情况，可将裂纹分为三种类型，如图 8-1 所示。

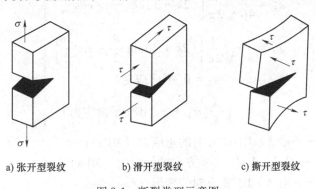

a) 张开型裂纹　　　　b) 滑开型裂纹　　　　c) 撕开型裂纹

图 8-1　断裂类型示意图

（1）张开型（或称拉伸型）裂纹　它是外加正应力垂直于裂纹面，在应力作用下裂纹尖端张开，扩展方向和正应力垂直。这种张开型裂纹简称 I 型裂纹。

（2）滑开型（或称剪切型）裂纹　它是切应力平行于裂纹面，裂纹滑开扩展，简称 II

型裂纹，如轮齿、花键根部沿切线方向的裂纹。

（3）撕开型裂纹 在切应力作用下，一个裂纹面在另一裂纹面上滑动脱开，裂纹前缘平行于滑动方向，如同撕布一样，这种称为撕开型裂纹，简称Ⅲ型裂纹。

Ⅰ型裂纹是最危险的一种裂纹形式，最容易引起低应力脆断。实际工程构件中的裂纹形式大多属于Ⅰ型裂纹。工程上用Ⅰ型加载方式下裂纹的应力强度因子 K_I 对构件或材料进行安全设计。

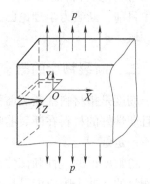

图 8-2　裂纹体受拉力示意图

（二）Ⅰ型裂纹尖端应力和应变场

图 8-2 所示为含长为 $2a$ 的穿透裂纹的无限平板受垂直于裂纹面方向的均匀拉力的示意图。板厚方向为 Z 方向，裂纹扩展方向为 X 方向。

在线弹性范围内，应力-应变关系是线性的，可以得到裂纹尖端附近某一点 (γ, θ) 的应力分量和应变分量为

$$\left.\begin{aligned}
\sigma_X &= \frac{K_I}{\sqrt{2\pi\gamma}}\cos\frac{\theta}{2}\left(1 - \sin\frac{\theta}{2}\sin\frac{3\theta}{2}\right) \\
\sigma_Y &= \frac{K_I}{\sqrt{2\pi\gamma}}\cos\frac{\theta}{2}\left(1 + \sin\frac{\theta}{2}\sin\frac{3\theta}{2}\right) \\
\sigma_Z &= \mu(\sigma_X + \sigma_Y) = \frac{2\mu K_I}{\sqrt{2\pi\gamma}}\cos\frac{\theta}{2}\,(\text{平面应变}) \\
\sigma_Z &= 0\,(\text{平面应力}) \\
\tau_{XY} &= \frac{K_I}{\sqrt{2\pi\gamma}}\cos\frac{\theta}{2}\sin\frac{\theta}{2}\cos\frac{3\theta}{2} \\
\tau_{XZ} &= \tau_{YZ} = 0
\end{aligned}\right\} \tag{8-1}$$

$$\left.\begin{aligned}
\varepsilon_X &= \frac{K_I}{4G}\sqrt{\frac{\gamma}{2\pi}}\left[(2k-1)\cos\frac{\theta}{2} - \cos\frac{3\theta}{2}\right] \\
\varepsilon_Y &= \frac{K_I}{4G}\sqrt{\frac{\gamma}{2\pi}}\left[(2k+1)\sin\frac{\theta}{2} - \sin\frac{3\theta}{2}\right] \\
\varepsilon_Z &= 0\,(\text{平面应变}) \\
\varepsilon_Z &= -\int\frac{\mu}{E}(\sigma_X + \sigma_Y)\,\mathrm{d}Z\,(\text{平面应力})
\end{aligned}\right\} \tag{8-2}$$

式中　σ_X、σ_Y、σ_Z——沿 X、Y、Z 方向的正应力（MPa）；

τ_{XY}、τ_{XZ}、τ_{YZ}——X-Y、X-Z、Y-Z 方向的切应力（MPa）；

ε_X、ε_Y、ε_Z——沿 X、Y、Z 方向的变形（mm）；

γ、θ——裂纹尖端附近某点的极坐标；

G、E、μ——材料的剪切模量、弹性模量和泊松比；

k——与应力状态有关的量，平面应力状态时 $k = (3 - \mu)/(1 + \mu)$，平面应变状态时 $k = 3 - 4\mu$。

（三）应力强度因子 K_I

由上述裂纹尖端应力场可知，给定裂纹尖端某点的位置时（即（γ，θ）已知），裂纹尖端某点的应力和应变完全由 K_I 决定。K_I 就是 I 型加载方式下裂纹的应力强度因子，反映裂纹尖端区域应力场强弱程度的一个物理量，简称应力强度因子。

应力强度因子是外加应力 σ、裂纹长度 $2a$、试样及裂纹形状的函数。带有穿透裂纹的平板在两向均匀拉伸下的应力强度因子表示为 $K_I = \sigma\sqrt{\pi a}\, Y\left(\dfrac{2a}{W}\right)$，单位为 $MPa\sqrt{m}$ 或 $N \cdot m^{-3/2}$。形状因子 Y 是裂纹长度和试样（构件）形状的函数，不同试样（构件）和裂纹形状，Y 不同。如果是无限平板，其形状因子 $Y=1$。

由此可知，线弹性断裂力学并不像传统力学那样单纯用应力大小来描述裂纹尖端的应力场，而是同时考虑应力与裂纹形状及尺寸的综合影响。

由式（8-1）可知，当 $\theta=0$ 时，即在裂纹的延长线上，$\sigma_X = \sigma_Y = \dfrac{K_I}{\sqrt{2\pi\gamma}}$，$\tau_{XY} = 0$，这表明裂纹在 XY 平面上，切应力为零，而拉应力最大，所以裂纹容易沿着该平面扩展。

（四）平面应力和平面应变

从式（8-1）可以看出，平面应力就是试样或构件只在裂纹面的 X、Y 两个方向上受力，厚度方向变形可自由进行，在厚度方向上应力为零。当板很薄时，试样或构件处于平面应力状态。

从式（8-2）可以看出，平面应变就是试样或构件只在裂纹面的 X、Y 两个方向上有变形，厚度方向变形受到严重限制而趋于零。当板厚足够大时，试样或构件处于平面应变状态。

对于厚度达到一定尺寸的试样，在试样厚度方向的两个表面上，裂纹尖端处于完全平面应力状态下，在厚度中心部位，则处于完全平面应变状态。

在平面应变状态下，裂纹受到的约束较大，在三个方向塑性变形不容易进行，所以比平面应力更有利于裂纹扩展，裂纹容易发生脆性失稳扩展。而在平面应力状态下，由于塑性变形吸收外力的能量，并且形成形变硬化，使裂纹难以继续扩展。

（五）裂纹尖端的屈服应力

由 Von-Mises 屈服判据，材料在三向应力状态下的屈服条件为

$$(\sigma_1 - \sigma_2)^2 + (\sigma_2 - \sigma_3)^2 + (\sigma_3 - \sigma_1)^2 = 2\sigma_s^2 \tag{8-3}$$

式中　　σ_s——材料屈服强度；

σ_1、σ_2、σ_3——主应力。

将式（8-1）和式（8-2）代入式（8-3），求得平面应力问题下的主应力 σ_1、σ_2 为

$$\sigma_1 = \sigma_2 = \frac{K_I}{\sqrt{2\pi\gamma}}\cos\frac{\theta}{2}\left(1 \pm \sin\frac{\theta}{2}\right)$$

板厚度方向（Z 方向）的主应力 σ_3 的值与厚度方向的约束有关。

对于薄板来说，沿厚度方向的变形几乎不受约束，处于平面应力状态下，$\sigma_3 = 0$。对于带有穿透裂纹的无限平板在两向均匀拉伸下，根据式（8-3），在裂纹延长线上（$\theta=0$）的主应力 $\sigma_1 = \sigma_2 = \dfrac{K_I}{\sqrt{2\pi\gamma}} = \sigma_y(r, 0) = \sigma_s$。此时 $\sigma_y(r, 0)$ 为材料的屈服应力记为 $\sigma_{ys} = \sigma_s$。

随着厚度的增加，沿厚度方向的约束越来越大，其极限状态就是平面应变状态，为了方便计算，一般只考虑处于完全平面应变的状态。此时 $\sigma_3 = \mu(\sigma_1 + \sigma_2)$。

对于带有穿透裂纹的无限平板在二向均匀拉伸下，根据式（8-3），在裂纹延长线上（$\theta = 0$）的主应力 $\sigma_1 = \sigma_2 = 2\mu\sigma_1 = 2\sigma_y(r, 0) = \dfrac{\sigma_s}{1 - 2\mu}$。此时 $\sigma_y(r, 0)$。记为 $\sigma_{ys} = \dfrac{\sigma_s}{1 - 2\mu}$。

（六）裂纹尖端塑性区

根据材料力学可以计算出裂纹尖端附近（r，θ）处的主应力，从而进一步由 Von-Mises 屈服判据推导出裂纹尖端屈服区边界的曲线方程：

在平面应力情况下，$\gamma = \dfrac{K_I^2}{2\pi\sigma_s^2}\cos\dfrac{\theta}{2}\left(1 + 3\sin^2\dfrac{\theta}{2}\right)$，它与 X 轴的交点（$\theta = 0$ 时）为

$$\gamma_0 = \frac{K_I^2}{2\pi\sigma_s^2} \tag{8-4}$$

在平面应变情况下，$\gamma = \dfrac{K_I^2}{2\pi\sigma_s^2}\left[\dfrac{3}{4}\sin^2\theta + (1 - 2\mu)^2\cos^2\dfrac{\theta}{2}\right]$，它与 X 轴的交点（$\theta = 0$ 时）为

$$\gamma_0 = (1 - 2\mu)^2\frac{K_I^2}{2\pi\sigma_s^2} \tag{8-5}$$

对钢铁材料来说，泊松比 $\mu = 0.3$，此时 $\gamma_0 = 0.16\dfrac{K_I^2}{2\pi\sigma_s^2}$。

将平面应变和平面应力下的裂纹尖端屈服区边界的曲线方程统一为 $\gamma_0 = \dfrac{K_I^2}{2\pi\sigma_{ys}^2}$。图 8-3 为塑性区形状尺寸示意图。

所以，在平面应变情况下由于受到三向应力，约束很强，裂纹尖端不容易发生塑性变形，裂纹尖端的塑性区尺寸远小于平面应力的情况。由于断裂韧度是能量的概念，故平面应变状态比平面应力状态下的断裂韧度小很多。在试样厚度方向的两个表面为完全平面应力状态，中心部分为平面应变状态，如图 8-4 所示。

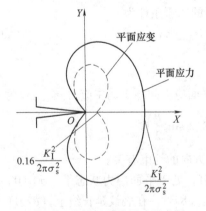

图 8-3　塑性区形状尺寸示意图

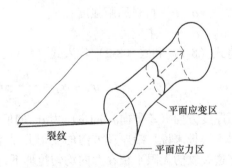

图 8-4　从表面到心部应力状态的变化

当裂纹尖端附近的试样几何尺寸大于裂纹尖端塑性区尺寸一个数量级以上时，就可以确

保裂纹尖端塑性区尺寸控制在小范围屈服范围内，从而保证裂纹尖端处于平面应变状态。可计算出平面应变状态下裂纹尖端塑性区尺寸范围是 $0.113\dfrac{K_{IC}^2}{\sigma_s^2}\sim 0.318\dfrac{K_{IC}^2}{\sigma_s^2}$。

在实验室条件下，研究材料平面应变断裂韧性时，不可能选择厚度很大的试样，只要试样尺寸大于 $0.16\dfrac{K_I^2}{2\pi\sigma_s^2}$ 的 10 倍时，就能满足只有小范围屈服的平面应变条件。所以在试验中，试样厚度 B、裂纹长度 a 和韧带宽度（$W-a$）均要求大于 $2.5\dfrac{K_Q^2}{R_{p0.2}^2}$（$K_Q$ 为条件断裂韧度，是 K_{IC} 在判定为有效结果之前的断裂韧度）。

（七）线弹性断裂力学判据 $K_I=K_{IC}$

1. K_I、K_{IC}、K_C 的物理意义

由前面的内容可知，K_I 是 I 型加载方式下裂纹的应力强度因子，是描述含裂纹的物体在受力情况下的一个新的物理量。它是外加应力 σ、裂纹长度 a、试样及裂纹形状的函数，随着外加应力的增加、裂纹的扩展，K_I 是逐渐增加的，表示裂纹扩展动力。

当外加应力不断增加，或裂纹逐渐扩展，或二者同时增加，最终导致 K_I 增加到某一极限值 K_{IC} 时，裂纹会发生迅速失稳扩展，K_{IC} 就称为材料的平面应变断裂韧度。

K_I 是受外界条件影响的反映裂纹尖端应力场强弱程度的力学度量，它不仅随外加应力和裂纹长度的变化而变化，也和裂纹的形状类型及加载方式有关，但它和材料本身的固有性能无关。

而 K_{IC} 是反映材料阻止裂纹扩展的能力，是材料本身固有的性能，与加载方式、试样类型、试样尺寸无关。K_{IC} 是在一定条件下（有效性检验）测得的表明材料抵抗裂纹扩展能力的临界能力。一般用 K_{IC} 表示平面应变断裂韧度，用 K_C 表示平面应力断裂韧度。K_C 和 K_{IC} 的不同点在于，K_C 是平面应力状态下的断裂韧度，它和板材或试样厚度有关，而当板材厚度增加到平面应变状态时，K_C 就趋于一稳定的最低值，这时便与板材或试样的厚度无关了，这个最低值就是材料的 K_{IC}。所以，K_{IC} 是一个材料常数，反映了材料阻止裂纹扩展的能力。

通常测定的材料断裂韧度，就是平面应变断裂韧度 K_{IC}。而建立的断裂判据也是以 K_{IC} 为标准的，因为它反映了最危险的平面应变断裂情况。从平面应力向平面应变过渡的板材厚度取决于材料的强度，材料的屈服强度越高，达到平面应变状态的板材厚度越小。

屈服强度、抗拉强度是单一的强度指标，延伸率、断面收缩率是单一的塑性指标，而 K_{IC} 是强度和塑性二者综合的指标。

2. 断裂判据

在线弹性条件下，当应力强度因子增大到一临界值，这一临界值在数值上等于材料的平面应变断裂韧度 K_{IC} 时，裂纹立即失稳扩展，构件就发生脆断。于是，断裂判据便可表达为判据 $K_I=K_{IC}$。

这一表达式和静载拉伸中的失效判据 $R=R_{p0.2}$ 或 $R=R_m$ 是相似的，公式的左端都是表示外界载荷条件（断裂力学的 K_I 还包含裂纹的形状和尺寸），而公式的右端则表示材料本身的某项固有性能。

3. K_{IC} 的应用

有了材料 K_{IC} 值，就可以根据 $K_I < K_{IC}$ 判据，在考虑一定安全系数的情况下，进行工程设计。由 $K_I = \sigma\sqrt{\pi a}\,Y\left(\dfrac{a}{W}\right) = K_{IC}$ 可知，其中有三个参量，即外加应力 σ、裂纹长度 a 和材料常数 K_{IC}，在试样（构件）和裂纹形状一定的情况下，知道其中任意两个量，就可以求出第三个量。

（1）强度校核　已知裂纹长度 a、材料 K_{IC}，求得临界应力值 σ_c，比较实际应力是否小于 σ_c，判断是否安全。

（2）选择材料和热处理工艺　已知裂纹长度 a、外加应力 σ，求得实际应力强度因子，从而选择 K_{IC} 大于该应力强度因子的材料，或制订相应热处理工艺。

（3）设定最大允许裂纹长度　已知外加应力 σ、材料 K_{IC}，计算构件中能够容忍的最大裂纹长度 a_c，制定构件验收标准。

（4）估计含裂纹构件的疲劳寿命　已知外加应力 σ、现有裂纹长度 a、材料 K_{IC}，计算出临界裂纹长度 a_c，由 $\Delta a = a_c - a$ 及裂纹扩展速率 $\dfrac{\mathrm{d}a}{\mathrm{d}N}$ 就能估算含裂纹构件的剩余疲劳寿命。

四、弹塑性断裂力学

当裂纹尖端有一个比较大的塑性区时，不能满足小范围屈服条件，线弹性断裂力学理论已不再适用。此时属于大范围屈服断裂和全面屈服断裂，必须用弹塑性断裂力学理论来进行分析，描述裂纹尖端弹塑性应力应变场特性。与线弹性断裂力学一样，该物理量也要与外加应力、裂纹长度有关。最终要测定用这种物理量表示的材料弹塑性断裂韧度指标。目前用来研究弹塑性断裂的方法主要有裂纹尖端张开位移（CTOD）法和 J 积分法。

（一）裂纹尖端张开位移（CTOD）法

当裂纹受到垂直于裂纹面方向的拉力时，原先贴合在一起的上、下两个裂纹表面将分离，裂纹张开后裂纹表面间的距离就是裂纹尖端张开位移（crack tip opening displacement，CTOD），通常用 δ 表示，如图 8-5 所示。

CTOD 法是一种建立在经验基础上的分析方法，在工程界已得到了广泛的应用，特别是在研究压力容器及管道的断裂分析上。

带裂纹的试样在外加载荷下，其裂纹顶端在开裂以前随着载荷的增加而逐渐钝化，使裂纹尖端形成了一个张开位移，同时形成了所谓伸张区。裂纹尖端钝化是裂纹尖端塑性变形逐渐增加的结果。

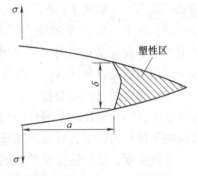

图 8-5　裂纹尖端张开示意图

对于受单向均匀拉伸的具有中心穿透裂纹的无限薄板，处于平面应力状态，当应力水平 $\sigma/\sigma_s \leqslant 1$ 时，即大范围屈服时，其裂纹尖端形成了一个张开位移为

$$\delta = \frac{8\sigma_s a}{\pi E}\ln\left[\sec\left(\frac{\pi\sigma}{2\sigma_s}\right)\right] \tag{8-6}$$

当应力水平 $\sigma/\sigma_s \leqslant 1$ 时，即全面屈服时，其 CTOD 值为

$$\delta = 2\pi a e \tag{8-7}$$

式中　e——标称应变。

当载荷逐渐增加时，裂纹尖端前方的滑移带增加并变宽，同时在裂纹前方也萌生了一些小的空穴，在裂纹尖端的塑性变形区内受到强烈拉伸，裂纹在张开的同时还向前有少量延伸，当向前延伸部分达到和邻近的空穴相连时，就认为是裂纹起裂了。

起裂时的裂纹张开位移和伸张区都达到了饱和值和临界值，对应该值的裂纹张开位移 $\delta = \delta_C$ 是一材料常数。材料韧性越好，δ_C 就越大。可用这一关系式建立断裂判据。和应力强度因子 K_I 相似，裂纹张开位移 δ 是裂纹端部应力应变场的间接度量，当 $\delta = \delta_C$ 时裂纹便开始起裂，δ_C 本身在规定的试验条件下是一材料常数。但这一断裂判据只表示断裂的开始，并不表示裂纹失稳扩展。一般情况下，在大范围屈服和全面屈服时，起裂后要经过裂纹稳态扩展阶段，然后才是失稳扩展和断裂。这样，对多数结构来说，特别是对压力容器等设备来说，CTOD 判据会得出偏于保守的估计，而不能反映含裂纹结构的实际最大承载能力。

在实际测 CTOD 值 δ_C 时，裂纹起裂点不容易确定。国家标准 GB/T 21143—2014《金属材料 准静态断裂韧度的统一试验方法》规定，如果裂纹有稳定扩展，则人为给定了钝化线偏置线，与之对应的 δ_i 即为 δ_C。

（二）J 积分法

J 积分有两种定义，一种为回路积分定义，另一种为形变功率定义。

1. 回路积分定义

在固体力学中，为了分析缺陷附近的应力和应变场，常常利用具有守恒性质的线积分。为了求得裂纹尖端的弹塑性应力场，1968 年，J. R. Rice 提出了综合度量裂纹尖端应力应变场的 J 积分概念，用来分析由裂纹引起的应变集中问题。J 积分的回路积分定义如下：

$$J = \int_C \left(W\mathrm{d}y - T\frac{\partial U}{\partial x}\mathrm{d}S \right) \tag{8-8}$$

式中　C——由裂纹自由表面任一点开始，逆时针方向环绕裂纹尖端附近，终止于裂纹另一边自由表面上一点的任意积分回路。J 积分与积分线路无关，如图 8-6 所示；

　　　W——单位体积吸收的弹塑性应变能；

　T、U——线路上作用于 $\mathrm{d}S$ 积分单元上力和位移的分量。

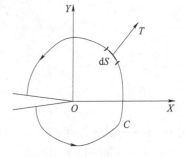

图 8-6　J 积分回路示意图

第一项是裂纹体总的弹塑性应变能，第二项是内力势能，两项之差就表示由于裂纹尖端塑性区产生的总势能。所以，J 值的大小反映了裂纹尖端所受外界作用的强弱，J 是描述弹塑性条件下裂纹尖端应力场强弱程度的物理量。

对于 I 型裂纹，J 积分的起裂判据为 $J_I \geqslant J_{IC}$。J_{IC} 是裂纹开始扩展的临界 J_I 值，称为材料的断裂韧度 J_{IC}。

对平面应变断裂韧度 K_{IC}，测定时要求裂纹一开始起裂，立即达到全面失稳扩展，并要求沿裂纹全长，除试样两侧表面极小区域外，全部达到平面应变状态。

而 J_{IC} 的测定不一定要求试样完全满足平面应变条件。试验时，只在裂纹前沿中间地段首先起裂，然后有较长的亚临界稳定扩展的过程，这样只需很小的试验厚度，即只在试样厚度方向中心起裂的部分满足平面应变要求，而韧带尺寸范围可以大面积屈服，甚至全面屈服。因此，作为试样的起裂点，仍然具有平面应变的断裂韧度，这时的 J_{IC} 只反映材料本身的性质。当试样裂纹继续扩展时，进入平面应力的稳定扩展阶段，此时的 J 不再只反映材料本身的性质，还与试样尺寸有关。

与 δ_C 的测试相同，国家标准 GB/T 21143—2014《金属材料准静态断裂韧度的统一试验方法》规定，如果裂纹有稳定扩展，则人为给定了钝化线偏置线，与之对应的 J 即为 J 积分 J_{IC} 值。

2. 形变功率定义

断裂判据参量必须是易于试验测定和计算的，这样才能在工程上得到应用。J 积分回路定义虽然从理论上很严密，但不便于计算和直接测定。因此，又提出了形变功率 J 表达式：

$$J = -\frac{1}{B}\left(\frac{\partial U}{\partial a}\right)_\Delta \tag{8-9}$$

如图 8-7 所示，分别固定载荷 F 和位移 Δ 得到 ∂U 的表达式，进一步得到式（8-10）的两个等价的形变功率 J 表达式：

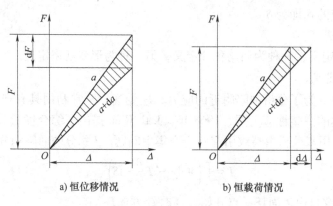

a) 恒位移情况　　　　　　b) 恒载荷情况

图 8-7　形变功率定义

$$\left.\begin{array}{l} J = -\dfrac{1}{B}\displaystyle\int_0^\Delta\left(\dfrac{\partial F}{\partial a}\right)_\Delta \mathrm{d}\Delta \\[3mm] J = -\dfrac{1}{B}\displaystyle\int_0^F\left(\dfrac{\partial \Delta}{\partial a}\right)_F \mathrm{d}F \end{array}\right\} \tag{8-10}$$

式中　B——试样厚度；

　　　a——裂纹长度；

　　　F——外力；

　　　Δ——外力的移动距离。

这两个式子是等价的，都表示试样在加载过程中，随外力的增加，裂纹逐渐扩展，试样上新增裂纹面单位面积上受的外力所做的功（形变功）。J 积分的形变功率定义常用于实际测试中。

J 积分表征了材料对裂纹萌生过程的阻力，是材料在裂纹开始扩展时吸收的能量，无论裂纹附近材料是弹性状态还是出现较大的塑性变形，都能表征材料的裂纹扩展行为。

由 J 积分的形变功率定义可知，J 积分表示试样裂纹扩展后，增加单位表面积所需的外加能量，其单位是 kJ/m²。

（三）J 积分与 K、δ 的内在关系

应力强度因子 K、裂纹尖端张开位移 δ 和 J 积分都可用来描述含裂纹体的应力应变场强度，那么它们必然有一定的关系。在弹性范围内，其相互关系为

$$\left.\begin{array}{ll} J = \dfrac{K_{\mathrm{I}}^2(1-\mu^2)}{E} & （平面应变） \\[3mm] J = \dfrac{K_{\mathrm{I}}^2}{E} & （平面应力） \\[3mm] J = k\sigma_s\delta & （一般\ k = 1 \sim 2） \end{array}\right\}$$

(8-11)

式（8-11）在断裂韧度指标的测量中，用于弹性分量的计算。

第二节　平面应变断裂韧度 K_{IC} 的测定

一、试验标准

目前，我国测量平面应变断裂韧度 K_{IC} 的国家标准是 GB/T 4161—2007《金属材料 平面应变断裂韧度 K_{IC} 试验方法》。

二、试样制备

（一）试样尺寸

标准中给出了两种型式的标准试样：三点弯曲试样 SEB 和紧凑拉伸试样 CT。其尺寸和公差要求如图 8-8 和图 8-9 所示。

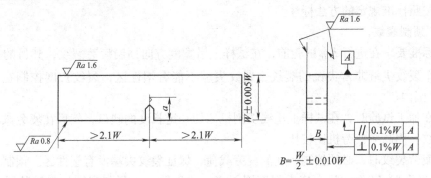

图 8-8　三点弯曲试样的尺寸和公差

标准三点弯曲试样的厚度 B、宽度 W 和跨距 S 之间的比例关系为：S = 4W，W = 2B。标准紧凑拉伸试样的厚度 B 和宽度 W 之间的比例关系为：W = 2B。

除标准试样外，还可使用参考试样，其 W/B 可以小于 4。

为了确保裂纹尖端处于平面应变状态，试样尺寸要足够大。GB/T 21143—2014 中给出了 K_{IC} 试验最小推荐厚度，见表 8-1。

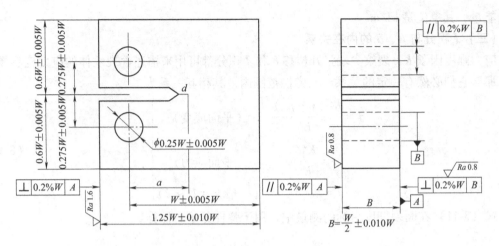

图 8-9 紧凑拉伸试样的尺寸和公差

表 8-1 K_{IC} 试验最小推荐厚度

规定塑性延伸强度/弹性模量	厚度/mm	规定塑性延伸强度/弹性模量	厚度/mm
≥0.0050~0.0057	75	≥0.0071~0.0075	32
≥0.0057<0.0062	63	≥0.0075<0.0080	25
≥0.0062<0.0065	50	≥0.0080<0.0085	20
≥0.0065<0.0068	44	≥0.0085<0.010	13
≥0.0068<0.0071	38	≥0.0100	7

（二）取样方向

对于轧制态材料，其 K_{IC} 值与试样取样方向密切相关，因此，试样必须标注裂纹面的方向，具体按照标准规定的方法标注。

（三）预制裂纹

试验标准要求在进行 K_{IC} 试验前，在试样上沿宽度方向预制疲劳裂纹，其目的是保证试样上有一个裂纹尖端非常尖锐的裂纹，裂纹尖端不能有塑性区，裂纹长度控制在（0.45~0.55）W 范围内。

一般在加工试验时，在试样上用线切割机床切一定长度的缺口，然后在疲劳试验机上预制疲劳裂纹，用高频疲劳机比较快。

预制疲劳裂纹时，必须控制所加的疲劳载荷，保证裂纹尖端没有塑性区。预制裂纹的开始阶段，疲劳载荷产生的最大应力强度因子 $K_{fmax} \leq 0.8K_{IC}$，预制裂纹的最后阶段，疲劳载荷产生的最大应力强度因子 $K_{fmax} \leq 0.6K_{IC}$，K_{IC} 是被测材料断裂韧度的估计值。预制疲劳裂纹的长度应不小于 2.5%W，并且不小于 1.3mm。

最大疲劳载荷 F_{max} 为

紧凑拉伸试样：
$$F_{max} \leq \frac{BW^{1/2}}{f_2(a/W)}K_{fmax} \tag{8-12}$$

三点弯曲试样：
$$F_{max} \leq \frac{BW^{3/2}}{f_1(a/W)}K_{fmax} \tag{8-13}$$

$f_1(a/w)$、$f_2(a/w)$ 分别为三点弯曲试样和紧凑拉伸试样的形状系数，具体见标准。

三、K_{IC} 的测定

测定平面应变断裂韧度 K_{IC} 时，试样上需要装缺口张开位移规（一种引伸计），通过在试样上加载，记录载荷 F 与缺口张开位移 V 曲线，从 F-V 曲线上确定临界载荷 F_Q，再根据公式计算 K_Q，在判断 K_Q 满足有效判据条件的情况下，$K_{IC} = K_Q$。

（一）临界载荷 F_Q 的确定

图 8-10 所示是 K_{IC} 试验记录的曲线。从原点作一条斜率为原记录曲线的线性部分斜率的 95% 的割线，该割线与原曲线的交点为 F_d。

对图中 I 型曲线，在 F_d 之前有最大载荷 F_{max}，则 $F_Q = F_{max}$；对图中 II 型曲线，在 F_d 之前由于载荷突降，有一个超过 F_d 的最大载荷，则该最大载荷为 F_Q；对图中 III 型曲线，在 F_d 之前无比它大的试验力，则 $F_Q = F_d$。

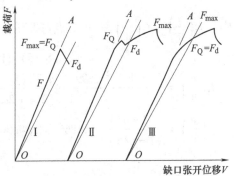

图 8-10　F_Q 的定义（用于测定 K_Q）

之所以要选择为线性部分斜率的 95% 的割线来确定 F_Q，是因为通过研究发现，对 F-V 曲线，当 $\Delta V/V = 0.05$ 时，裂纹的扩展量 $\Delta a/a =$ 2%，也就是说这时裂纹已经有了明显扩展，处于裂纹失稳扩展前比较危险的状态，所以就人为规定了此时的载荷为临界载荷。

I 型曲线：一般是在试样厚度 B 比 $2.5\dfrac{K_Q^2}{R_{p0.2}^2}$ 大得较多的情况下得到的曲线。

II 型曲线：在加载过程中，靠近中心部位的裂纹前沿出现一定程度的脆性扩展后，随即被两侧的塑性变形所阻止，在载荷快速下降之后又上升，造成了载荷突降（Pop-in）。

需要注意的是，下列情况也会使曲线上出现 Pop-in 情况：

1) 三点弯曲试验中支承辊滑动或紧凑拉伸试验中加载销滑动。

2) 引伸计安装不当。

3) 低温试验中裂纹表面冰的破碎。

4) 力和位移的测量与记录设备受到电子干扰。

因此，试验中要对 Pop-in 情况进行具体分析判断，确认由于裂纹的局部失稳扩展导致 Pop-in 的发生时，才属于 II 型曲线。

III 型曲线：一般是在试样厚度 B 等于或略微大于 $2.5\dfrac{K_Q^2}{R_{p0.2}^2}$ 的情况下得到的曲线。

（二）a 的测量

图 8-11 所示试样被拉开后，在显微镜下测预制裂纹长度 a。在断口横截面的厚度方向上，分别在 1/4、1/2、3/4 处测裂纹长度 a_1、a_2、a_3，其平均值为 a。测 K_{IC} 的试样，裂纹处于平面应变状态，所以裂纹前沿比较齐平。

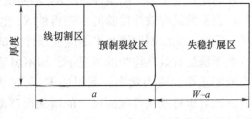

图 8-11　K_{IC} 试样断口示意图

(三) K_Q 的计算

对于标准试样，按式（8-14）计算 K_Q：

$$\left.\begin{array}{l} K_Q = \dfrac{F_Q S}{B W^{3/2}} f_1\!\left(\dfrac{a}{W}\right) \text{（三点弯曲试样）} \\[3mm] K_Q = \dfrac{F_Q}{B W^{1/2}} f_2\!\left(\dfrac{a}{W}\right) \text{（紧凑拉伸试样）} \end{array}\right\} \qquad (8\text{-}14)$$

式中　$f_1\!\left(\dfrac{a}{W}\right)$、$f_2\!\left(\dfrac{a}{W}\right)$ ——三点弯曲试样、紧凑拉伸试样的形状系数，具体可查标准或按式（8-15）计算。

$$\left.\begin{array}{l} f_1\!\left(\dfrac{a}{W}\right) = \dfrac{3\,(a/W)^{1/2}\{1.99 - (a/W)(1 - a/W)[2.15 - 3.93a/W + 2.7\,(a/W)^2]\}}{2(1 + 2a/W)(1 - a/W)^{3/2}} \\[4mm] f_2\!\left(\dfrac{a}{W}\right) = \dfrac{2 + a/W}{(1 - a/W)^{3/2}}[0.866 + 4.64a/W - 13.32\,(a/W)^2 + 14.72\,(a/W)^3 - 5.6\,(a/W)^4] \end{array}\right\}$$

$$(8\text{-}15)$$

对于非标准的参考试样，其计算公式与式（8-15）相同，只是形状系数函数不同，具体也可查标准。

(四) K_{IC} 有效性判定

上面计算得到的 K_Q 必须经过有效性检验，如果 K_Q 满足下列三个条件，则 $K_{IC} = K_Q$，判定本次试验结果有效。

$$\left.\begin{array}{l} a,\ B,\ (W - a) \geqslant 2.5\,\dfrac{K_Q^2}{R_{p0.2}^2} \\[3mm] F_{\max}/F_Q \leqslant 1.10 \\[3mm] K_I \leqslant 0.6 K_Q\left[\dfrac{(R_{p0.2})_P}{(R_{p0.2})_t}\right] \end{array}\right\} \qquad (8\text{-}16)$$

式中　　　　　K_I ——预制裂纹时的最大应力强度因子；

$(R_{p0.2})_P$、$(R_{p0.2})_t$ ——预裂纹和试验温度下的材料规定塑性延伸强度。

裂纹长度 $a \geqslant 2.5\,\dfrac{K_Q^2}{R_{p0.2}^2}$，确保了裂纹尖端应力场处于弹性状态；试样厚度 $B \geqslant 2.5\,\dfrac{K_Q^2}{R_{p0.2}^2}$，

确保在试样厚度方向的拉应力状态；韧带宽度 $(W - a) \geqslant 2.5\,\dfrac{K_Q^2}{R_{p0.2}^2}$，确保了试样韧带宽度足够

大，裂纹前沿还有很大一部分弹性区，在韧带宽度方向上处于拉应力状态。

在满足式（8-16）的条件下，K_{IC} 不随试样尺寸变化，是非尺寸敏感的，是材料特有的指标。当不满足有效性检验时，测得的 K_Q 比 K_{IC} 大，需要加大尺寸重新进行试验。如果由于尺寸限制，无法制取满足平面应变条件的试样测 K_{IC} 时，只能测 J 积分或 CTOD 值。

在不满足有效性检验的情况下，即不满足平面应变条件，属于平面应变与平面应力混合状态或完全平面应力状态，测得的 K_Q 可记为 K_I。K_I 随试样尺寸变化的情况如图 8-12 所示，即随着板材或构件截面尺寸的增加而逐渐减小，K_I 最后趋于一稳定的最低值，即平面应变断裂韧度 K_{IC}。这是一个从平面应力向平面应变转化的过程。

（五）K_{IC}的单位

K_{IC}用得比较多的单位是 MPa・m$^{1/2}$。式（8-14）中，当力 F 的单位是 N，a、B、W 的单位是 mm 时，计算得到的 K_{IC} 的单位是 N・mm$^{3/2}$，再除以 31.62，可以换算成 MPa・m$^{1/2}$单位。

（六）影响断裂韧度的因素

1. 外部因素

断裂韧度随温度的变化关系和冲击韧度的变化类似。随着温度的降低，断裂韧度在某个温度范围内急剧降低。低于该温度范围，断裂韧度趋向于一个很低的数值，很少随温度降低而变化。

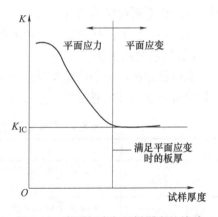

图 8-12 断裂韧度与试样厚度的关系

应变速率的影响和温度的影响相似。增加应变速率和降低温度对断裂韧度的影响是一致的。

2. 内部因素

断裂韧度是表征材料强度和塑性的综合指标，它随材料强度的降低和塑性的提高而不断升高。

细化晶粒是提高低、中强度钢低温断裂韧度的有效措施之一。

夹杂物与第二相的尺寸及间距对断裂韧度的影响也很显著。第二相的尺寸越小，质点间距越大，断裂韧度就越高。

第三节 裂纹稳定扩展和非稳定扩展断裂韧度的测定

一、试验标准

这里裂纹稳定扩展和非稳定扩展断裂韧度的测定是指 J 积分和裂纹尖端张开位移 δ 的测定。国家标准为 GB/T 21143—2014《金属材料 准静态断裂韧度的统一试验方法》。

二、术语和符号定义

各种断裂韧度的测定试验都是对试样缓慢加载，测量试验过程中的力和位移，利用力和位移之间的关系，通过特征化的裂纹扩展下的材料抗力测定断裂韧度。K_{IC}就是通过这样的方法测定的。

在不满足平面应变条件的情况下，在试样加载过程中，裂纹会发生稳定扩展。在发生稳定扩展之后，还有可能再发生非稳定扩展（即失稳扩展），而且稳定扩展量的大小也有不同。根据这些不同情况规定了一些特征化的条件，测各种条件下的裂纹稳定扩展和非稳定扩展断裂韧度 J 和断裂韧度 δ。

（一）术语的定义

稳定裂纹扩展：在位移控制的试验条件下，位移速度恒定时，裂纹能缓慢而稳定地扩展。

非稳定裂纹扩展：在位移控制的试验条件下，位移速度恒定时，裂纹突然失稳快速扩展。在非稳定裂纹扩展之前，可能有也可能没有稳定裂纹扩展。

pop-in：在力-位移曲线上出现的载荷突然降低，随后载荷又上升的现象。

（二）符号的说明

裂纹稳定扩展和非稳定扩展的断裂韧度符号和说明见表 8-2，其中下角标含（B）的表示该指标是非尺寸敏感参数，括号中的 B 为试样厚度，以不含单位的数字注明。

表 8-2　裂纹稳定扩展和非稳定扩展的断裂韧度符号和说明

符号	说　明
$\delta_{C(B)}$，$J_{C(B)}$	当 Δa 小于 0.2mm 钝化线偏置线时，出现非稳定裂纹扩展或 pop-in 时的尺寸敏感断裂抗力 δ 或 J 值
$\delta_{u(B)}$，$J_{u(B)}$	当 Δa 大于 0.2mm 钝化线偏置线时，出现非稳定裂纹扩展或 pop-in 时的尺寸敏感断裂抗力 δ 或 J 值
$\delta_{uC(B)}$，$J_{uC(B)}$	当稳定裂纹扩展无法测量时，出现非稳定裂纹扩展或 pop-in 时的尺寸敏感断裂抗力 δ 或 J 值
$\delta_{m(B)}$，$J_{m(B)}$	对于全塑性特性的第一个最大力平台对应的尺寸敏感断裂抗力 δ 或 J 值
$\delta_{0.2BL(B)}$，$J_{0.2BL(B)}$	稳定裂纹扩展为 0.2mm 钝化线偏置线时，对应的尺寸敏感断裂抗力 δ 或 J 值
$\delta_{0.2BL}$，$J_{0.2BL}$	稳定裂纹扩展为 0.2mm 钝化线偏置线时，对应的非尺寸敏感断裂抗力 δ 或 J 值

注：δ 的单位为 mm，J 的单位为 kJ/m^2。

三、试样制备

用于测断裂韧度 J 和断裂韧度 δ 的试样，其尺寸和公差与测 K_{IC} 的试样完全相同。

允许预制好裂纹后，在试样厚度方向两个表面沿裂纹方向开侧槽。两侧槽深度相等，侧槽角度为 30°~90°，底部半径为 0.4mm±0.2mm，侧槽深度（$B-B_N$）=（0.2±0.01）B，B_N 为两侧槽之间的试样净厚度。

裂纹长度要求控制在（0.45~0.70）W 范围内。

四、断裂韧度 $\delta_{C(B)}$、$\delta_{u(B)}$、$\delta_{uC(B)}$ 和 $\delta_{m(B)}$ 的测定

测断裂韧度 δ 时试样需要装缺口张开位移规，在试样加载过程中记录载荷 F 与缺口张开位移 V 的曲线。

有些材料，韧性比较好，由于尺寸限制无法测平面应变断裂韧度 K_{IC}，但在测断裂韧度 δ 时，在稳定裂纹扩展一定程度后，又出现非稳定裂纹扩展并迅速断裂的现象，这种情况下只能测量断裂韧度 δ 中的 $\delta_{C(B)}$、$\delta_{u(B)}$、$\delta_{uC(B)}$ 和 $\delta_{m(B)}$ 四个指标，而且用单个试样即可测定。$\delta_{C(B)}$、$\delta_{u(B)}$、$\delta_{uC(B)}$ 和 $\delta_{m(B)}$ 是尺寸敏感的指标。

测断裂韧度 δ 时，在非稳定裂纹扩展断裂之前会出现各种情况，常见有六种类型的 F-V 曲线（测断裂韧度 J 时与此相同），如图 8-13 所示。

（一）载荷点的确定

在图 8-13 中（1）、（2）、（4）的情况下，断裂点的载荷值为 F_C、F_u、F_{uC}。当稳定裂纹扩展量 Δa 小于 0.2mm 钝化线偏置线时 [$\Delta a < 0.2mm + (\delta_0/1.87)(R_{p0.2}/R_m)$]，为 F_C；当稳定裂纹扩展量 Δa 大于 0.2mm 钝化线偏置线时 [$\Delta a > 0.2mm + (\delta_0/1.87)(R_{p0.2}/R_m)$]，为 F_u；当稳定裂纹扩展无法测量时，为 F_{uC}；以下相同。

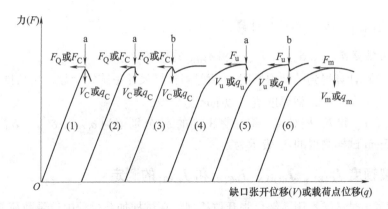

图 8-13　力与位移曲线的特征类型

注：1. F_Q 是最大力，用于测定 K_{IC} 的条件值。2. F_C、F_u 和 F_m 分别对应于 δ_C、δ_u 和 δ_m 或 J_C、J_u 和 J_m。

3. pop-in 特性与试验机或试样柔度和记录仪的响应速率成函数关系。

a—断裂　b—pop-in

在图 8-13 中（3）、（5）的情况下，$F\text{-}V$ 曲线在断裂之前出现了 pop-in 现象，当载荷下降较大（具体参照标准）时，取断裂之前的第一个 pop-in 点的载荷值为 F_C、F_u、F_{uC}；当载荷下降较小（具体参照标准）时，取断裂点的载荷值为 F_C、F_u、F_{uC}。

在图 8-13 中（6）的情况下，$F\text{-}V$ 曲线在断裂之前没有出现 pop-in 现象，且出现最大载荷平台时，取记录的首个最大载荷为 F_m。当 $\Delta a < 0.2\mathrm{mm} + J_0/(3.75R_m)$ 时为 F_C；当 $\Delta a > 0.2\mathrm{mm} + J_0/(3.75R_m)$ 时为 F_u。

（二）V_P 的测定

$F\text{-}V$ 曲线上对应于前面确定载荷点的缺口张开位移 V 的塑性分量就是 V_P。可通过在 $F\text{-}V$ 曲线上过载荷点画弹性线的平行线，与横坐标的交点即为 V_P，如图 8-14 所示。也可通过计算得出。

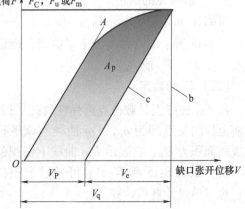

图 8-14　V_P 的测定（用于 δ 的测定）

（三）δ_0 的计算

δ_0 的计算公式为

$$
\left.
\begin{aligned}
\delta_0 &= \frac{FS}{(BB_N)^{1/2}W^{3/2}} f_1\left(\frac{a}{W}\right)\frac{1-\mu^2}{2R_{p0.2}E} + \frac{0.4(W-a)V_P}{0.6a_0 + 0.4W + Z}\ (\text{三点弯曲试样}) \\
\delta_0 &= \frac{F}{(BB_N)^{1/2}W^{1/2}} f_2\left(\frac{a}{W}\right)\frac{1-\mu^2}{2R_{p0.2}E} + \frac{0.46(W-a)V_P}{0.54a + 0.71W + Z}\ (\text{紧凑拉伸试样})
\end{aligned}
\right\}
\tag{8-17}
$$

式中　B_N——两侧槽之间的试样净厚度，对无侧槽的试样，$B_N = B$；

Z——缺口位移张开规的装夹位置到试样表面的距离；

F—— 前面确定的 F_C、F_u、F_{uC}、F_m 之一；

$f_1\left(\frac{a}{W}\right)$ 和 $f_2\left(\frac{a}{W}\right)$ 按式（8-15）计算。

（四）断裂韧度 $\delta_{C(B)}$、$\delta_{u(B)}$、$\delta_{uC(B)}$ 和 $\delta_{m(B)}$ 的判定

按式（8-17）计算得到的断裂韧度 δ_0 值是对试样尺寸敏感的参数，它与试样厚度有关，书写时必须在右下角注明试样厚度值（以 mm 为单位）。

与 F_C、F_u、F_{uC} 和 F_m 相对应，将计算得到的 δ_0 分别记为 $\delta_{C(B)}$、$\delta_{u(B)}$、$\delta_{uC(B)}$ 和 $\delta_{m(B)}$。如用厚度为 25mm 试样测得的 δ_C 表示为 $\delta_{C(25)}$。

五、断裂韧度 $J_{C(B)}$、$J_{u(B)}$、$J_{uC(B)}$ 和 $J_{m(B)}$ 的测定

测断裂韧度 J 时试样不用装缺口张开位移规，在试样加载过程中记录载荷 F 与载荷点位移 q 曲线。

对于有非稳定裂纹扩展并迅速断裂的材料，只能测量断裂韧度 J 中的 $J_{C(B)}$、$J_{u(B)}$、$J_{uC(B)}$ 和 $J_{m(B)}$ 四个指标，而且用单个试样即可测定。$J_{C(B)}$、$J_{u(B)}$、$J_{uC(B)}$ 和 $J_{m(B)}$ 是尺寸敏感的指标。

与测断裂韧度 δ 相同，在非稳定裂纹扩展断裂之前的常见六种类型 F-q 曲线如图 8-13 所示。

（一）载荷点的确定

与测定 $\delta_{C(B)}$、$\delta_{u(B)}$、$\delta_{uC(B)}$ 和 $\delta_{m(B)}$ 一样，按照图 8-13 所示的六种类型 F-q 曲线，确定载荷点 F_C、F_u、F_{uC} 或 F_m。

（二）U_P 的确定

在 F-q 曲线上过载荷点画弹性线的平行线，与横坐标的交点即为 q_P，F-q 曲线与该平行线围成的面积为 U_P，它表示 F-q 曲线下面积的塑性分量，如图 8-15 所示。U_P 可通过求积仪计算，也可通过计算机计算。

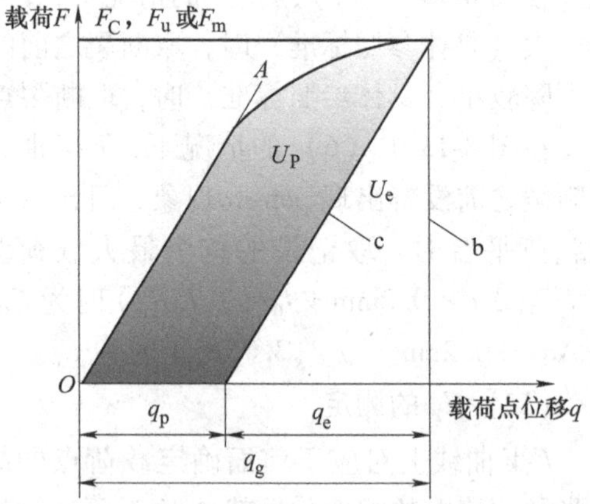

图 8-15 U_P 的测定（用于 J 的测定）

b—q_C、q_u 和 q_m 对应于 F_C、F_u 和 F_m

c—平行于 OA

（三）J_0 的计算

J_0 的计算公式为

$$\left.\begin{aligned} J_0 &= \left[\frac{FS}{(BB_N)^{1/2}W^{3/2}}f_1\left(\frac{a}{W}\right)\right]^2\frac{1-\mu^2}{E}+\frac{2U_P}{B_N(W-a)}\text{（三点弯曲试样）} \\ J_0 &= \left[\frac{F}{(BB_N)^{1/2}W^{1/2}}f_2\left(\frac{a}{W}\right)\right]^2\frac{1-\mu^2}{E}+\frac{\eta_P U_P}{B_N(W-a)}\text{（紧凑拉伸试样）} \end{aligned}\right\} \tag{8-18}$$

式中 a——裂纹长度；

W——试样宽度；

B——试样厚度；

B_N——两侧槽之间的试样净厚度，对无侧槽的试样，$B_N=B$；

F——前面确定的 F_C、F_u、F_{uC}、F_m 之一；

$f_1\left(\dfrac{a}{W}\right)$ 和 $f_2\left(\dfrac{a}{W}\right)$ 按式（8-15）计算。

$$\eta_P = 2 + 0.522(1 - a/W) \tag{8-19}$$

（四）断裂韧度 $J_{C(B)}$、$J_{u(B)}$、$J_{uC(B)}$、$J_{m(B)}$ 的判定

按式（8-18）计算得到的断裂韧度 J_0 值也是对试样尺寸敏感的参数，它与试样厚度有关，书写时必须在右下角注明试样厚度值（以 mm 为单位）。

与 F_C、F_u、F_{uC} 和 F_m 相对应，将计算得到的 J_0 分别记为 $J_{C(B)}$、$J_{u(B)}$、$J_{uC(B)}$ 和 $J_{m(B)}$。如用厚度为 25mm 试样测的 J_C 表示为 $J_{C(25)}$。

六、稳定裂纹扩展下的起裂韧度 $\delta_{0.2BL}$ 和 $J_{0.2BL}$ 的测定

有些材料具有很好的塑性，裂纹开裂后具有稳定扩展的行为，不发生非稳定裂纹扩展现象，则记录随 Δa 增加、δ 和 J 的变化，画出 δ-Δa 阻力曲线和 J-Δa 阻力曲线，经过分析和计算，得到材料的起裂韧度 $\delta_{0.2BL}$ 和 $J_{0.2BL}$。

（一）试验方法

试验方法分为两种：多试样法和单试样法。

1. 多试样法步骤

1）用同种材料制成公称尺寸相同的试样，并预制长度相同的裂纹。需要准备 6 个以上的试样。

2）每个试样加载到预先选定的位移水平，然后卸载。一般第一个试样加载到刚刚超过最大力时卸载，测量相应的裂纹稳定扩展量，并根据这个试样的位移确定下面试样的加载点位移量。

3）测定每个试样的裂纹长度 a 和裂纹扩展量 Δa。

试样卸载后，用热着色（氧化发蓝）或二次疲劳法勾出裂纹稳定扩展前缘，再将试样压断，显示稳定裂纹扩展前缘。由于预制裂纹和稳定扩展裂纹的表面粗糙度不同，因此着色后颜色有明显区别。

如图 8-16 所示，在显微镜下沿疲劳裂纹前缘测裂纹长度 a，在疲劳裂纹前缘和稳定裂纹扩展前缘之间测 Δa。测量时，在断口横截面的厚度方向上，分别在 1/8、2/8、3/8、4/8、5/8、6/8、7/8 及靠近两表面处分别测量 a 和 Δa。靠近两表面的测量结果平均值加上其他 7 个点的测量值，共 8 个数据的平均值为 a 和 Δa。由于裂纹不完全处于平面应变状态，所以在厚度中心部位，裂纹前沿比较突出，整个裂纹呈舌状。

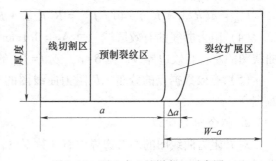

图 8-16　测 δ 或 J 试样断口示意图

4）按照式（8-17）和式（8-18）分别计算每个试样卸载点处的 δ 和 J 值。

5）将各个试样的 Δa 与 δ、J 数据点，分别标记在 δ-Δa 坐标系和 J-Δa 坐标系上，就组成了 δ-Δa 阻力曲线和 J-Δa 阻力曲线。

2. 单试样法步骤

当试样中的裂纹稳定扩展时，试样的柔度就会变化。单试样法就是利用弹性柔度法测稳定裂纹扩展量，反复加载和卸载，用一根试样进行试验，求得 δ-Δa 阻力曲线和 J-Δa 阻力曲线上的各个数据点。

（二）$\delta_{0.2BL}$ 和 $J_{0.2BL}$ 的测定

1. R 阻力曲线图

不同加载点位移下的 Δa 与相应的 δ 或 J 组成的数据点，即为 R 阻力曲线图，如图 8-17 所示。标准规定 R 阻力曲线图至少需要 6 个数据点，并且 6 个数据点的分布要满足以下要求：

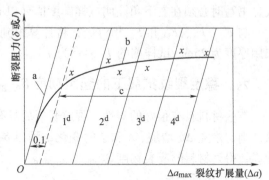

图 8-17 R 阻力曲线图
a—钝化线 b—拟合曲线 c—左、右边界线
d—不同的裂纹长度区间 x—试验数据

（1）钝化线 由方程 $\delta = 1.87\left(\dfrac{R_m}{R_{p0.2}}\right)\Delta a$ 和 $J = 3.75 R_m \Delta a$ 确定的直线为钝化线。

（2）Δa_{max} 过试验过程中的最大位移加载点得到的数据点画钝化线的平行线，与横坐标的交点定义为 Δa_{max}。Δa_{max} 必须满足如下要求：

对于 δ　　　　　　　　$0.5 \leqslant \Delta a_{max} \leqslant 0.25(W - a)$
对于 J　　　　　　　　$0.5 \leqslant \Delta a_{max} \leqslant 0.1(W - a)$

（3）δ_{max} 和 J_{max} 每个试样都可由以下三个式子计算出 δ_{max}，取所有试样计算的三者中的最小值为该组试验的 δ_{max}。

$$\delta_{max} = B/30, \quad \delta_{max} = a/30, \quad \delta_{max} = (W - a)/30$$

同样，每个试样都可由以下三个式子计算出 J_{max}，取所有试样计算的三者中的最小值为该组试验的 J_{max}。

$$J_{max} = a(R_{p0.2} + R_m)/40, \quad J_{max} = B(R_{p0.2} + R_m)/40, \quad J_{max} = (W - a)(R_{p0.2} + R_m)/40$$

（4）阻力曲线的有效区域 过 $\Delta a = 0.1mm$ 和 $\Delta a = \Delta a_{max}$ 画钝化线的平行线，为 R 阻力曲线图的左右有效边界线。画 $\delta = \delta_{max}$ 或 $J = J_{max}$ 的平行线，为 R 阻力曲线的上有效边界线。

（5）有效数据点的分布 R 阻力曲线图的左右边界四等分后，每个区间内至少有一个数据点。

2. 拟合阻力曲线

对 R 阻力曲线图的左右边界内有效数据点，按式（8-20）指数方程拟合，可得到 δ 阻力曲线或 J 阻力曲线方程：

$$\delta \text{ 或 } J = \alpha + \beta \Delta a^{\gamma} \tag{8-20}$$

式中的 α、β、γ 可通过回归方程计算，具体见标准 GB/T 21143—2014 的附录 C。

3. $\delta_{0.2BL}$ 和 $J_{0.2BL}$ 的测定

在 δ-Δa 坐标系或 J-Δa 坐标系的横轴上取 $\Delta a = 0.2mm$，画钝化线的平行线，称为 0.2mm 的偏置线。δ 阻力曲线与 0.2mm 偏置线的交点的 δ 值为 $\delta_{0.2BL(B)}$；J 阻力曲线与

0.2mm 偏置线的交点的 J 值为 $J_{0.2BL(B)}$。

（1）$\delta_{0.2BL(B)}$ 判定为 $\delta_{0.2BL}$ 的条件

1）a，B，$(W-a) \geqslant 30\delta_{0.2BL(B)}$。

2）δ 阻力曲线与 0.2mm 偏置线交点处切线斜率 $d\delta/d\Delta a$ 小于钝化线的斜率。

（2）$J_{0.2BL(B)}$ 判定为 $J_{0.2BL}$ 的条件

1）a，B，$(W-a) \geqslant 40J_{0.2BL(B)}/(R_{p0.2}+R_m)$。

2）J 阻力曲线与 0.2mm 偏置线交点处切线斜率 $dJ/d\Delta a$ 小于钝化线的斜率。

当不满足上述要求时，只能以 $\delta_{0.2BL(B)}$ 或 $J_{0.2BL(B)}$ 表示。所以，$\delta_{0.2BL}$ 和 $J_{0.2BL}$ 是非尺寸敏感指标，$\delta_{0.2BL(B)}$ 和 $J_{0.2BL(B)}$ 是尺寸敏感指标。

思 考 题

1. 裂纹尖端应力强度因子 K_I 的物理含义是什么？它与哪些参数有关？

2. 平面应变的断裂韧度 K_{IC} 的物理含义是什么？

3. 描述裂纹尖端弹塑性应力应变场强度的力学参数有哪两个？

4. 在保证平面应变和小范围屈服的条件下，试样尺寸的三点要求是什么？

5. 测平面应变的断裂韧度 K_{IC} 时，如何确定不同类型曲线的条件载荷 F_Q？

6. 测材料断裂韧度的试验，试样疲劳裂纹长度的测量方法有哪些？

第九章

金属高温力学性能试验

在高压蒸汽锅炉、汽轮机、燃气轮机、柴油机、化工炼油设备以及航空发动机中，很多机件是长期在高温条件下运转的。对于制造这类机件的金属材料，如果仅考虑常温下的力学性能，显然是不行的。首先，温度对金属材料的力学性能影响很大，一般随温度升高，强度降低而塑性增加；其次，金属材料在常温下的静载性能与载荷持续时间关系不大，但在高温下，载荷持续时间对力学性能则有很大影响。例如，蒸汽锅炉及化工设备中的一些高温高压管道，虽然所承受的应力小于工作温度下材料的屈服强度，但在长期使用过程中，则会产生缓慢而连续的塑性变形，使管径日益增大，如果设计不当或使用中疏忽，可能导致管道破裂。又如，高温下钢的抗拉强度也随载荷持续时间的增长而降低。试验表明，20 钢在 450℃时的短时抗拉强度为 323MPa，但当试样承受 225MPa 的应力时，持续 300h 左右便断裂了；如果将应力降至 118MPa 左右，持续 10000h 也能使试样断裂。在高温长时载荷作用下，金属材料的塑性显著降低，缺口敏感性增加，因而高温断裂往往呈脆性破坏现象。此外，温度和时间还影响金属材料的断裂形式。温度升高时晶粒强度和晶界强度都要降低，但由于晶界上原子排列不规则，扩散容易通过晶界进行，因此，晶界强度下降较快。晶粒与晶界两者强度相等的温度称为等强温度 T_E，如图 9-1a 所示。当机件在 T_E 以上工作时，金属的断裂便由常见的穿晶断裂过渡到晶间断裂。金属材料的等强温度不是固定不变的，变形速度对它有较大影响。由于晶界强度对变形速度的敏感性要比晶粒的大得多，因此，等强温度随变形速度的增加而升高，如图 9-1b 所示。

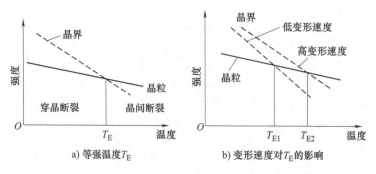

a) 等强温度T_E b) 变形速度对T_E的影响

图 9-1 等强温度示意图

综上所述，材料在高温环境下的力学性能不能只简单地用常温下短时拉伸的应力-应变曲线来评定，还必须考虑温度与时间两个因素。研究和测试温度、应力和时间的关系，才能建立评定材料高温力学性能的指标，称为高温力学性能测试的三要素。在实际检测过程中，通常根据测试项目的要求选定某些参数作为试验的恒定条件来测定另外一些参数，而且试样一般为光滑试样。例如，一般的蠕变试验是以恒定的温度与应力作为试验条件，测定材料的变形、断裂时间或达到规定时间而不断裂，应力松弛试验是在恒定温度及保持试样总变形恒定的条件下，测定其应力的变化，这样测得的数据可作为对材料质量的评定。考虑到试验时对使用条件和材料状态做了简化，用这些数据进行设计时，要考虑这些简化对实际使用条件的接近程度，如果相差太远，要进行必要的修正。

第一节　金属高温蠕变试验

一、高温蠕变的定义

金属在高温下，即使其所受的应力低于金属在该温度的屈服强度，在这样的应力长期作用下，也会发生缓慢的但是连续的塑性变形，这种现象被称为蠕变现象，所发生的变形称为蠕变变形，由此导致的断裂称为蠕变断裂。对于碳素钢，在300℃~350℃才出现蠕变现象；对合金钢，在400℃以上会出现蠕变现象，并且随着合金成分不同，开始出现蠕变的温度也不同。

对于一些在高温下运行的机械零件，除了在设计规定的期限内不允许发生断裂破坏外，还要限定它的塑性变形。即在规定的温度和应力作用下，运行一定时间后，零部件的塑性变形量不允许超过一定的数值。例如汽轮机叶片，装到叶轮上后，要连同转子一起安装到气缸内，叶片顶端距气缸内壁留有一定的间隙，若间隙过大会降低汽轮机的效率，若太小或叶片的蠕变变形过大，则叶片顶端会在运行过程中与气缸内壁相碰，造成设备损坏，对这种零件，既要求材料在高温环境下有足够的强度又要求有足够的抵抗蠕变变形的能力。蠕变试验即是测定材料在给定温度和应力下抗蠕变变形能力的一种试验方法。

二、蠕变变形及其断裂机理

（一）蠕变变形机理

蠕变变形是通过位错滑移、位错攀移等方式实现的。在常温下，若滑移面上位错运动受阻，产生塞积现象，滑移便不能进行。在高温蠕变条件下，位错借助外界提供的热激活能和空位扩散，就有可能使滑移面上塞积的位错进行攀移，形成小角度亚晶界（此即高温回复阶段的多边化），从而导致金属材料的软化，使滑移继续进行。在高温蠕变条件下，由于晶界强度降低，其变形量就增大，有时甚至占总蠕变变形量的一半，这是蠕变变形的特点之一。下面根据位错理论及蠕变变形方式对高温蠕变过程做简要说明。

蠕变第一阶段以晶内滑移和晶界滑动方式产生变形。位错刚开始运动时，障碍较少，蠕变速度较快。随后位错逐渐塞积、位错密度逐渐增大，晶格畸变不断增加，造成形变强化。在高温下，位错虽可通过攀移形成亚晶而产生回复软化，但位错攀移的驱动力来自晶格畸变能的降低。在蠕变初期，由于晶格畸变能较小，所以回复软化过程不太明显。

在蠕变第二阶段，晶内变形以位错滑移和攀移方式交替进行，晶界变形以滑动和迁移方式交替进行。晶内滑移和晶界滑动使金属强化，但位错攀移和晶界迁移则使金属软化，由于强化和软化的交替作用，当达到平衡时，就使蠕变速度保持恒定。

蠕变发展到第三阶段，由于裂纹迅速扩展，蠕变速度加快。当裂纹达到临界尺寸时便产生蠕变断裂。

（二）蠕变断裂机理

蠕变断裂主要是沿晶断裂。在裂纹成核和扩展过程中，晶界滑动引起的应力集中与空位的扩散起着重要作用。由于应力和温度的不同，裂纹成核有两种类型。

1）裂纹成核于三晶粒交会处，在高应力和较低温度下，在晶粒交会处由于晶界滑动造成应力集中而产生裂纹，如图9-2所示。

2）裂纹成核分散于晶界上，在较低应力和较高温度下，蠕变裂纹常分散在晶界各处，特别易产生在垂直于拉应力方向的晶界上。这种裂纹成核的过程如下：首先由于晶界滑动在晶界的台阶（如经二相质点或滑移带的交截）处受阻而形成空洞，然后由于位错运动产生的大量空位，为了减少其表面能而向拉伸应力作用的晶界上迁移，当晶界上有空洞时，空洞便吸收空位而长大，形成裂纹，如图9-3所示。

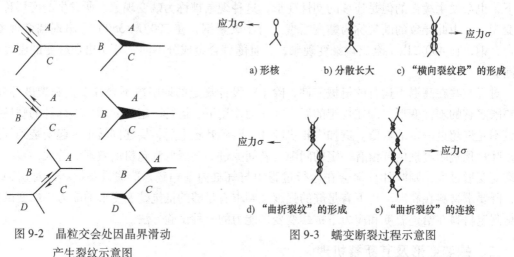

图9-2　晶粒交会处因晶界滑动
　　　　产生裂纹示意图

图9-3　蠕变断裂过程示意图

三、蠕变的试验原理

（1）试验原理　将试样加热至规定温度，沿试样轴线方向施加恒定拉伸力或恒定拉伸应力并保持一定时间，获得以下结果：

1）规定蠕变伸长（连续试验）。

2）通过试验获得适当间隔的残余塑性伸长值（不连续试验）。

3）蠕变断裂时间（连续或不连续试验）。

（2）典型蠕变曲线的分析　蠕变现象通常用画在变形-时间（ε-τ）坐标系上的曲线来表示，这种曲线称为蠕变曲线。

尽管不同的金属和合金在不同条件下所得的需变曲线不尽相同，但它们都有一定的共同特征，把这些共同特征表示出来的蠕变曲线就称为典型蠕变曲线。典型蠕变曲线如图9-4所示，它是描述在恒定温度、恒定应力下金属的变形随时间的变化规律。图中的 oa 段为试样在某一温度下加载后产生的起始瞬时伸长率。如果这一应力超过材料在该温度下的屈服强度，则包括弹性伸长率和塑性伸长率两部分，这个应变还不算蠕变，而是由外加载荷产生的一般变形过程，从 a 点开始随时间变化而产生的应变才是蠕变。典型蠕变曲线可以分为以下三个阶段：

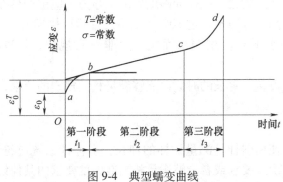

图 9-4　典型蠕变曲线

1）第一阶段 ab 是减速蠕变阶段。这一阶段开始的蠕变速率很大，随着时间延长，蠕变速率逐渐减小，到 b 点蠕变速率达到最小值。

2）第二阶段 bc 是恒速蠕变阶段。这一阶段的特点是蠕变速率几乎保持不变，因而通常又称为稳态蠕变阶段。一般所指的蠕变速率就是以这一阶段的蠕变速率表示的，称作稳态蠕变速率。

3）第三阶段 cd 是加速蠕变阶段。随着时间的延长，蠕变速率逐渐增大，直至 d 点产生蠕变断裂。

同一种材料的蠕变曲线随应力的大小和温度的高低而不同，在恒定温度下改变应力或在恒定应力下改变温度，蠕变曲线的变化如图 9-5 所示。由图可见，当应力较小或温度较低时，蠕变第二阶段持续时间较长，甚至可能不产生第三阶段。相反，当应力较大或温度较高时，蠕变第二阶段便很短甚至完全消失，试样在很短的时间内断裂。由于材料在长时高温载荷作用下会产生蠕变，因此，对于在高温环境下工作并依靠原始弹性变形获得工作应力的

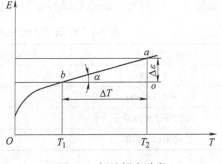

图 9-5　恒速蠕变阶段

机件，如在高温环境下使用的紧固件等，就可能随时间的延长在总变形量不变的情况下，弹性变形不断转变为塑性变形，从而使工作应力逐渐降低，以致失效。这种在规定温度和初始应力条件下，材料的应力随时间增加而减小的现象称为应力松弛。可以将应力松弛现象看作是应力不断降低条件下的蠕变过程，因此，蠕变与应力松弛既有区别又有联系。

四、高温蠕变试验方法

（一）试验设备及仪器

1. 试验机

试验机应能提供施加轴向试验力并使试样上产生的弯矩和扭矩最小。试验前应对试验机进行外观检查以确保试验机的加力杆、夹具、万向联轴器和连接装置都处于良好状态。试验力应均匀平稳无振动地施加在试样上。试验机应远离外界的振动和冲击。试验机应具有试样

断裂时将振动降到最小的缓冲装置。试验机至少应符合 GB/T 16825.2—2018 中 1 级试验机的要求。

为了保证试验机和夹具能够对试样准确地施加试验力，应定期校准试验机的力值和加载同轴度，试验机的加载同轴度应不超过 10%。试验设备两次校准/检定的时间间隔依据设备类型、试验条件、维护水平和使用频次而定。除非另有规定，校准/检定周期不超过 12 个月。

如果能够证明试验设备在更长的时间内能够满足相关规定的要求，那么可以延长两次校准/检定之间的时间。

2. 伸长测量装置

对于连续试验，应使用引伸计测量试样的伸长，引伸计系统应符合 GB/T 12160—2019 中 1 级或优于 1 级的准确度要求或者能够满足相同准确度要求的其他设备。可以采用直接安装在试样上的引伸计，也可以采用非接触式的引伸计（如光学或激光引伸计）。建议引伸计校准的范围应包含预期的蠕变应变量。引伸计应每年校准一次，除非试验时间超过 1 年。如果预期试验时间超过校准周期，应在蠕变试验开始前对引伸计重新校准。引伸计的标距不应小于 10mm。引伸计应该可以测量试样单侧或双侧的伸长，双侧引伸计作为优先选择。在报告中应注明所使用的引伸计类型（如单侧、双侧、轴向、径向）。当使用双侧引伸计测量试样伸长时，应报告平均伸长。

3. 加热及测温装置

加热装置温度的允许偏差采用加热装置加热试样至规定温度（T）。规定温度（T）和显示温度（T_i）的允许偏差和试样长度方向上允许的最大偏差见表 9-1。

表 9-1 T_i 与 T 的允许偏差和试样长度方向上允许的最大偏差

规定温度 T/℃	T_i 与 T 的允许偏差/℃	试样长度方向上允许的最大温度偏差/℃
$T \leq 600$	±3	3
$600 < T \leq 800$	±4	4
$800 < T \leq 1000$	±5	5
$1000 < T \leq 1100$	±6	6

对于规定温度超过 1100℃的试验，应由双方协商确定温度的允许偏差。

温度显示装置的分辨力至少应为 0.5℃，测温装置的准确度应等于或优于 1℃。对于间接测温装置，要求有规律地测量每个加热区间内热电偶与给定区间内一定数量试样上的温度差值数据。对于温度差的非系统部分，800℃以下不超过±2℃，800℃以上不超过±3℃。对于试验时间较短（通常不超过 500h）的热电偶至少应每 12 个月校准/检定一次。对于试验时间超过 12 个月的贵金属热电偶应按以下要求校准/检定：

1）规定温度小于等于 600℃的每 4 年校准/检定一次。

2）规定温度大于 600℃而小于等于 800℃的每 2 年校准/检定一次。

3）规定温度大于 800℃的每 1 年校准/检定一次。

（二）试样

1. 试样的形状及尺寸

1）一般情况下，试样加工成圆形截面比例试样（$L_{ro} = k\sqrt{S_0}$）。k 值应大于或等于 5.65

并在试验报告中记录 k 的取值，如 $L_{ro} \geq 5D$。

2）特殊情况下，还有矩形、方形或其他形状横截面的试样。对于圆形试样的要求不适用于特殊试样。通常情况下，对于圆形截面试样，L_{ro} 应不大于 1.1 倍的 L_c，对于方形或矩形截面试样，L_{ro} 应不大于 1.15 倍的 L_c。

2. 试样的制备

应通过机加工的方法使得试样表面缺陷或残余变形降到最低。圆形截面试样的形状公差见表 9-2，方形或矩形截面试样的形状公差见表 9-3。

表 9-2　圆形截面试样的形状公差 （单位：mm）

公称直径 b	形状公差[①]	公称直径 b	形状公差[①]
$3 < b \leq 6$	0.02	$10 < b \leq 18$	0.04
$6 < b \leq 10$	0.03	$18 < b \leq 30$	0.05

① 在整个平行长度，横向上测量试样直径的最大偏差。

表 9-3　方形或矩形截面试样的形状公差 （单位：mm）

公称直径 b	形状公差[①]	公称直径 b	形状公差[①]
$3 < b \leq 6$	0.02	$10 < b \leq 18$	0.04
$6 < b \leq 10$	0.03	$18 < b \leq 30$	0.05

① 在整个平行长度，横向上测量试样宽度的最大偏差。

建议最小原始横截面积处于平行长度或参考长度的中间 2/3 以内，取二者较小值。对于缺口试样，应检查缺口尺寸是否满足相关产品标准中对尺寸偏差的要求。

3. 原始横截面面积的测定

原始横截面面积（S_0）是通过测定试样平行长度内的横截面尺寸计算而得到的。每个尺寸的测量应精确到 ±0.1% 或 0.01mm，取二者中的较大值。应在标距长度方向上的 3 个位置测定试样的横截面面积，取最小横截面积来计算试样上按规定应力所施加的试验力。

4. 原始标距（L_0）的标记

使用打点、标线以及其他方法标记原始标距的两端，应注意不能使用导致试样提前断裂的缺口来标记原始标距。经标记的原始标距应精确至 ±1%。

（三）试验程序

1. 试样的加热

试样应加热至规定的试验温度。试样、夹持装置和引伸计都应达到热平衡。

试样应在试验力施加前至少保温 1h，除非产品标准另有规定。对于连续试验，保温时间不得超过 24h。对于不连续试验，试样保温时间不得超过 3h。卸载后，试样保温时间不得超过 1h。

升温过程中，任何时间试样温度不得超过规定温度（T）所允许的偏差。如果超出，应在报告中注明。对于安装引伸计的蠕变试验，可以在升温过程中施加一定的初始负荷（小于试验力的 10%）来保持试样加载链的同轴（如在 $t = 0$ 之前）。

2. 施加试验力

1）试验力应以产生最小的弯矩和扭矩的方式在试样的轴向上施加。

2）试验力至少应精确到±1%。试验力的施加过程应无振动并尽可能快速。

3）应特别注意软金属和面心立方材料的加力过程，因为这些材料可能会在非常低的负荷下或室温下发生蠕变。

4）当初始应力对应的载荷全部施加在试样上时，这个时间作为蠕变试验的开始（$t=0$）并记录蠕变伸长。

3. 试验中断

为了获得足够多的伸长数据，可以多次周期性地中断试验。

1）多试样串联试验：一支试样断裂后，允许将其从试样链中取出并更换为新试样后按前述 1. 和 2. 规定继续试验。

2）意外中断：对于每次试验意外中断的原因，如加热中断或停电，应在试验条件恢复后，记录在试验报告中。应确保不因试样收缩而导致试样上试验力的超载。建议在试验中断期间保持试样上的初始负荷。

4. 温度和伸长的记录

1）温度：在整个试验过程中充分记录试样的温度来证实温度条件满足前述加热及测温装置的要求是非常重要的。

2）伸长：整个试验过程中应连续记录或记录足够多的伸长数据来绘制伸长率-时间曲线。

当只测定规定时间的蠕变伸长时，不必绘制伸长率-时间曲线，只测量初始和最终的伸长量。

对于不连续试验，周期性间断的次数应力求通过在伸长率-时间曲线采用内插的方法测定残余伸长率时保证足够的精度。

对于连续试验，应测定初始塑性伸长率 A_i。

（四）试验结果的有效性

除非试验结果满足产品标准或客户规定，如果试样断裂位置发生在平行长度（L_c）或引伸计标距（L_e）以外，则认为断后伸长率结果无效。

（五）试验结果的表示

试验结果的表示应按以下规定和 GB/T 8170 进行修约。

1）规定温度（T）：修约至 1℃。

2）直径（D）：修约至 0.01mm。

3）长径比（L_{ro}/D）：修约至 1 位小数。

4）原始参考长度（L_{ro}）：修约至 0.1mm。

5）初始应力（σ_0）：修约至 3 位有效数字。

6）时间（t_{fx}、t_{px}）：修约至 3 位有效数字。

7）时间（t_u、t_{un}）：修约至 1%或最接近的整小时（取较小值）。

8）伸长率（A_e、A_i、A_f、A_p、A_{per}、A_k）：修约至 3 位有效数字。

9）蠕变断后伸长率（A_u）：修约至 2 位有效数字。

10）蠕变断面收缩率（Z_u）：修约至 2 位有效数字。

11）蠕变速率：修约至 3 位有效数字。

第二节　应力松弛试验

一、应力松弛的定义

一些高温下工作的紧固零件如，汽轮机缸盖或法兰盘上的紧固螺栓，原具有初始紧固应力，相应地产生弹性变形，但经过一段时间后紧固应力不断下降，从而会产生蒸汽泄漏，这种紧固应力随时间增加不断下降的现象是由应力松弛引起的（图9-6）。同样，零件在高温受压应力的情况下，也可以产生松弛现象。如被压紧的弹簧，在固定压缩量时，弹簧的压紧力也会逐渐下降。材料在高温和应力状态下，如果维持总变形不变，随着时间的延长，应力逐渐降低的现象称为应力松弛。在松弛过程中，由于弹性变形减小，塑性变形增加，所以应力降低，以致不能保证结合面的密合。因此，实际上材料的松弛过程就是材料在高温下维持总变形不变，弹性变形自动转变为塑性变形的过程。应力松弛过程可表示为

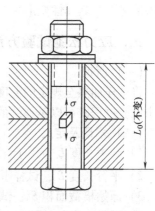

图9-6　紧固应力示意图

$$\varepsilon_0 = \varepsilon_p + \varepsilon_e = 常数 \qquad (9\text{-}1)$$

式中　ε_0——总变形；

　　　ε_p——塑性变形；

　　　ε_e——弹性变形。

在应力松弛过程中，应力的变化以及弹性变形与塑性变形的转化过程可用图9-7来描述。

二、应力松弛曲线

在实际工况中，应力松弛现象是普遍存在的，不同的材料具有不同的抵抗应力松弛的能力。材料抵抗应力松弛的能力称为松弛稳定性，可通过应力松弛曲线来评定。应力松弛曲线就是在给定温度和给定应变条件下试样中的弹性应力与时间的关系曲线。图9-8所示为典型的应力松弛曲线。可见应力松弛过程分为两个阶段：阶段 I 为应力急剧降低阶段，持续时间

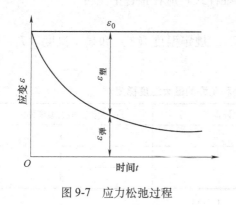

图9-7　应力松弛过程

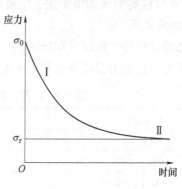

图9-8　应力松弛曲线

很短，应力降低的数值与原始应力成正比；阶段 Ⅱ 为应力缓慢降低阶段，应力降低的数值与原始应力之间呈线性关系。对于不同的材料，在相同的试验温度和初始应力下，经过一定的时间后，如果残余应力越高，说明该材料松弛稳定性越好，抗应力松弛能力越强。

松弛过程也可看作应力不断降低的"多级蠕变"。松弛实质上是应力不断减小条件下的蠕变行为。蠕变是恒定应力长期作用下，塑性变形不断增加的过程；而松弛则是在保持总变形不变的情况下，其弹性变形量减小，塑性变形量相应增加，等量地同时发生的过程。

三、应力松弛试验方法

（一）原理

将试样加热至规定的温度，在该温度下保持恒定的拉伸应变，测定试样的剩余应力值。整个试验过程既可以是连续的，也可以是不连续的。

（二）术语及定义

1) 参考长度 L_r：用于计算应变的基本长度。

2) 平行长度 L_c：试样平行部分之间的长度。

3) 原始横截面积 S_0：试验前，室温下测定试样平行长度部分的横截面积。

4) 延伸：引伸计标距 L_e 的增量，如果 $L_r \neq L_e$，是指参考长度 L_r 的增量。

5) 总应变 ε_t：试验期间，在任意时间 t 试样的应变。

6) 初始总应变 ε_{t0}：试验开始时试样的应变。

7) 应力：试验期间，任一时刻的力除以试样的原始横截面面积（S_0）。

8) 初始应力 σ_0：试验开始时的应力。

9) 剩余应力 σ_{rt}：试验期间，任一时间 t 时松弛的试样承受的应力值。

（三）试验设备

1. 试验机

1) 试验机应能提供施加轴向试验力并使试样上产生的弯矩和扭矩最小。

2) 试验力应平稳无冲击地施加在试样上。

3) 试验机应与外界振动和振动源隔离。

4) 试验机的测力系统应按照 GB/T 16825.1 进行校准，并且其准确度应为 1 级或优于 1 级。

5) 试验机同轴度应小于 10%。可参考 ASTM E1012 进行加载同轴度的校准。

6) 试验机类型（如电子式、电液伺服式、杠杆式）应在报告中注明。

2. 加热装置

加热装置应能够将试样加热至规定温度（T）。规定温度（T）和显示温度（T_i）的允许偏差和允许的最大温度梯度见表 9-4。

表 9-4 　T_i 与 T 的允许偏差和允许的最大温度梯度 　　　　（单位：℃）

规定温度 T	T_i 与 T 的允许偏差	允许的最大温度梯度
$T \leqslant 600$	±3	3
$600 < T \leqslant 800$	±4	4
$800 < T \leqslant 1000$	±5	5

注：对于要求严格的试验，最大温度梯度分别控制在 2℃、3℃、5℃。

对于规定温度超过 1000℃的试验，由双方协商确定温度的允许偏差和允许的最大温度梯度。显示温度（T_i）是在试样的平行长度部分的表面测得的，应考虑所有来源的误差并对系统误差进行修正。

如果使用引伸计，则应考虑采用某种方法保护炉外的引伸计部分不会由于炉外空气温度的波动而对长度测量产生太大影响。试验机周围的环境温度波动不应超过±3℃。

3. 温度测量仪器

1）温度显示仪表的分辨力不大于 0.5℃，测温装置的准确度不低于±1℃。

2）当试样的平行长度小于或等于 50mm 时，应该至少使用两支热电偶；当试样的平行长度大于 50mm 时，至少使用三支热电偶。任何情况下，热电偶应放置在平行长度的两端，如果使用第三支热电偶，第三支热电偶应放置在试样平行长度的中间部位。

3）热电偶与试样表面应有良好的热接触，避免热源的直接辐射。炉内电偶丝的其余部分应该有热屏蔽和电绝缘。

4）用于试验持续时间小于 1 年的热电偶至少应每 12 个月校准；用于试验持续时间大于 12 个月的热电偶应在试验前后校准。

4. 伸长测量装置

1）采用引伸计进行伸长测量。引伸计应满足 GB/T 12160 的 1 级准确度的要求。

2）引伸计校准周期不超过 18 个月。如果预计的试验时间超过校准证书的有效期，应在试验前对引伸计进行校准。

3）引伸计的标距依赖于测量应变的引伸计的性能特性。推荐最小标距长度为 100mm。如果采用更小的标距长度，引伸计应具有足够的分辨力。若使用小于 100mm 标距长度的引伸计，应在报告中注明。引伸计应能够在试样的两侧测量伸长。允许使用单侧接触的引伸计，但应在报告中注明。

（四）试样

1. 形状和尺寸

1）一般情况下，试样加工成圆形截面比例试样（$L_{ro} = k\sqrt{S_0}$）。k 值应大于或等于 11.3，参考长度应大于或等于 100mm。当试料受到限制，使 k 值减小，但 k 值不能小于 3 并在试验报告中记录 k 的取值。

2）通常情况下，对于圆形截面试样，平行长度 L_c 应不超过原始标距 L_0 的 120%。

3）平行长度部分与试样夹持端采用过渡弧连接，夹持端的形状应和试验机的夹具相适应。对于圆柱形试样，过渡弧半径 r 应为 $0.25d \sim d$。

4）对于圆形截面试样，试样夹持端与试样平行长度部分的同轴度偏差为 $0.005d$ 或者 $0.03mm$，取二者较大者。

5）除非试样尺寸不够，原始横截面积（S_0）应大于或等于 $7mm^2$。

2. 试样制备

试样应采用避免产生残余变形或表面缺陷的方法加工。圆形截面试样的形状公差见表 9-5。

表9-5　圆形截面试样的形状公差　　　　　　　　　　（单位：mm）

公称直径 d	形状公差[①]	公称直径 d	形状公差[①]
$3<d\leqslant6$	0.02	$10<d\leqslant18$	0.04
$6<d\leqslant10$	0.03	$18<d\leqslant30$	0.05

① 整个平行长度上测量直径的最大偏差。

3. 原始横截面积的确定

原始横截面积（S_0）是通过测定试样平行长度内的横截面尺寸计算而得到的。每个尺寸的测量应精确到±0.1%或±0.01mm，取二者较大值。在测量期间，室温的变化不应超过±2℃。

（五）试验程序

1. 室温弹性模量的测定

为了保证伸长测量的正确操作，应测定室温弹性模量。弹性模量的测量值应在弹性模量预期值的±10%范围内。弹性模量预期值通常是通过拉伸试验确定的，使用的引伸计与应力松弛试验使用的引伸计具有同等性能。

2. 试样的加热

1）试样应加热至试验规定温度（T）。调整试验炉加热控制系统使温度分布符合表9-4的要求。试样、夹持装置和引伸计在试验开始前都应达到热平衡。

2）试样应在加载前至少保温1h，除非产品标准另有规定。试样加载前的保温时间不得超过24h。

3）升温过程中，任何时间试样温度不得超过规定温度（T）的上极限偏差。如果超出，应在报告中注明。

3. 总应变的应用

1）试验力应施加在试样的轴线上。尽量减少试样上的弯曲和扭转。

2）初始总应变和对应的初始应力的测定精度至少为±1%。

3）加载可以采用应变控制也可以采用力控制。应变或力的增加应平稳、无冲击。初始总应变的施加过程应在10min内完成，记录加载时间。

4）在加载过程中，采用自动记录装置或通过递增的方式施加试验力，并记录每个力的增量对应的伸长量来绘制应力-应变或力-位移图。

5）应绘制和评估高温应力-应变图，保证伸长测量的正确。

4. 保持应变

在整个试验过程中，总应变值应保持基本恒定。根据控制方式的不同，总应变的控制值不同。对于采用力控制加载的方式，总应变值应控制在初始总应变测量值的±1%的范围内；对于采用应变控制加载的方式，通过逐渐减少应力使总应变值控制为规定值；对于人工进行力调整的方式，实际上只是采用力的递减方式使测量应变返回到总应变 ε_t；对于伺服控制总应变来讲，力的调整是通过递减或递增的方式进行的，应变波动范围大约控制在±1%以内。

（六）试验中断

试验中断时，按以下步骤进行：

1）在剩余应力 F_{rt} 条件下冷却。

2）测定室温弹性模量。

3）如果弹性模量的测定值是可接受的，采用试样在中断时刻的剩余应力 F_{rt} 的半值。

4）加热至规定温度并保温 1h。

5）增加力至 F_{rt}，观察引伸计的输出信号，5min 后记录引伸计输出值。用这个值作为每个试验重新进行的控制数据。

（七）试验结果的数值修约

试验测定的性能结果数值应按照相关产品标准的要求进行修约。如果未规定具体要求，应按照如下要求进行修约：

1）规定温度（T）：修约至 1℃。

2）直径（d）：修约至 0.01mm。

3）长径比（L_0/d）：修约至 1 位小数。

4）初始应力和剩余应力：修约至 3 位有效数字。

5）时间：修约至 3 位有效数字。

思 考 题

1. 金属材料在高温下的等强温度的定义是什么？

2. 高温蠕变的定义是什么？

3. 何谓应力松弛现象？

4. 影响材料高温力学性能的因素有哪几种？

参 考 文 献

[1] 刘宗昌，等. 金属学与热处理 [M]. 北京：化学工业出版社，2008.

[2] 谭家骏. 金属材料与热处理专业知识解答 [M]. 北京：国防工业出版社，1997.

[3] 上海交通大学《金相分析》编写组. 金相分析 [M]. 北京：国防工业出版社，1982.

[4] 李超. 金属学原理 [M]. 哈尔滨：哈尔滨工业大学出版社，1989.

[5] 刘国勋. 金属学原理 [M]. 北京：冶金工业出版社，1979.

[6] 刘鸣放，刘胜新. 金属材料力学性能手册 [M]. 北京：机械工业出版社，2011.

[7] 常万顺. 金属工艺学 [M]. 北京：清华大学出版社，2015.

[8] 丁全德. 金属工艺学 [M]. 北京：机械工业出版社，2017.

[9] 梁新邦，李久林. GB/T 228—2002《金属材料 室温拉伸试验方法》实施指南 [M]. 北京：中国标准出版社，2002.

[10] 《金属机械性能》编写组. 金属机械性能 [M]. 修订本. 北京：机械工业出版社，1982.

[11] 何肇基. 金属的力学性质 [M]. 北京：冶金工业出版社，1982.

[12] 机械工业理化检验人员技术培训和资格鉴定委员会. 力学性能试验 [M]. 北京：中国计量出版社，2008.

[13] 梁波，许梅，李萍，等. 低合金 Cr-Ni-Mo 钢规定比例极限与规定非比例延伸强度的关系 [J]. 兵器材料科学与工程，2012，35（2）：67-69.

[14] 韩德伟. 金属硬度检测技术手册 [M]. 长沙：中南大学出版社，2007.

[15] 唐振廷. GB/T 19748—2005《钢材 夏比 V 型缺口摆锤冲击试验 仪器化试验方法》实施指南 [M]. 北京：中国标准出版社，2006.

[16] 《金属夏比缺口冲击试验方法国家标准实施指南》编写组. 金属夏比缺口冲击试验方法国家标准实施指南 [M]. 北京：中国标准出版社，2006.

[17] 梁波. 35CrNi3MoV 钢韧脆转变温度测定 [J]. 理化检验：物理分册，1997，33（2）：26-38.

[18] 王慧，等. 国内外黑色金属材料对照手册 [M]. 南京：江苏科学技术出版社，2007.

[19] 韦德骏. 材料力学性能与应力测试 [M]. 长沙：湖南大学出版社，1997.

[20] 王吉会，等. 材料力学性能 [M]. 天津：天津大学出版社，2006.

[21] 王滨，等. 力学性能试验 [M]. 北京：中国计量出版社，2008.

[22] 倪樵，等. 材料力学 [M]. 武汉：华中科技大学出版社，2006.

[23] 郑修麟. 材料的力学性能 [M]. 2 版. 西安：西北工业大学出版社，1999.

[24] 王磊. 材料的力学性能 [M]. 2 版. 沈阳：东北大学出版社，2007.

[25] 郑修麟. 工程材料的力学行为 [M]. 西安：西北工业大学出版社，2004.

[26] 邓增杰，周敬恩. 工程材料的断裂与疲劳 [M]. 北京：机械工业出版社，1995.